"十四五"职业教育国家规划教材

微生物学基础

WEISHENGWUXUE
JICHU

（第二版）

赵金海 主编

中国轻工业出版社

图书在版编目（CIP）数据

微生物学基础 / 赵金海主编 . —2版 . —北京：中国轻工业出版社，2025.5

ISBN 978-7-5184-2273-9

Ⅰ . ①微… Ⅱ . ①赵… Ⅲ . ①微生物学—中等专业学校—教材 Ⅳ . ①Q93

中国版本图书馆CIP数据核字（2019）第057995号

责任编辑：张　靓　　责任终审：劳国强　　整体设计：锋尚设计
责任校对：晋　洁　　责任监印：张　可

出版发行：中国轻工业出版社（北京鲁谷东街5号，邮编：100040）
印　　刷：河北鑫兆源印刷有限公司
经　　销：各地新华书店
版　　次：2025年5月第2版第8次印刷
开　　本：787×1092　1/16　印张：16.75
字　　数：370千字
书　　号：ISBN 978-7-5184-2273-9　定价：46.00元
邮购电话：010-85119873
发行电话：010-85119832　010-85119912
网　　址：http://www.chlip.com.cn
Email：club@chlip.com.cn

前 言

　　中国式现代化是人与自然和谐共生的现代化。人与自然是生命共同体，到目前为止，绿色的地球是唯一为人类所认知的一块生命的栖息地。在地球的陆地和海洋，与人类相依相存的是另一个缤纷多彩的生命世界。在这个目前对人类仍有太多未知的生命世界里，除了我们熟知的动物、植物，还有一个神秘的群体。它们太微小了，以致用肉眼看不见或看不清楚，它们的名字叫微生物。微生物虽小，但它们和人类的关系非常密切。有些对人类有益，是人类生活中不可缺少的伙伴；有些对人类有害，对人类生存构成了威胁；有的虽然和人类没有直接的利害关系，但在生物圈的物质循环和能流中具有关键作用。

　　在全面建设社会主义现代化国家新征程中，职业教育发挥着传承技术与技能、促进就业与创业等重要作用。优化职业教育类型定位，深化产教融合。加强教材建设，基础学科建设。从而全面推进新时代职业教育高质量发展。

　　微生物学基础是食品、生物等相关专业的一门重要的专业基础课程，本书以工业微生物基本知识为主线，以理论与实践的有机结合为主导，运用现代职业教育理念，体现职业教育特色，结合微生物培菌工、微生物检验工国家职业标准和酿酒、生物发酵相关岗位要求，突出基础性、实用性、应用性的特点。

　　全书共分九个模块，每个模块再分若干个知识点，其中穿插22个技能训练。每个模块均有知识目标、能力目标、小结和思考与练习。在知识点的学习中把一些常识性、趣味性、拓展性知识等通过知识拓展和二维码的形式供学生阅读，以拓展学生的知识面，开阔思路。附录包含微生物自测试题、微生物学实验技能综合测试题、染色液的配制、常用培养基配方、常用试剂和指示剂的配制、常用的微生物学名、洗涤液的配制与使用。

　　本书由赵金海高级讲师任主编并编写模块一、五，杨灵编写模块二和附录一，王珺编写模块三，付香斌编写模块四，宋淑红编写模块六、七，丁琳编写模块八，申灵编写模块九和附录二~七。全书由赵金海统稿。

本书可作为职业院校食品、生物等相关专业教材，也可作为微生物培菌工、微生物检验工、食品、生物相关企业菌种扩培人员培训及参考用书。

本书编写过程中得到河南轻工职业学院领导和中国轻工业出版社有限公司编辑的大力支持，在此表示衷心感谢。

限于作者知识和能力，书中可能存在一些不足之处，欢迎同行和读者批评指正。

编者

目　录

知识目标

1. 了解微生物与微生物学概念。
2. 懂得微生物在动植物及人类生命活动中的作用。
3. 了解微生物的类群和特点。
4. 了解微生物的命名和分类方法。
5. 了解微生物的应用。
6. 熟悉无菌操作技术。
7. 了解微生物实验室常用设备与器材。

能力目标

1. 能根据生活中常见的微生物判断属于何种类型。
2. 能正确使用微生物实验室的常用设备。

知识一　认识微生物

一、微生物的定义

微生物（microbe，microorganism）是非分类学上名词，来自法语
"Microbe"一词。微生物是指大量的、极其多样的、不借助显微镜看不见的
微小生物类群的总称。因此，微生物通常包括病毒、亚病毒（类病毒、拟病
毒、朊病毒）、具原核细胞结构的真细菌、古生菌以及具真核细胞结构的真
菌（酵母、霉菌、蕈菌等）、原生动物和单细胞藻类，它们的大小和特征见

认识微生物

表1-1所示。但是有些例外，如许多真菌的子实体、蘑菇等常肉眼可见；相同的，某些藻类能长至几米长。一般来说微生物可以认为是相当简单的生物，大多数的细菌、原生动物、某些藻类和真菌是单细胞的微生物，即使为多细胞的微生物，也没有许多的细胞类型。病毒甚至没有细胞，只有蛋白质外壳包围着的遗传物质，且不能独立存活。

表1-1 微生物形态、大小和细胞类型

微生物	大小近似值	细胞的特性
病毒	0.01~0.25μm	非细胞的
细菌	0.1~10μm	原核生物
真菌	2μm~1m	真核生物
原生动物	2~1000μm	真核生物
藻类	1米至几米	真核生物

　　微生物中与食品、生物工业有密切关系的主要是细菌、酵母菌、霉菌、放线菌和部分专门侵害微生物的部分病毒（噬菌体）。

　　微生物学（microbiology）是生物学的分支学科之一。它是在分子、细胞或群体水平上研究各类微小生物（细菌、放线菌、真菌、病毒、立克次体、支原体、衣原体、螺旋体原生动物以及单细胞藻类）的形态结构、生长繁殖、生理代谢、遗传变异、生态分布和分类进化等生命活动的基本规律，并将其应用于发酵食品、生物发酵、医学卫生和生物工程等领域的科学。

　　人类与微生物之间的关系可以说是由来已久。在古代，人们就能利用微生物的发酵作用来酿酒、制作食品。但同时人们也承受着微生物所带来的危害。中世纪，鼠疫、炭疽、天花等疾病的频频爆发，给人类文明带来了灾难。如今，微生物在农业、工业、环保等领域仍发挥着巨大的作用，但很多由微生物带来的疾病仍然时时威胁着人类的健康，如SARS、禽流感、艾滋病等。

　　随着科学的发展，人们开始逐渐认识、研究、了解微生物，形成了微生物学这一学科。人们利用微生物的特点趋利避害，为人类服务，并积极预防各种微生物所带来的疾病。微生物的黄金时代始于19世纪中叶，并在20世纪得到了延续。安东尼·列文虎克（Antony van Leeuwenhoek）于1676年制造出可放大200倍的第一架原始显微镜，他利用该显微镜从容器的积水、井水，以及人与动物的牙垢、粪便中，首先看到了球形、杆形和螺旋形的微生物，他的发明为微生物学黄金时代的到来奠定了基础。

　　19世纪中叶，法国伟大的微生物学家路易·巴斯德（Louis Pasteur）为了解决发酵工业所遇到的困难和预防危害人类和动物健康的烈性传染病，经过科学研究后发现，有机物质的发酵与腐败是由于空气中微生物的污染，传染病的流行是由于病原微生物的传播。继巴斯德之后，德国医生科赫（Koch）从观察炭疽病原菌的特性和生长开始，创造了染色方法、固体培养基以及试验性动物感染等手段。这些试验方法的发明，使得1875年后的短短十余年间，发现了数十种人和动物的病原菌。19世纪末的另一个重大发现是证实了可滤过的微生物，即病毒也能引起感染。病毒不仅比细菌小，更重要的是病毒需要寄生于活细胞中才能完成它本身的复制。1889年，首次发现人畜共患的口蹄疫是由病毒引起的传染病。不久，许多病毒被相继发现。

19世纪是微生物学奠定和开始发展时期，自从20世纪开始，微生物学进入了一个新的阶段，即微生物的基本生理机制，特别是微生物代谢作用的研究。微生物学1900—1950年和生物化学联系愈来愈密切，生物化学促进了微生物生理学发展。微生物发展由宏观进入到微观阶段，特别在20世纪30年代出现了电子显微镜，突破了光学显微镜分辨率的局限，使微生物学有了长足的发展，进入了微生物学发展新的阶段：分子微生物学阶段。

微生物学的发展经历了19世纪到20世纪初，20世纪40～70年代的两个发展黄金时期。第一个时期是微生物学形成独立学科的过程，并以传染病病原的研究取得辉煌成绩为标志；第二个时期是微生物学的纵深发展期，形成了多个分支学科，并对遗传学和分类学发展做出了突出贡献。而20世纪70年代末到90年代初的几十年间，微生物学的发展远远落后于动物学、植物学和人类相关的学科，可谓其发展的低谷期。但在1995年第一株细菌全基因组序列公布后，以基因组学和蛋白质组学为代表的各种"组学"在微生物中的研究方兴未艾，为该学科的发展带来了强劲的活力，使其发展走出低谷。目前，与人类健康和疾病相关的研究成果突出、微生态的研究也渐入佳期、细胞微生物学方兴未艾、嗜极微生物（在极端环境中生长的微生物。所谓极端环境是指只有一些有限的有机体能够生长的环境，如地热环境、极地、酸性和碱性的泉，以及海洋深处的高压冷环境）和古生菌（古生菌在构造方面与细菌相似，但只有细胞膜而缺少细胞壁；在遗传方面与真核生物相似。很多古生菌生存在极端环境中，如高温、低温、高盐、强酸和强碱。古生菌通常对其他生物无害）的研究已经成为热点、元基因组学的研究和进化生物学的研究进展迅速，以及合成生物学的发展都标志着微生物学第三个黄金发展时期的到来，该时期将以系统微生物学和整合微生物学的快速发展为标志。

二、微生物在动植物及人类生命活动中的作用

（一）微生物在植物生命活动中的作用

1. 源源不断地供给植物所需要的原料

绿色植物最大的特性就是能将自然界中的无机物转化成有机物，即通过光

合作用将CO_2和H_2O合成糖类等有机物，能将无机态氮和各种的矿质元素转化成其他有机物。而这些无机物的源源不断供应就依赖微生物将大量的有机物分解成无机物和CO_2，归还到土壤和大气中，以供植物用来合成有机物。据估计，地球上的CO_2有90%是靠微生物的分解作用形成的。

2. 恢复、提高土壤肥力，增强土壤的可持续利用能力

土壤是植物生长发育的基地，它最根本的特征是具有肥力，即具有能够提供植物生长发育需要的水分、养分和空气。因此，植物生长良好与否直接依赖于土壤肥力，而土壤肥力的发展又依赖于其中的微生物活动，具体表现如下。

（1）固氮微生物可把大气中的氮转化为氮素化合物，供植物吸收。

（2）土壤中的各种植物残体及排泄物，通过土壤微生物的作用，分解和转化，形成腐殖质把分散的土壤颗粒黏结成稳固的团粒结构，从而改善了土壤的水、肥、气等条件，提高土壤肥力。

（3）土壤中某些处于有机或无机状态的养分，通过土壤中多种微生物的分解，使之成为植物所利用的状态。如磷细菌能分解含磷的有机物成为植物易于吸收的磷酸盐；硅细菌能分解土壤里的硅酸盐，分离出植物可吸收的钾，由此可以人工制成微生物肥料，施到地里，能提高土壤肥力，增加粮食产量。

（二）微生物在动物生命活动中的作用

1. 提高动物摄取营养物质吸收利用率

动物区别于植物的显著特点之一，就是动物本身不能直接将环境中的无机物转化成为有机物。因此，动物只有直接或间接地摄取现成的有机物，作为自身的营养物质。而微生物能提高动物摄取营养物质的吸收利用率。例如植食性动物，它们所摄取的营养物质中含有极高的纤维素，不易被消化利用，因此人们采取细菌饲料或发酵饲料方法，其目的是利用微生物所具有的分解多糖物质的各种酶，进行直接地分解和降解有机废弃物的主要成分——纤维素、半纤维素、木质素、果胶质等。经试验分析：经培养蘑菇后的稻草、麦秆，粗蛋白质含量增加2~3倍，粗脂肪提高2~5倍，而畜禽难以吸收利用的纤维素降低20%~50%，木质素降低20%~30%。

2. 增加了动物的生产效益

据报道，用稻草加入牛粪发酵制成蘑菇培养料，除产出大量鲜菇外，将收菇后的培养料用来喂猪，其营养价值相当于二级饲料米糠。还有饲料中加入5%饲料酵母，对猪增重提高15%~20%，对鸡可提高产蛋率20%~30%，对奶牛每吨饲料可增产牛乳6~7t。

（三）微生物在人类生命活动中的作用

1. 净化人类生存的基地

环境的好坏也就直接影响人类的生命活动。当今随着工业的迅速发展、人口高度的密集，将污水、污物注入水体，造成环境严重的污染，直接危害人类的身体健康，乃至生命。微生物在精准治污、科学治污的环境污染防治中起到了一定作用。即利用微生物将含碳有机污物分解成CO_2、H_2S等气体；将含氮有机污物分解成氨、硝酸、亚硝酸等；将汞、砷对人类有毒的重金属在水体中得到转化，达到污水净化目的。

2. 提供人类生存的物质

人类要生存，必须有最起码的衣、食、住、行等物质的提供。这些物质的提供离不开生物，即动植物。随着人类生活水平的不断提高，需求的物质就更加丰富。而微生物学的不断发展和研究，提供了大量而丰富的物质资源。例如应用于酿造工业、发酵工业的酒精酵母菌、啤酒酵母菌等，生产出大批的酒精、啤酒、葡萄酒、果酒等，既发展了工业，又丰富了人类的物质需求；应用于医药工业的多种抗生素、疫苗等，丰富了治病的药品，提高了治病的效益，保障了人类的身体健康；为了解决能源在农村中的不足，充分利用微生物的分解作用，通过畜禽粪便以及用过的培养饲料生产沼气，解决了人类的照明、烹饪和生产等方面的问题，提高了生物能的回收和利用效率。

就连人类维持正常生命活动，也需要微生物的作用。例如人体的肠道中存在微生物（成人肠道内的微生物数量高达10^{14}个；质量达到1.2kg，接近人体肝脏的质量；其包含的基因数目约是人体自身的150倍，具有人体自身不具备的代谢功能），正是肠道微生物的存在，才得以合成了人体利用的维生素K、维生素B_{12}、烟酸、核黄素、部分氨基酸等不可缺少的物质。

—— 课外阅读 ——

微生物的发现

1675年6月16日一位荷兰学者在寄给英国皇家学会的一封信中写道："前天我把一些完整的胡椒放在井水里，当我再观察井水时，我发现在一小滴水里有许多极小的动物，它们种类不一，大小不同，简直不可思议，它们像鳝鱼，弯曲着运动，总是头在前方游个不停，尾巴从不向前，尽管它们运动得非常缓慢，但是这些极小的动物会同样自如地向前向后运动"。1676年10月9日的另一封信中，他说："1675年，在一个上了釉的新瓦罐中，盛着不过几天前的雨水。我发现水中生活有小生物。这件事情吸引着我去集中注意力观察……那些比水中肉眼可见的要小万倍的小动物"。他把这些大量的、不可思议的小东西称作"微动物"。英国科学家饶有兴致地阅读了这些信件，却完全没有意识到这个发现的重大意义。他，就是生活在十七世纪的荷兰生物学家列文虎克（1632—1723），他的发现表明人们正在迈入一个当时人们还完全陌生的领域——微生物的世界。由于微生物天生具有"体积微小，种类众多，分布极广，繁殖速度快，代谢能力强"等特点。人们长期生活于其中，却对它一无所知，生活的命运一直受到微生物的摆布和捉弄。

列文虎克的工作使人们开始主动地去认识微生物世界中各种奇妙的生物体，微生物世界的大门响起了敲门声。尽管他可能不是最早观察到细菌和原生动物的人，但他是第一个报道自己发现的人，并作了准确的描述和绘图，为微生物的存在提供了有力的证据。列文虎克出生在荷兰的德尔夫特。他一生中没有受过正规教育。六岁时丧父，十六岁到阿姆斯特丹一家布店当学徒，六年后又回到故乡，自营商店。年轻时，列文虎克便擅长磨制显微镜，一生中他制作了247台显微镜和172个镜头，但限于当时的条件，他制作的最好的显微镜仅能放大200—300倍。列文虎克用自制的显微镜进行了许多生物实验。1668年他证实了意大利生物学家马尔比基关于毛细血管的发现，1676年他用自制的单式显微镜首次亲眼观察到细菌，1683年他精确地把所看到的细菌绘制成图，并在1684 年的《伦敦皇家学会会报》上发表。1695年，他根据自己的观察积累撰写成的《安东·列文虎克所发现的自然界秘密》一书出版，书中详细记载了他的大量观察结果，特别强调了他所发现的"微动物"。1680年他被选为英国皇家学会会员。列文虎克的发现具有划时代意义。但他只是一位敏锐的观察家，没能从"微动物"的形态生理特点等方面做进一步的深入研究，同时限于历史条件和当时的科学发展水平，他的发现没能引起人们的足够重视，所以，从他发现"微动物"到巴斯德研究酒类变质及柞蚕微粒子病这近两个世纪的漫长岁月里，有关微生物的研究基本上停留在形态学的描述上。

三、微生物的主要类群

微生物分类是按微生物的亲缘关系相似程度把微生物归入各分类单元或分类群，以得到一个反映微生物进化的自然分类系统、可供鉴定用的检索表以及可给出符合逻辑的名称的命名系统。菌株：从自然界分离得到的任何一种微生物的纯培养物都可以称为微生物的一个菌株；用实验方法（如通过诱变）所获得的某一菌株的变异型，也可以称为一个新的菌株，以便与原来的菌株相区别。亚种或变种：当某一个种内的不同菌株存在少数明显而稳定的变异特征或遗传性而又不足以区分成新种时，可以将这些菌株细分成两个或更多的小的分类单元亚种。通常是把具有某些共同特征或密切相关的种归为一个高一级的分类单元，称之属。系统分类中，把具有某些共同特征或相关的属归为更高一级的分类单元称为科；再把科归为目。

微生物形体微小与发生变异等特点给微生物分类带来了许多困难。加之，由于微生物的进化关系一般较难搞清楚，因此在微生物分类中或多或少地掺杂有人为和主观的因素。正因为这样，数值分类和遗传分类等一些比较客观、可信度较高的分类法，在微生物分类中已得到越来越广泛的应用，尤其是遗传分类法。进行微生物分类鉴定前，首先必须获得该微生物的纯培养物，然后根据一系列分类特征进行鉴定。一般是先根据形态特征鉴别其属于哪一个大类（细菌、放线菌、酵母菌或霉菌）；再根据其生理生化特征、生态特征、免疫特征和遗传特征等，借助于检索表或鉴定手册来依次确定是属于哪个目、科、属、种；最后与该种的模式种。

微生物学中的种带有抽象的种群概念，但在具体分类之前，常用一个被指定的、能代表这个种群的模式菌株或典型菌株作为该种的模式种来定种。模式种往往是定为一个新属的第一个种或第一批种之一，也可以是在某一已知属内任意指定的种。

微生物的主要类群包括：细菌、放线菌、霉菌、酵母菌、立克次体、支原体、衣原体、病毒以及单细胞藻类和原生动物等各种生物类群，组成十分庞杂。常见的微生物类群主要有细菌、放线菌、霉菌、酵母菌四类，其中又以细菌最为常见。

四、微生物的主要特点

1. 体积小、比表面积大

微生物的大小以微米（μm）计，体积小但比表面积（表面积/体积）大，必然有一个巨大的营养吸收、代谢废物排泄以及与外界进行物质交换的面积。这一特点也是微生物与一切大型生物相区别的关键所在。

举例：乳酸杆菌的比表面积为120000；鸡蛋的比表面积为1.5；人（90kg）的比表面积为0.3。

2. 吸收多、转化快

这一特性为微生物高速生长繁殖和产生大量代谢物提供了充分的物质基础。

举例：3g地鼠每天消耗与体重等重的粮食；1g闪绿蜂鸟每天消耗2倍于体重的粮食；大肠杆菌每小时消耗2000倍于体重的糖；发酵乳糖的细菌在1h内就可以分解相当于其自身质量1000~10000倍的乳糖，产生乳酸；1kg酵母菌体，在一天内可发酵几千千克的糖，生成酒精。

3. 生长旺、繁殖快

微生物有极高生长繁殖速度，如大肠杆菌（$E.coli$）20~30min分裂一次，若不停分裂，48h分裂2.2×10^{43}次。但随着菌数增加、营养消耗、代谢物的积累，将限制其生长速度。这一特性可在短时间内把大量基质转化为有用产品，缩短周期。但这也有不利一面，如使啤酒变酸或使谷氨酸发酵出现倒罐现象。常见微生物繁殖情况示例见表1-2。

表1-2　常见微生物繁殖情况示例表

微生物名称	世代时间/min	每日分裂次数	温度/℃	每日增殖率
乳酸菌	38	38	25	2.7×10^{11}
大肠杆菌	18	80	37	1.2×10^{24}
根瘤菌	110	13	25	8.2×10^{3}
枯草杆菌	31	46	30	7.0×10^{13}
光合细菌	144	10	30	1.0×10^{3}
酿酒酵母	120	12	30	4.1×10^{3}
小球藻	7h	3.4	25	10.6
念珠藻	23h	1.04	25	2.1
硅藻	17h	1.4	20	2.64
草履虫	10.4h	2.3	26	4.92

举例：大肠杆菌在最适的生长条件下，每12.5~20min细胞就能分裂一次；在液体培养基中，细菌细胞的浓度一般为$10^{8} \sim 10^{9}$个/mL。谷氨酸短杆菌由摇瓶种子到50t发酵罐，52h内细胞数目可增加32亿倍。利用微生物的这一特性就可以实现发酵工业的短周期、高效率生产。例如生产鲜酵母时，酵母菌每2h分裂一次，12h可收获一次，一年可收获数百次，要比其他动植物快得多。

微生物的数量性状变异和育种使产量提高的幅度之大，是动植物育种工作中绝对不可能达到的。正因为如此，几乎所有微生物发酵工厂都十分重视菌种选育工作。

4.适应强，易变异

微生物有极其灵活的适应性，这是高等动植物所无法比拟的。其原因主要是因为其比表面积大。为了适应多变的环境条件，微生物在其长期的进化过程中就产生了许多灵活的代谢调控机制，并具有种类很多的诱导酶（可占细胞蛋白质含量的10%）。

微生物的个体一般都是单细胞、简单多细胞或非细胞的。它们通常都是单倍体，加之它们具有繁殖快、数量多和与外界直接接触等原因，即使其变异频率十分低（一般为$10^{-5} \sim 10^{-10}$），也可以在短时间内产生大量变异后代。最常见的变异形式是基因突变，它可以涉及任何形状，诸如形态构造、代谢途径、生理类型以及代谢产物的质或量的变异等。

人们利用微生物易变异的特点进行菌种选育，可以在短时间内获得优良菌种，提高产品质量。这在工业上已有许多成功的例子。但若保存不当，菌种的优良特性易发生退化，这种易变异的特点又是微生物应用中不可忽视的。

5. 分布广、种类多

微生物在自然界是一个十分庞杂的生物类群。迄今为止，我们所知道的微生物约有10万种。它们具有各种生活方式和营养类型，它们中大多数是以有机物为营养物质，还有些是寄生类型其生理代谢类型之多，是动植物所不及的。分解地球上贮量最丰富的初级有机物——天然气、石油、纤维素、木质素的能力，属微生物专有；微生物有着多种产能方式，如细菌光合作用、嗜盐菌紫膜的光合作用、自养细菌的化能合成作用、各种厌氧产能途径；生物固氮作用；合成各种复杂有机物——次生代谢产物的能力；对复杂有机物分子的生物转化能力；分解氰、酚、多氯联苯等有毒物质的能力；抵抗热、冷、酸、碱、高渗、高压、高辐射剂量等极端环境能力；以及独特的繁殖方式——病毒的复制增殖等。不同微生物可以有不同的代谢产物，如抗生素、酶类、氨基酸及有机酸等，还可以通过微生物的活动防止公害。自然界的物质循环是由各种微生物参与才得以完成的。

微生物在自然界的分布极为广泛，土壤、水域、大气，几乎到处都有微生物的存在，特别是土壤，其是微生物的大本营。任意取一把土或一粒土，就是一个微生物世界，其中含有不同种类的微生物。可以这样说，凡是有高等生物存在的地方，就有微生物存在，即使在极端的环境条件，如高山、深海、冰川、沙漠等高等生物不能存在的地方，也有微生物存在。动植物体内外、土壤中、海洋里、大气中、岩石内到处都有微生物，人们用地球物理火箭从距地球表面85km的空中找到了微生物，在万米深的海底也找到了微生物，在427m的沉积岩心中找到了活的细菌。食物中手指甲盖大的生肉上有上万个微生物；1g粮食上有几千到几万个微生物；1汤匙生牛乳中有2000万个微生物；人的肠道中微生物有近400种100万亿个微生物。

五、微生物的分类单位和命名

（一）生物分类

分类系统是阶元系统，通常包括七个主要级别：种、属、科、目、纲、门、界。种（物种）是基本单元，近缘的种归合为属，近缘的属归合为科，科隶于目，目隶于纲，纲隶于门，门隶于界。

随着研究的进展，分类层次不断增加，单元上下可以附加次生单元，如总纲（超纲）、亚纲、次纲、总目（超目）、亚目、次目、总科（超科）、亚科等。此外，还可增设新的单元，如股、群、族、组等，其中最常设的是族，介于亚科和属之间。

生物分类是研究生物的一种基本方法。生物分类主要是根据生物的相似程度（包括形态结构和生理功能等），把生物划分为种和属等不同的等级，并对每一类群的形态结构和生理功能等特征进行科学的描述，以弄清不同类群之间的亲缘关系和进化关系。分类的依据是生物在形态结构和生理功能等方面的特征。分类的基本单位是种。分类等级越高，所包含的生物共同点越多；分类等级越低，所包含的生物共同点越少。

生物分类的五界划分如下。

原核生物界：原核生物是一种无细胞核的单细胞生物，它们的细胞内没有任何带膜的细胞器。原核生物包括细菌和以前称作"蓝绿藻"的蓝细菌，是现存生物中最简单的一群，以分裂生殖繁殖后代。原核生物曾是地球上唯一的生命形式，它们独占地球长达20亿年以上。如今它们还是很兴盛，而且在营养盐的循环上扮演着重要角色。原核生物界至少包括4000种生物。

真核原生生物界：此界的生物都是有细胞核的，且几乎是单细胞生物。某些真核原生生物像植物〔如矽藻（diatom）〕，某些像动物〔如变形虫（amoeba）、纤毛虫（ciliate）〕，某些既像植物又像动物〔如眼虫（euglena）〕。

真菌界：本界成员均属真核生物，它是真菌的最高分类阶元。

植物界：能够通过光合作用制造其所需要的食物的生物的总称。

动物界：该界成员均属真核生物，包括一般能自由运动、以（复杂有机物质合成的）碳水化合物和蛋白质为食的所有生物。动物界作为动物分类中最高级的阶元，已发现的共35门，70余纲，约350目，150多万种。

（二）微生物的分类单位

微生物的分类单位有界、门、纲、目、科、属、种。种是最基本的分类单位，每一分类单位之后可有亚门、亚纲、亚目、亚科。

以啤酒酵母为例，它在分类学上的地位是：

界（Kindom）：真菌界

门（Phylum）：真菌门

纲（Class）：子囊菌纲

目（Order）：内孢霉目

科（Family）：内孢霉科

属（Genus）：酵母属

种（Species）：啤酒酵母

种是一个基本分类单位，是一大群表型特征高度相似、亲缘关系极其接近，与同属内其他种有明显差别的菌株的总称。

菌株表示任何由一个独立分离的单细胞繁殖而成的纯种群体及其一切后代（起源于共同祖先并保持祖先特性的一组纯种后代菌群）。因此，一种微生物的不同来源的纯培养物均可称为该菌种的一个菌株。菌株强调的是遗传型纯的谱系。例如：大肠埃希杆菌的两个菌株：*Escherichia coli* B和*Escherichia coli* K12。种是分类学上的基本单位，菌株则是应用的基本单位，因为同一菌种的不同菌株在产酶上种类或代谢物产量上会有很大的不同和差别。

亚种或变种为种内的再分类。当某一个种内的不同菌株存在少数明显而稳定的变异特征或遗传形状，而又不足以区分成新种时，可以将这些菌株细分成两个或更多的小的分类单元——亚种。

变种是亚种的同义词，因"变种"一词易引起词义上的混淆，从1976年后，不再使用变种一词。通常把实验室中所获得的变异型菌株，称之为亚种。

型常指亚种以下的细分。当同种或同亚种内不同菌株之间的性状差异不足以分为新的亚种时，可以细分为不同的型。例如：按抗原特征的差异分为不同的血清型。

（三）微生物分类鉴定的主要依据

微生物的分类是以它们的形态结构、生理生化反应和遗传性等特征的异同为依据，根据生物进化的规律，将微生物进行分门别类，并根据相似性或相关性水平编排成系统。微生物分类鉴定的主要依据包括以下几点。

1. 经典的分类鉴定依据

（1）微生物的形态特征　包括个体形态（细胞形态、大小、排列、运动性、特殊构造、染色反应等），群体形态（菌苔形态、菌落形态，在半固体及液体培养基中群体的生长状态等）。

（2）微生物的生理生化特性　包括对能源、碳源、氮源及生长因子等营养的要求，对生长温度、溶氧、pH、渗透压等环境条件的要求，代谢产物的种类、产量、颜色和显色反应，产酶的种类和酶反应特性，对药物的敏感性等。

（3）微生物的生态特性　包括在自然界的分布情况，与其他生物有否寄生或共生关系，宿主种类及与宿主关系，有性生殖情况，生活史等。

（4）血清学反应　常借助特异性的血清学反应来确定未知菌种、亚种或菌株。

2. 现代的分类鉴定依据

（1）细胞壁的化学成分　根据不同细菌和放线菌的细胞壁成分和结构具有明显特殊性，通过细胞壁的化学成分分析，可作为分类的依据，对菌种鉴定有一定的作用。

（2）细胞的其他化学成分　分析某些原核生物的全细胞水解液糖型、磷脂成分、枝菌酸、醌类等成分，在菌种分类鉴定上有一定的价值。

（3）DNA碱基比例（GC比）　各类微生物GC比的范围不同，亲缘关系相近的种，其基因组的碱基序列相近，GC比也接近；亲缘关系较远的种，GC比差距也较大。可以此作为鉴定微生物新种时的重要指标。

（4）DNA杂交率　亲缘关系越接近的微生物，其DNA碱基序列也越接近。将不同微生物来源的DNA热变性为单链，再进行重新配对杂合，通过测定其杂交率，可判定微生物的亲缘关系，从而做出更精确的分类。它是比上述GC比更精确的遗传性状指标，对有争议的种的界定和新种的确定有重要作用。

（5）rRNA寡核苷酸序列同源性　选用细胞中最稳定的16S rRNA或18S rRNA，用RNA酶水解使之产生一系列寡核苷酸片段。若两种微生物的亲缘关系越近，则其所产生的寡核苷酸片段的序列也越接近。通过分析寡核苷酸序列同源性程度，可确定不同微生物间的亲缘关系和进化谱系。

（6）微生物全基因组序列　DNA是除少数RNA病毒以外的一切微生物的遗传信息载体。各种微生物都有其自身独特而稳定的基因组DNA序列，不同菌种间基因组序列的差异程度，代表着它们之间亲缘关系的疏密。因此，对那些与人类健康、生活和生产关系重大的微生物，进行全基因组DNA序列测定，是当前生物科学领域中掌握某微生物全部遗传信息的最佳途径，也是微生物现代分类鉴定中更细致和更精确的遗传性状指标。

应该指出的是不同种类微生物应采用不同的重点鉴定指标。例如，鉴定丝状真菌和大型真菌时，常以其形态特征为主要指标；在鉴定酵母菌和放线菌时，形态特征与生理特征两指标往往同时并用；细菌因其形态特征简单，在鉴定时，则需同时应用较多的生理生化和遗传学指标。

微生物的分类鉴定方法和技术可归纳为下列五种。

（1）经典分类鉴定法　根据微生物的形态结构、特征和生理生化特性等分类鉴定指标，用经典和常规的研究方法，观察和测定微生物的形态特征、运动性、酶反应、营养要求、生长条件、代谢特性、致病性、抗原性和生态学特性等一系列必要的鉴定指标，然后对照查找权威性的菌种鉴定手册以确定其学名。

（2）简便快速或自动化鉴定技术　为解决常规鉴定方法工作量大、技术要求高和精确度低等难题，人们进行了种种改革传统鉴定技术的尝试，现已有商品化的鉴定系统出售。如法国生产的"API"细菌数值鉴定系统、美国Roche公司生产的"Enterotube"细菌鉴定系统（又称肠管系统）、美国安普科技中心（ATC）生产的"Biolog"手动和全自动细菌鉴定系统等。这些商品提供了系列化、标准化的鉴定技术，具有小型、简便、快速或自动化的优点。

（3）细胞化学成分分析鉴定法　根据不同细菌和放线菌细胞壁的肽聚糖分子结构和成分的差异，采用细胞壁成分分析法，对菌种分类鉴定有一定的作用；放线菌全细胞水解液可分四类主要糖型，故采用全细胞水解液糖型分析法可进行初步分类鉴定；位于细菌、放线菌细胞膜上的磷酸类脂成分，在不同属中有所不同，可用于分类鉴别；诺卡菌形放线菌所含枝菌酸的碳链长度有明显差别，故对枝菌酸的分析可用于属的分类。此外，气相色谱技术可分析厌氧微生物细胞和代谢产物中的酸类和醇类等成分，对菌种鉴定很有用。

（4）数值分类鉴定法　又称统计分类法或电子计算机分类法。通常以拟分类微生物的生理生化特征、对环境条件的反应和耐受性，以及生态特性等大量表型性状的相似性程度为依据，按照数值分析的原理，借助现代计算机技术进行统计，计算出菌株间的总类似值，再进行比较和归类。

（5）遗传分类鉴定法　遗传分类鉴定是以GC含量和不同来源DNA之间的碱基顺序的类似程度及同源性为依据，从遗传学的角度在分子水平上估价微生物间的亲缘关系，从而进行分群归类。遗传分类鉴定的方法很多，例如常用解链温度法测定DNA中的碱基比例（GC比），具有操作简便、重复性好等优点；常用固相杂交法（直接法）进行DNA–DNA核酸分子杂交；采用16S或18S rRNA寡核苷酸编目分析法，可定量地得知各被测菌株间的亲缘关系；应用全自动DNA序列仪测定微生物全基因组DNA序列，对微生物的精确分类和鉴定工作非常有效。

（四）微生物的命名

1. 俗名和学名

（1）俗名　普通的、通俗的、地区性的名字。

例：用"结核杆菌"表示"结核分枝杆菌"。

（2）学名　一个菌种的科学名称，是按照《国际细菌命名法则》命名的，国际学术界公认并通用的正式名字。

学名的命名：采用"双名制"的国际植物命名法则。

"双名制"是瑞典植物学家林奈（Linneaus）于1953年介绍的植物命名原则，该方法已广泛用于植物、动物、微生物的命名。"双名制"是用两个拉丁文或拉丁化的其他文字组成的一个学名。

2. 学名的命名方法

学名由属名和种名组成，书写时：属名+种名；翻译时，种名在前，属名在后；印刷时，学名用斜体字；书写时，在学名下加一横线表示斜体字母。

例：*Aspergillus niger*属名（曲霉）种名（黑）。

当前后有两个或数个学名排在一起时，在属名相同的情况下，后一学名中的属名可缩写成一个大写字母加一句号的形式。

例1：*Bacillus*（芽孢杆菌属）可缩写成*B.*

例2：若可能产生混淆，也可写成两至三个字母，如：*Bac.*

（1）属名　表示微生物的主要形态特征、生理特征或以研究者的人名表示。单数，字首大写。

例1：根霉属、毛霉属——形态特征。

例2：丙酸杆菌属、乳酸杆菌属——生理特征+形态特征。

例3：沙门杆菌属——研究者的人名+形态特征。

（2）种名　说明微生物的颜色、形状、用途，有时用人名、地名、微生物寄生的宿主名称和致病的性质来表示。字母小写。

例1：黑曲霉——颜色。

例2：巴斯德酵母——人名。

例3：北京棒杆菌——地名。

例4：猪霍乱沙门菌——寄生的宿主名称和致病性质。

例5：种名未确定：属名加sp.（单数）或spp.（复数）表示。如：*Bacillus* sp.表示一种芽孢杆菌；*Bacillus* spp.表示若干芽孢杆菌。

（3）亚种、变种的命名

亚种：subspecies，简称"subsp."。

变种：variety，简称"var."。

（4）三名法命名　属名+种名+（subsp.或var.）+亚种（或变种）可省略。

例1：*Saccharomyces cerevisiae* var. *ellipsoideus*　　酿酒酵母椭圆变种。

例2：*Bacteroides fragilis* subsp. *Ovatus*　　脆弱拟杆菌卵形亚种。

（5）新种的命名　属名+种名+sp.nov

例：*Corymebacterium pekinense* sp. Nov. AS 1.229　　北京棒杆菌AS1.229新种。

（6）菌株的命名　菌株（在病毒中称毒株）表示任何由一个独立分离的单细胞（或单个病毒粒子）繁殖而成的纯种群体及其一切后代。一种微生物的每一不同来源的纯培养物均可称为该菌种的一个菌株。菌株的名称放在学名的后面，可用字母、符号、编号、研究机构或菌种保藏机构的缩写来表示。

（7）定名人、定名年份的表示　属名+种名+（首次定名人）+现名定名人+定名年份。

例1：*Escherichia coli*（Migula）Castellani et Chalmers 1919　　大肠杆菌。

例2：*Bacillus subtilis*（Ehrenberg）Cohn 1872　　枯草芽孢杆菌。

 知识拓展

微生物微小的身体有什么作用呢？

任何物体被分割得越细小，则其单位体积所占的表面积越大。微生物就有这样的特点，可以使它极大地扩大与外界的接触面，有利于物质交换、能量和信息的交换。微生物的一切特征都是从这一点引起的。

六、微生物的应用

微生物的应用范围相当广泛，传统上微生物在酒类酿造、食品发酵和污水处理等方面都扮演重要角色。随着科技发展的脚步，许多由微生物生产的产品也被一一开发。微生物产品一般依据其用途来区分，例如：①医药品，包括抗生素、激素、疫苗、免疫调节剂、血液蛋白质等；②农业用品，包括家畜用药、微生物肥料、微生物杀虫剂、微生物除草剂等；③特用品和食品添加剂，包括氨基酸、维生素、有机酸、核苷酸等；④大宗化学品和能源产品，包括酒精、甘油、甲烷等；⑤环保产品：垃圾处理或分解环境污染物质的微生物；⑥其他产品：有助于金属滤取（bioleaching of metals）的微生物、遗传工程蜘蛛丝蛋白质（genetically engineered spider's silk proteins）等。另外也可以将微生物产品依据生产的来源来分类，例如：①微生物菌体，包括烘焙酵母、菇类、藻类、乳酸发酵用的种菌、冬虫夏草、益生菌，改善环境的各种微生物制剂等；②微生物酶，包括淀粉酶、纤维素酶、蛋白酶、微生物凝乳酶、脂肪酶、葡萄糖异构酶、青霉素酰化酶、胆固醇氧化酶、限制酶等；③微生物代谢物，包括发酵产物如酒精、乳酸、丁醇与丙酮等，生长因子如氨基酸、维生素、嘌呤嘧啶等，二级代谢产物如抗生素、生物碱等；④遗传工程蛋白质，包括人类激素如胰岛素、生长激素；免疫调节剂如干扰素、细胞间素；血液蛋白质如凝血因子、血清白蛋白、基因重组疫苗如B型肝炎疫苗、猪的狂犬病和下痢疫苗；单株抗体等。

微生态调节剂就是以微生态学理论为基础、用于调整微生态平衡，防止微生态失调，以达到提高动物、植物和人的健康水平或增进健康状态的有益微生物及其代谢产物的微生物制品。

微生态调节剂包括益生菌、益生元和合生元三类。益生菌是指能通过改善微生态平衡，发挥有益作用而帮助寄主提高健康水平或改善健康状态的微生物及其代谢产物。目前人类应用较多的有双歧杆菌（*Bifid bacterium*）、乳杆菌（*Lacto bacterium*）、肠球菌（*Enterococcus*）、大肠杆菌（*Escherichia coli*）、枯草芽孢杆菌（*Bacillus subtilis*）、蜡样芽孢杆菌（*B. cereus*）、地衣芽孢杆菌（*B. licheniformis*）和酵母菌等。益生元是指能够促进益生菌生长繁殖的物

质，如双歧因子（bifidus factor），各种只能为有益菌利用，却不能为大部分肠细菌分解和利用的寡聚糖以及某些中草药等，能够扶植正常菌群生长，调整菌群失调，提高有益菌的定殖能力。合生元是指益生菌和益生元同时并存的制剂。微生态调节剂可从不同角度进行分类，如按剂型，可分为液体剂型、固体剂型、半固体剂型和气体制剂型四类；按成分，可分为菌体（包括活菌体、死菌体）、代谢产物和生长促进物质三类；按用途分，可分为保健和疾病防治两类；按宿主分，可分为人类、动物、植物和微生物四类。

微生态调节剂制品近年来得到了很大的发展，很多已成为商品。其生产过程如同其他发酵物一样。固体剂型是在液体发酵后干燥、再加入填充料灌装成胶囊。质量是保证微生态调节剂有效的关键。活菌体制剂应使含菌量在（$10^7 \sim 10^8$）个/mL（或g）。

微生态调节剂的作用主要是：调整失调的微生态系统，使之保持平衡；对非自然的微生物产生拮抗，抑制有害微生物；利用其代谢产物改善环境，有利于保持生态平衡；促进动植物生长；预防和治疗某些动植物和人类的疾病，有利于健康。人类利用微生态调节剂预防和治疗或辅助治疗许多疾病已有众多报道，如对胃肠道疾病、肝脏疾病、高脂血症、某些医源性疾病、婴幼儿保健、癌症、某些妇科疾病等都有较好的预防和治疗或辅助治疗作用。

—— 课外阅读 ——

生物能源

生物能源是以可再生资源为原料生产的有利于环境保护的能源物质，是提供可再生清洁能源的一条重要途径，目前最具有应用前景的生物能源是燃料酒精和生物柴油。

以淀粉质、糖质为原料，经微生物发酵、蒸馏制得乙醇，脱水后添加变性剂变性的乙醇称为变性燃料乙醇，俗称燃料酒精。燃料酒精便于储存、输送，并与现有的加油站设施相容，和汽油相比燃烧时大大减少大气污染，而且由于光合作用固定的二氧化碳量和酒精发酵及其燃烧所释放的二氧化碳量相等，使用燃料酒精不会增加大气中的二氧化碳，因此燃料酒精是一种高效清洁可再生能源。

生物柴油由再生资源如菜油和动物脂肪制得,它具有生物可降解性、无毒、污染排放少等优点，是一种可再生清洁能源。生物柴油的研究最早起源于1900年。1983年美国Graham Quick将亚麻籽油的甲酯（生物柴油"Biodiesel"）用于发动机，燃烧1000小时。植物油经酯交换反应产生生物柴油，目前主要采用化学方法。国际上有美国、欧盟成员国、阿根廷、马来西亚、南联盟、印度、日本等十几个国家地区生产销售生物柴油，显示出巨大的环境和社会效益。但化学法生产生物柴油的主要问题是反应温度较高、产品纯化复杂、反应生成的副产物难于除去，而且使用酸碱催化剂产生大量的废水。因此，生物催化生产生物柴油的清洁工艺在发达国家引起了人们广泛的关注，近年来研究发展非常迅速，2001年日本采用固定化Rhizopus oryzae细胞生产生物柴油，转化率在80%左右，微生物细胞可连续使用430小时。

 知识拓展

工业微生物应用领域

（1）酿酒工业

蒸馏酒：白酒、威士忌、白兰地、俄得克、朗姆酒、金酒。

酿造酒：啤酒、黄酒、葡萄酒、果露酒、清酒。

（2）酒精工业　食用酒精、医用酒精。

（3）溶剂工业　丙酮、丁醇。

（4）有机酸工业　乳酸、柠檬酸、衣康酸、延胡索酸、琥珀酸、苹果酸、酒石酸等。

（5）抗生素工业　青霉素、头孢霉素等。

（6）酶制剂工业　淀粉酶、蛋白酶、纤维素酶等。

（7）氨基酸工业　味精（谷氨酸）、赖氨酸、缬氨酸、亮氨酸等。

（8）酵母工业　活性干酵母等。

（9）多糖工业　黄原胶、右旋糖苷等。

（10）石油发酵　单细胞石油蛋白、有机酸等。

（11）生物活性物质　核酸类、维生素等。

（12）其他　微生物农药、沼气发酵、生物制品（菌苗、疫苗）、发酵饲料、生物肥料、生物能源等。

知识二　微生物技术的基本要求

一、无菌操作

无菌是指在环境中一切有生命活动的微生物的营养细胞及其芽孢或孢子都不存在的状态。在微生物实验中，操作时要防止待接种菌种被杂菌污染。只有在培养基、实验器皿等处于无菌的前提下，才能保证菌种不被污染。

在微生物的分离、接种、培养操作过程中防止培养物被其他微生物污染的操作技术称为无菌操作技术。在各种微生物实验或生物发酵中，为了防止其他

无菌操作

微生物的生长和繁殖影响实验或生产的进行，要在无菌的环境下进行。

因此，无菌操作主要包括两个方面：创造无菌的培养环境和防止在操作过程中其他微生物的侵入。

（一）无菌操作原则

（1）在执行无菌操作时，必须明确物品的无菌区和非无菌区。

（2）执行无菌操作前，先戴帽子、口罩及洗手，并将手擦干，注意空气和环境清洁。

（3）夹取无菌物品，必须使用无菌持物钳。

（4）进行无菌操作时，凡未经消毒的手、臂，均不可直接接触无菌物品或超过无菌区取物。

（5）无菌物品必须保存在无菌包或灭菌容器内，不可暴露在空气中过久。无菌物与非无菌物应分别放置。无菌包一经打开即不能视为绝对无菌，应尽早使用。凡已取出的无菌物品虽未使用也不可再放回无菌容器内。

（二）无菌操作技术

1. 接种室的无菌技术

无菌操作室或接种室用甲醛和高锰酸钾按2∶1的比例定期熏蒸灭菌，封闭消毒期间不宜进入消毒空间。消毒后通风换气，等气味散尽后再出入。使用前用20%新洁尔灭对接种室内墙壁、地板及设备擦洗，用体积分数70%酒精喷雾（使灰尘迅速沉降），用紫外线灭菌20min或更长，照射期间注意接种室的门要关严。当接种室用紫外线消毒期间，工作人员不要处在正消毒的空间内，更不要用眼睛注视紫外灯，也要避免手长时间在开着紫外灯的超净工作台内进行操作。在接种室用紫外线消毒后，不要立即进入接种室，此时室内充满高浓度的臭氧，会对人体，尤其是呼吸系统造成伤害。应在关闭紫外线灯15~20min后再进入室内。

2. 工作人员的无菌技术

工作人员要经常洗头、洗澡、剪指甲，保持个人清洁卫生。在接种室穿特制工作衣帽。工作衣、帽、口罩也要经常清洗，洗净晾干后用纸包好进行高温高压消毒。工作衣使用前后挂于预备间，并用紫外线照射灭菌。接种前洗手，最好用肥皂水或新洁尔灭清洗，然后用70%酒精擦洗或喷洒。

3. 接种器械无菌技术

接种时首先要用紫外线照射超净工作台面后，用70%酒精溶液喷雾或擦洗工作台面。工作前送风15~30min。首先对接种工具如接种针、棒等进行灼烧消毒，方法一般是用70%酒精浸渍、擦拭或喷洒后在酒精灯上灼烧。接种工具灼烧后放在器械支架上冷却待用。接种一定数量材料后，接种器械要重新灼烧灭菌，避免因沾有接种材料或琼脂等引起双重污染和交叉污染。通常采用两套接种工具，使用一套时，另一套灼烧后冷却。放置了很久的试管或三角瓶表面和瓶塞宜用70%酒精棉擦洗。接种器械灼烧时应远离装酒精的容器，也要避免不小心将酒精容器或酒精灯碰倒后引起失火。另外，在酒精灯点燃后，不宜用酒精溶液喷洒超净工作台。

4. 接种操作无菌技术

接种时，要穿好工作衣，戴好工作帽和口罩，不准说话，也不可对着接种材料或培养容器口呼吸。打开包装纸和瓶塞时注意不要污染试管口或瓶口。在近酒精灯火焰处打开试管、培养皿或三角瓶瓶口，并使其倾斜，以免微生物落入。瓶口可以在拔塞后或盖前灼烧灭菌，接种工作宜在近火焰处进行。手不能接触接种器械的前半部分，接种操作时（包括拧开或拧上培养瓶盖时），培养瓶、试管或三角瓶宜水平放置或倾斜一定角度（45°以下），避免直立放置而增大污染机会。手和手臂应避免在培养基接种材料、接种器械上方经过。已消毒的接种材料接种时不慎掉在超净工作台上，不宜再用。接种期间如遇停电等事件使超净工作台停止运转，重新启动时应对接种器械及暴露的接种材料重新消毒。

（三）无菌操作注意事项

1. 玻璃器皿的消毒和清洁

（1）新购玻璃器皿的处理　新购玻璃器皿应用热肥皂水洗刷，流水冲洗，再用质量分数1%～2%盐酸溶液浸泡，以除去游离碱，再用水冲洗。对容量较大的器皿如试剂瓶、烧瓶或量具等，经清水洗净后应注入浓盐酸少许，慢慢转动，使盐酸布满容器内壁数分钟后倾出盐酸，再用水冲洗。

（2）污染玻璃器皿的处理

①一般试管或容器可用质量分数3%煤酚皂溶液或质量分数5%石炭酸浸泡，再煮沸30min，或在质量分数3%～5%漂白粉澄清液内4h，有的也可用肥皂或合成洗涤剂洗刷使尽量产生泡沫，然后用清水冲洗至无肥皂为止。最后用少量蒸馏水冲洗。

②微生物培养用过的试管和培养皿可先行集中，用0.1MPa高压灭菌15～30min，再用热水洗涤，后用肥皂洗刷，流水冲洗。

③吸管使用后应集中于质量分数3%煤酚皂溶液中浸泡24h，逐支用流水反复冲洗，再用蒸馏水冲洗。

④油蜡玷污的器皿，应单独灭菌洗涤，先将沾有油污的物质弃去，倒置于吸水纸上，100℃烘干半小时，再用碱水煮沸，肥皂洗涤，流水冲洗。必要时可用二甲苯或汽油去油污。

⑤染料玷污的器皿，可先用水冲洗，后用清洁或稀盐酸洗脱染料，再用清水冲洗。一般染色剂呈碱性，所以不宜用肥皂的碱水洗涤。

⑥玻片可置于质量分数3%煤酚皂溶液中浸泡，取出后流水冲洗，再用肥皂或弱碱性液煮沸，自然冷却后，流水冲洗。不易洗净的玻片，可置于清洁液内浸泡后再冲洗。

⑦玻片也可以用玻璃清洗剂浸泡20min，用清水清洗干净。

2. 无菌器材和液体的准备

将玻璃器具中的培养皿、培养瓶、试管、吸管等按上述方法洗净烘干后，用一洁净纸包好瓶口并把吸管尾端塞上棉花，装入干净的铝盒或铁盒中，于120℃的干燥箱中干燥灭菌2h，取出备用。对于瓶塞、工作服等，则采用高压蒸汽灭菌法，即在0.1MPa的条件下，加热20min。

3. 无菌操作过程

在无菌操作过程中，最重要的是要保持操作区的无菌、清洁。

在操作前20～30min要先启动超净台和紫外灯，并认真洗手和消毒。在操作时，严禁喧哗，严禁用手直接拿无菌物品，如瓶塞等，而必须用消毒的钳、镊子等。培养瓶应在超净台内操作，并且在开启和加盖瓶塞时需反复用酒精灯烧。无菌吸管使用时应先用手拿后1/3处，装上胶皮乳头，并用酒精灯烧烤之后再吸取液体。

4. 常用清洁液的配制法

（1）重铬酸钾清洁液　可根据不同需要，选用表1-3所述任一浓度。先将重铬酸钾溶于水中，再慢慢加入浓硫酸。注意，此时可产生高热，应防止容器破裂。重铬酸钾清洁液除污力强，腐蚀性大，应避免接触皮肤和衣服。为防止吸收空气的水分而变质，此液应贮存于带盖的容器中。如清洁效力较差，可再加入少量重铬酸钾及浓硫酸，还可继续使用。直到液体变蓝绿色，即不能再用。配制重铬酸钾清洁液时，宜用耐高温的陶瓷缸或耐酸搪瓷或塑料容器。使用玻璃器皿时，应特别注意防止产生高热而破裂，切忌用量筒来配制。

表1-3　重铬酸钾清洁液配方

配方	1	2	3	4	5
重铬酸钾/g	80	60	200	60	100
粗浓硫酸/mL	100	90	500	460	800
水/mL	1000	750	500	300	200

（2）磷酸三钠　将其配成质量分数5%～10%水溶液，可用于洗涤玻璃器皿上的油污，但经常使用会腐蚀玻璃，使器皿表面模糊、毛糙。

（3）硝酸清洁液　将其配成质量分数50%水溶液，可用于清洁微量滴定筒。

（4）乙二胺四乙酸二钠（EDTA钠盐）将其配成质量分数5%~10%水溶液，可洗脱黏附于玻璃器皿内壁的白色沉淀物。

知识拓展

洗涤工作注意事项

（1）不应对玻璃器有所损伤。

（2）用过的器皿应立即洗涤。

（3）装有传染性微生物容器，先浸在5%石炭酸溶液内或蒸煮灭菌后，再洗涤。

（4）盛过有毒物品的器皿，不要与其他器皿放在一起。

（5）难洗涤的器皿不要与易洗涤的器皿放在一起。

（6）强酸、碱及挥发性有毒物品，必须倒在废水缸中。

二、微生物技术的安全要求

（一）一般要求

（1）进入实验室工作衣、帽、鞋必须穿戴整齐。

（2）在进行高压、干燥、消毒等工作时，工作人员不得擅自离开现场，认真观察温度、时间，蒸馏易挥发、易燃液体时，不准直接加热，应置水浴锅上进行。

（3）严禁用口直接吸取药品和菌液，按无菌操作进行，如发生菌液溅出容器外时，应立即用有效消毒剂进行彻底消毒，安全处理后方可离开现场。

（4）工作完毕，两手用清水肥皂洗净，必要时可用新洁尔灭、过氧乙酸泡手，然后用水冲洗，工作服应经常清洗，保持整洁，必要时高压消毒。

（5）实验完毕，即时清理现场和实验用具，对染菌物品，进行消毒灭菌处理。

（6）实验结束后认真检查水、电和正在使用的仪器设备，关好门窗，方可离去。

（二）消防安全要求

（1）注意预防供电线路老化造成的漏电着火。

（2）注意设备原因导致失火。①任何仪器设备都有一定的使用寿命，对超过正常使用寿命的仪器，要及时报废。②设备出现故障未及时发现和维修可能导致火灾。如恒温培养箱和恒温干燥鼓风箱等仪器有时需要工作过夜，如果未及时发现故障，在夜晚无人值守时出现温度失控，就容易导致失火。

（3）防止未关电源引起失火。离开实验室时若忘记关闭电源，致使设备通电时间过长，可能因温度过高而失火。

（4）避免仪器操作不当，温度设置过高引起失火。如使用控温范围为0～300℃的恒温干燥鼓风箱，若将温度设置超过300℃，就有可能失火。

（5）防止操作不慎，使火源接触易燃物质，引起着火。例如微生物无菌化实验时，一般需要在酒精灯旁操作，同时还需用酒精消毒手。如果未等手上酒精挥发就进行操作，就可能将火引到身上。

（6）避免出现爆炸事故。高压蒸汽灭菌器是微生物实验室的常用设备，如果压力表失灵，安全阀堵塞，或者操作不当，极易引发恶性事故，造成人员伤亡和财产损失。

（三）药品使用安全

微生物实验室内较少使用剧毒药品，但是也有许多常用药品是有毒的。如用来擦拭显微镜镜头的二甲苯容易挥发，人体吸入过多，会直接影响健康；作为芽孢染色用的孔雀石绿，为致癌物质，如果不慎溅到皮肤上，就会留下隐患；常用于显微镜油镜镜头的香柏油也为剧毒药品；另外，若操作不慎，浓硫酸、苯酚等试剂飞溅出来会严重腐蚀实验仪器，甚至伤害实验者的皮肤、眼睛等。

（四）细菌感染和污染

许多人认为普通微生物实验室内菌种致病性不强或无致病性，所以容易麻痹大意，消毒意识淡薄。但是细菌是可能产生变异的，在某些特定条件下由非致病菌转变为致病菌，如果人体感染就非常危险，特别是身体上有伤口危险性就更大。

（五）辐射损伤

微生物的实验操作经常要在无菌的工作台上进行，在操作之前常用紫外灯照射消毒。由于强紫外线对人体有害是一个基本常识。但有的学生可能不会采取任何防范措施，甚至直接在紫外灯下操作部分实验，而导致身体受损或受伤。

 知识拓展

实验室意外事故的处理

1. 火险

立刻关闭电门、煤气，使用灭火器、沙土和湿布灭火；酒精、乙醚或汽油等着火使用灭火器或沙土或湿布覆盖，慎勿以水灭火；衣服着火可就地翻滚或靠墙滚转。

2. 破伤

先除尽外物，用蒸馏水洗净，涂以碘酒或红汞。

3. 火伤

可涂5%鞣酸，2%苦味酸或苦味酸铵，苯甲酸丁酯油膏或龙胆紫液等。

4. 灼伤

（1）强酸、溴、氯、磷等酸性药品的灼伤，先以大量清水冲洗，再用5%碳酸氢钠或氢氧化铵溶液擦洗以中和酸。

（2）强碱、氢氧化钠、金属钠、钾等碱性药品的灼伤，先以大量清水冲洗，再用5%硼酸溶液或醋酸冲洗以中和碱，以浓酒精擦洗。

（3）眼灼伤　眼为碱伤，以5%硼酸溶液冲洗然后于滴入橄榄油或液体石蜡1～2滴以滋润之；眼为酸伤，以5%碳酸氢钠溶液冲洗，然后再滴入橄榄油或液体石蜡1～2滴以滋润之。

5. 误食入腐蚀性物质

（1）食入酸　立即以大量清水漱口，并服镁乳或牛乳等，勿服催吐药。

（2）食入碱　立即以大量清水漱口，并服5%醋酸、食醋、柠檬汁或油类、脂肪。

6. 吸入菌液

（1）吸入非致病性菌液，用40%乙醇漱口，并喝大量烧酒，再服用催吐剂使其吐出。

（2）吸入致病性菌液，立即大量清水漱口，再以1∶1000高锰酸钾溶液漱口。

（3）吸入葡萄球菌、链球菌、肺炎球菌液，立即以大量热水漱口，再以消毒液1∶5000米他芬、3%过氧化氢或1∶1000高锰酸钾溶液漱口。

三、微生物实验室要求

（1）实验室内要经常保持清洁卫生，应经常进行清扫整理，实验台面等表面应每天用消毒液擦拭，保持无尘，杜绝污染。

（2）实验室应井然有序，不得存放实验室外及个人物品、仪器等，实验室用品要摆放合理，并有固定位置。

（3）随时保持实验室卫生，不得乱扔纸屑等杂物，测试用过的废弃物要倒在固定的箱筒内，并及时处理。

（4）实验室应具有优良的采光条件和照明设备。

（5）实验室工作台面应保持水平和无渗漏，墙壁和地面应当光滑和容易清洗。

（6）实验室布局要合理，一般实验室应有准备间和无菌室，无菌室应有良好的通风条件，无菌室内空气测试应基本达到无菌。

知识拓展

实验室工作规则

（1）实验前做好充分准备。

（2）穿着消毒过的工作衣，戴口罩、帽子，换工作鞋。

（3）实验室内应当安静，秩序井然。

（4）严格遵守操作规程，防止生物材料被杂菌污染。

（5）每一项实验尽量一次性完成，防止中途间断。

（6）做好实验纪录。

四、微生物技术常用设备及器材

（一）无菌室和超净工作台

无菌室和超净工作台是实验室的核心部分，主要为样品提供保护，保证实验结果的准确和人员的安全。

1. 无菌室

无菌室通过空气的净化和空间的消毒为微生物实验提供一个相对无菌的工作环境。无菌室的主要组成设备有空气自净器、传递窗、紫外线灯等。严格的无菌室可能还装备风淋室等。

2. 超净工作台

微生物的培养都是在特定培养基中进行无菌培养，无菌培养必然需要超净工作台提供一个无菌的工作环境。超净工作台的用途是微生物的接种及处理时的无菌操作。超净工作台根据风向分为水平式和垂直式。

（二）培养箱

培养箱主要用于实验室微生物的培养，为微生物的生长提供一个适宜的环境。

1. 普通培养箱

普通培养箱一般控制的温度范围为：室温5~65℃，又分为电热恒温培养箱和隔水式恒温培养箱。

2. 生化培养箱

生化培养箱一般控制的温度范围为：5~50℃。

3. 恒温恒湿箱

恒温恒湿箱一般控制的温度范围为：5~50℃，控制的湿度范围为：50%~90%。可作为霉菌培养箱。

4. 厌氧培养箱

厌氧培养箱是在普通培养的基础上加以改进，主要是能加入CO_2，以满足培养微生物所需的环境。主要用于组织培养和一些特殊微生物的培养。

5. 摇床

摇床又称摇瓶机，是培养好气菌的小型试验设备，并用于种子培养。常用的摇床有往复式和旋转式两种。常用250mL、500mL和1000mL锥形瓶作摇瓶，培养基装量约为摇瓶体积的1/10～1/5。

（三）电热恒温干燥箱和电热恒温培养箱

干燥箱又称烘箱，用于物品的干燥和干热灭菌，工作温度是50～250℃。培养箱又称保温箱，或孵化箱，用于细菌、生物培养等，工作温度从室温以上到60℃。

（四）高压蒸汽灭菌器（又称高压灭菌锅）

微生物学所用到的大部分实验物品、试剂、培养基都应严格消毒灭菌。灭菌锅也有不同大小型号，有些是手动的，有些是全自动的。灭菌锅是一种压力容器，有立式和卧式两种类型，常用于小量培养基、无菌衣物以及大型玻璃瓶等的灭菌。除手提式灭菌锅外，其他的灭菌锅一般均设夹套，以减少锅内冷凝水。

（五）生物显微镜

显微镜是微生物学最基本的一种精密光学仪器，可以分为光学显微镜和电子显微镜两大类。光学显微镜又分为荧光显微镜、相差显微镜、明视野显微镜、暗视野显微镜、普通复式显微镜等。

（六）恒温水温浴锅

在微生物检验中有些检验（如大肠杆菌、细菌总数、霉菌、酵母菌等检验）需要使用恒温水浴锅。

（七）冰箱

用来冷藏实验材料、试剂、菌种和一般物品。一般冰箱在室温不高于42℃时，箱内温度的范围是2～6℃，箱内温度误差±1℃。冰箱有多种规格，实验室要根据需要选择。

（八）常规玻璃器皿

（1）吸管　用于吸取少量液体，常用的吸管为0.1mL刻度1mL及1.0mL刻度的10mL吸管。

（2）培养皿　为硬质玻璃双碟，常用于分离培养，盖与底大小应合适，常用规格为90mm。

（3）三角烧瓶与广口瓶　多用于盛培养基及配制溶液，常用的规格有250mL、500mL、1000mL。

（4）烧杯　供盛装液体或煮沸用，常用的规格为100mL、250mL、500mL、1000mL。

（5）量筒　用于液体的测量，常用规格为100mL、250mL、1000mL。

（6）试管　用于细菌、酵母培养，有多种规格。

（7）载玻片、盖玻片　细菌、酵母涂片观察用。

（8）试剂瓶　装试剂用，常用棕色避光。

（9）血球计数器　用于酵母菌细胞数测定。

（九）实验台

实验台面积一般不小于2.4m×1.3m；实验台位置应在实验室中心位置，要有充足光线；也可以作边台。实验台两侧安装小盆与水龙头；实验台中间设置试剂架，架上装有日光灯与插座；实验台材料要以耐热、耐酸碱为宜。

（十）电炉

电炉是实验室常用的热源。电炉依靠电热丝（电炉丝）放出热量。常见的电炉是盘式电炉和万用电炉。用于溶液的快速加热，微生物固体培养基的加热溶化。

（十一）紫外线杀菌灯

紫外线杀菌灯能辐射出强烈的$2.537×10^{-5}$cm短波紫外线，通过对核酸、蛋白质的作用，能灭菌或使细菌发生变异，可用于微生物实验室的空气消毒。

（十二）其他

如菌落计数器、试管架、毛刷、酒精灯、接种针、接种环、高速离心机、离心管、药勺、滤纸等。

———— 课外阅读 ————

微生物学的奠基人——伟大的巴斯德

列文虎克发现微生物200年后，通过许多科学家的努力，特别是法国伟大的科学家巴斯德的一系列创造性的研究工作，人们才开始认识微生物与人类有着十分密切的关系。今天，我们把研究微生物的科学称作微生物学，巴斯德和科赫是公认的微生物学奠基人。他的工作为今天的微生物学奠定了科学原理和基本的方法。

巴斯德在大学里学的是化学。由于他不到30岁便成了有名的化学家，法国里尔城的酒厂老板便要求他帮助解决葡萄酒和啤酒变酸的问题，希望巴斯德能在酒中加些化学药品来防止酒类变酸。巴斯德与众不同的地方是他善于利用显微镜观察，这使他在化学上有过前人没有的重要发现。所以在解决葡萄酒变酸问题时，他首先也是用显微镜观察葡萄酒，看看正常的和变酸的葡萄酒中究竟有什么不同。结果巴斯德发现，正常的葡萄酒中只能看到一种又圆又大的酵母菌，变酸的酒中则还有另外一种又小又长的细菌。他把这种细菌放到没有变酸的葡萄酒中，葡萄酒就变酸了。于是巴斯德向酿酒厂的老板们指出，只要把酿好的葡萄酒放在接近50℃的温度下加热并密封，葡萄酒便不会变酸。酿酒厂的老板们开始并不相信这个建议。巴斯德便在酒厂里做示范。他把几瓶葡萄酒分成两组，一组加热，另一组不加热，放置几个月后，当众开瓶品尝，结果加热过的葡萄酒依旧酒味芳醇，而没有加热的却把人的牙都酸软了。从此以后，人们把这种采用不太高的温度加热杀死微生物的方法称作巴斯德灭菌法。直到今天，我们每天食用的牛奶还是采用巴斯德灭菌法来保鲜的。

因为解决了葡萄酒变酸问题，巴斯德在法国的名声大振。正好这时法国南部的丝绸工业遇到了很大的困难，因为用做原料的蚕茧大幅度减产。减产的原因是一种称作"微粒子病"的疾病使蚕大量死亡。人们又来向巴斯德求援了。1865年，巴斯德受农业部长的重托，带着他的显微镜来到了法国南方。经过几年的工作，其间他还得过严重的脑溢血病，但是，他发现微粒子病的病根是蚕蛹和蚕蛾受到了微生物的感染。针对病因，巴斯德向蚕农们表演了如何选择健康蚕蛾的方法，要求他们把全部受感染的蚕和蚕卵，连同桑叶都烧掉，只用由健康蚕蛾下的卵孵化蚕。蚕农们依照巴斯德的办法，果然防止了微粒子病，挽救了法国的丝绸工业。为此，巴斯德受到了法国皇帝拿破仑3世的表彰和人民的热烈称颂。

研究葡萄酒和蚕病取得巨大成功之后，巴斯德开始主张传染病是由微生物引起的。正因为微生物能够通过身体接触、唾液或粪便散布，便可以从病人传播给健康的人而使人生病。这种观点后来被许多医生的观察和治病经验证实了。其中德国医生科赫和他的老师贡献最大。为此德国聘请巴斯德担任波恩大学教授并授予他名誉学位，可是，这时普法战争已经爆发，法国大败，热爱祖国的巴斯德拒绝了德国给他的荣誉。1873年，巴斯德当选为法国医学科学院的院士，虽然他不是医生，连行医的资格都没有，但历史已经证明，巴斯德是最伟大的"医生"。

19世纪70年代，巴斯德开始研究炭疽病。炭疽病是在羊群中流行的一种严重的传染病，对畜牧业危害很大，而且还传染给人类，特别是牧羊人和屠夫容易患病而死亡。巴斯德首先从病死的羊血中分离出了引起炭疽病的细菌——炭疽杆菌，再把这种有病菌的血从皮下注射到做试验的豚鼠或兔子身体内，这些豚鼠或兔子很快便死于炭疽病，从这些病死的豚鼠或兔子体内又找到了同样的炭疽杆菌。在实验过程中，巴斯德又发现，有些患过炭疽病但侥幸活过来的牲口，再注射病菌也不会得病了。这就是它们获得了抵抗疾病的能力（现在称为免疫力）。巴斯德马上想起50年前詹纳用牛痘预防天花的方法。可是，从那里得到不会使牲口病死的毒性比较弱的炭疽杆菌呢？通过反复试验，巴斯德和他的助手发现把炭疽杆菌连续培养在接近45℃的条件下，它们的毒性便会减少，用这种毒性减弱了的炭疽杆菌预先注射给牲口，牲口就不会再染上炭疽病而死亡了。1881年，巴斯德在一个农场进行了公开的试验。一些羊注射了毒性减弱了的炭疽杆菌；另一些没有注射。4个星期后，又给每头羊注射毒力很强的炭疽杆菌，结果在48h后，事先没有注射弱毒细菌的羊全部死亡了；而注射了弱毒细菌的则活蹦乱跳，健康如常。在现场的专家和新闻记者欢声雷动，祝贺巴斯德伟大的成功。的确，巴斯德的成就开创了人类战胜传染病的新世纪，拯救了无数的生命，奠定了今天已经成为重要科学领域的免疫学的基础。1885年，巴斯德第一次用同样的方法治好了被疯狗咬伤了的9岁男孩梅斯特。后来梅斯特成了巴斯德研究院的看门人，1940年，当法国被德国占领时，64岁的梅斯特因为拒绝法西斯军人强迫他打开巴斯德的陵墓而自杀了。

1996年巴斯德逝世100周年时，全世界微生物学和医学工作者举行了许多活动来纪念他，因为他的研究成果直到今天仍然在给人类带来巨大的幸福。

—— 小结 ——

微生物在动植物及人类生命活动中起到重要作用（包括有益和有害作用），包括细菌、放线菌、真菌、螺旋体、霉形体、立克次体、衣原体、病毒和少数藻类。具有体积小、比表面积大；吸收多、转化快；生长旺、繁殖快；适应强，易变异；分布广、种类多的特点。微生物分界、门、纲、目、科、属、种。种是最基本的分类单位，每一分类单位之后可有亚门、亚纲、亚目、亚科。

在分离、转接及培养纯培养物时防止其被其他微生物污染的技术被称为无菌技术。无菌操作主要包括两个方面：创造无菌的培养环境和防止在操作过程中其他微生物的侵入。除微生物一般安全要求外，还要注意消防安全、药品使用安全、细菌感染和污染、辐射损伤等。学习无菌室和超净工作台、培养箱、电热恒温干燥箱、高压蒸汽灭菌器、生物显微镜和常规玻璃器皿相关知识。

 思考与练习

1. 什么是微生物？有哪些主要类群？

2. 微生物有哪些主要特点？举例加以说明。

3. 微生物学在动植物及人类生命活动中的有哪些作用？

4. 名词解释：分类单元、菌株、亚种。

5. 微生物的分类单元有哪些？基本分类单元是什么？

6. 什么是种？种以下的分类单元有哪些？

7. 微生物分类的依据主要有哪些？

8. 微生物技术中为什么要采用无菌操作？

9. 如何实现无菌操作？

10. 无菌操作时要注意哪些问题？

11. 请自拟一套微生物实验室仪器设备采购计划。

知识目标

1. 掌握普通光学显微镜的结构和功能。
2. 熟悉细菌、放线菌、酵母菌和霉菌的形态结构、生长繁殖，掌握各自的菌落特点。
3. 熟悉食品及发酵工业生产中常用常见的细菌、放线菌、酵母菌和霉菌。
4. 了解几种特殊的光学显微镜。

能力目标

1. 熟练掌握普通光学显微镜的使用方法及生物标本的观察和绘图。
2. 了解革兰染色的原理，掌握染色制片技能。
3. 掌握观察细菌、放线菌、酵母菌和霉菌形态的基本技能。

知识一　显微镜的种类及结构

　　微生物个体微小，绝大多数微生物的大小都低于肉眼的观察极限，必须借助于显微镜才能研究它们的个体形态和内部结构。显微镜的放大系统能够将小至微米或纳米的微生物进行放大成像，从而为我们打开通向神秘微观世界的大门。因此，在微生物形态观察及各项研究中，显微镜就成为不可缺少的工具。

　　显微镜的种类很多，根据其结构，可分为光学显微镜和非光学显微镜两大类。光学显微镜又分为单式显微镜和复式显微镜（即由目镜、物镜两组透镜组成）。最简单的单式显微镜是放大镜，构造复杂的单式显微镜是解剖显微镜。在微生物学研究中，主要使用复式显微镜。其中以普通光学显微镜最为常用。此外，光学显微镜还有暗视野显微镜、相差显微镜、荧光显微镜等。而非光学显微镜是电子显微镜。

—— 课外阅读 ——

显微镜的发明

在16世纪末之前，人们并没有什么方法可以观察到细胞，甚至还没有人知道细胞的存在，直到1590年左右，显微镜的发明使人们发现和认识细胞成为可能。没有显微镜，就不可能发现细胞。

第一台显微镜是由荷兰的一个眼镜店的老板詹森和他的父亲罕斯于1590年前后发明的。这个显微镜是用一个凹镜和一个凸镜做成的，制作水平还很低。这台显微镜只能称为显微镜家族中的"始祖"，无论是放大倍数，还是分辨能力都是相当低的。

1660年，罗伯特.胡克对复合显微镜进行了改良。它的右侧有一个带油灯的支架，用来为显微镜下的标本照明。胡克用这台显微镜发现了软木的细胞，"cell"一词即是胡克为细胞所选定的名称，并一直沿用至今。并且清楚的观察到了蜜蜂的小针。小鸟羽毛的部分构造等。

1683年，荷兰的列文虎克在显微镜中加了一块透镜。从而使它能把标本放大266倍。利用这样的显微镜列文.虎克观察到泥土中的微生物、生存在牙齿上食物残渣中的生物及蝌蚪体内的血液循环。1683年他在英国皇家学会的《哲学学报》上，发表了第一批细菌图，当时他并不知道这些东西是细菌，只知道它们是活的，因而称之为"小动物"。列文虎克是第一个看到许多单细胞的人。

1886年，德国科学家恩斯特.阿贝和卡尔.蔡斯制作了一台现代普通光学显微镜,马蹄形的底座增加了显微镜的稳固性。底部的镜子能会聚并反射光线使光线透过上放的标本。现代复式光学显微镜已经能把标本放大到1000倍了。

随着科学技术的进一步发展，显微镜的结构也越来越复杂，其观察的功能也越来越完善，当然，我们最常使用的还是现代普通光学显微镜了。

一、普通光学显微镜的基本构造

普通光学显微镜利用目镜和物镜两组透镜系统来放大成像，因此又被称为复式显微镜。普通光学显微镜主要由机械装置和光学系统两部分构成，机械装置起到了机械支持和调节作用，而光学系统则是起到光学放大作用。只有在机械装置和光学系统这两部分很好的配合下，才能充分发挥显微镜的显微性能。因此，要正确地掌握显微镜的用法，必须了解显微镜的结构（图2-1）。

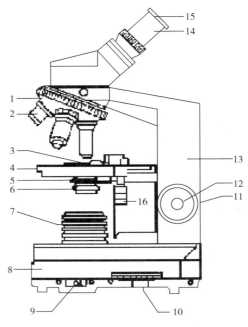

图2-1　光学显微镜的构造

1—物镜转换器　2—接物镜　3—游标卡尺　4—载物台

5—聚光器　6—虹彩光圈　7—光源　8—镜座　9—电源开关

10—光源滑动变阻器　11—粗调螺旋　12—微调螺旋

13—镜臂　14—镜筒　15—目镜　16—标本移动螺旋

1. 显微镜的机械装置

显微镜的机械装置由镜座、镜臂、镜筒、物镜转换器、载物台、标本推动器、粗调螺旋、微调螺旋等组成。

（1）镜座　显微镜的基座，位于显微镜的最底部，多呈马蹄形、圆形和丁字形，用于支持和稳定整个镜体，可使显微镜平稳地放在实验台上。

（2）镜臂　显微镜的脊梁，用以支持镜筒、载物台，是取用显微镜时握拿的部位。镜臂有固定式和活动式两种，活动式的镜臂可改变角度以方便观察，但使用时倾斜角度不应超过45°，否则显微镜则由于重心偏移容易翻倒。

（3）镜筒　由金属制成的空心圆筒，其上端插入目镜，下端与物镜转换器相连。镜筒的长度一般为160mm。镜筒有单筒和双筒两种，单筒又可分为直立式和后倾式两种。而双筒则都是倾斜式的，倾斜式镜筒倾斜45°。双筒中的一个目镜有屈光度调节装置，以备在两眼视力不同的情况下调节使用。

（4）物镜转换器　又称物镜转换盘，是安装在镜筒下方的一圆盘状构造，它是由两个金属碟所合成的一个可旋转的圆盘。可以按顺时针或反时针方向自由旋转。其上均匀分布有3～4个圆孔，用以装载不同放大倍数的物镜。转动物镜转换盘可使不同的物镜到达工作位置（即与光路合轴）。

（5）载物台　也称镜台，是位于物镜转换器下方的方形或圆形的平台，是放置被观察的玻片标本的地方。平台的中央有一圆孔，称为通光孔，来自下方光线经此孔照射到标本上。在载物台上有的装有两个金属压片称标本夹，用以固定标本；有的装有标本推动器，将标本固定后，能向前后左右推动。有的推动器上还有刻度，能确定标本的位置，便于找到变换的视野。

（6）调焦螺旋　也称调焦器，为调节焦距的装置，分粗调螺旋（大螺旋）和微调螺旋（小螺旋）两种。利用它们使镜筒或镜台上下移动，当物体在物镜和目镜焦点上时，则得到清晰的物像。粗调螺旋可使镜筒或载物台以较快速度或较大幅度的升降，能迅速调节好焦距使物像呈现在视野中。通常在使用低倍镜时，先用粗调节器迅速找到物象。而微调螺旋只能使镜筒或载物台缓慢或较小幅度的升降（升或降的距离不易被肉眼观察到，每转动一周上下仅移动0.1mm），一般在粗调螺旋得到较清晰的物像后再使用微调螺旋，以得到更为清晰的物像。

2. 显微镜的光学系统部分

显微镜的光学系统架构于机械装置上，主要包括物镜、目镜和照明装置（反光镜、聚光器和光圈等）。

（1）目镜　安装在镜筒的上端，起着将物镜所放大的物像进一步放大的作用。每台显微镜通常配置2～3个不同放大倍率的目镜，常见的有5×、10×和15×（×表示放大倍数）的目镜，可根据不同的需要选择使用，最常使用的是10×目镜。

（2）物镜　安装在物镜转换器上。每台光镜一般有3～4之个不同放大倍率的物镜，每个物镜由数片凸透镜和凹透镜组合而成，是显微镜最主要的光学部件，决定着光镜分辨力的高低。常用物镜的放大倍数有10×、40×和100×等几种。一般将5×或10×的物镜称为低倍镜；将40×或45×的称为高倍镜；将100×的称为油镜（这种镜头在使用时需浸在镜油中）。各接物镜的放大率可由其外形辨认，镜头长度越大，镜片直径越小，放大倍数大；反之，放大倍数小。油镜头长度大于低、高倍镜，镜头下缘一般刻有一圈黑线或白线，并刻有100×、1.25或oil等字样。

（3）聚光器　又称聚光器，位于镜台下方的集光器架上，由聚光镜和光圈组成，是把光线集中到所要观察的标本上。

①聚光镜：由一片或数片透镜组成，起汇聚光线的作用，加强对标本的照

明，并使光线射入物镜内，镜柱旁有一调节螺旋，转动它可升降聚光器，以调节视野中光亮度的强弱。

②光圈（虹彩光圈）：在聚光镜下方，由十几张金属薄片组成，其外侧伸出一柄，推动它可调节其开孔的大小，以调节光量。

（4）反光镜　位于聚光镜的下方，可向任意方向转动，能将来自不同方向的光线反射到聚光器中。反光镜有两个面，一面为平面镜，另一面为凹面镜，凹面镜聚光作用强，适于光线较弱的时候使用，平面镜聚光作用弱，适于光线较强时使用。

二、普通光学显微镜的光学原理

1. 显微镜的成像原理

显微镜和放大镜起着同样的作用，就是把近处的微小物体成一放大的像，以供人眼观察。只是显微镜比放大镜具有更高的放大率。

显微镜的成像原理如图2-2所示。被检物体AB位于物镜前方，经物镜折射以后，形成一个倒立的放大的实像A′B′。再经目镜放大为虚像A″B″后供眼睛观察。目镜的作用与放大镜一样。所不同的只是眼睛通过目镜所看到的不是物体本身，而是物体被物镜所成的已经放大了一次的像。

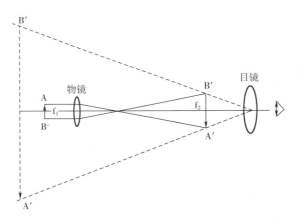

图2-2　光学显微镜的成像原理

2. 显微镜的性能

显微镜的主要性能包括放大率、工作距离、分辨率、数值口径等。

（1）放大率　被测物体经显微镜放大后，放大的物象和物体实际大小的比例，称为放大率。

显微镜的放大率=物镜的放大倍数×目镜的放大倍数

（2）工作距离　当显微镜调整焦距形成清晰物象时，从盖玻片到物镜前透镜表面之间的距离，称作工作距离。工作距离的大小和物镜的放大倍数与数值孔径有关。放大倍数和数值孔径越大，则工作距离越小，反之越大。一般油镜的工作距离最短，约为0.1mm。

（3）分辨率　显微镜能够分辨物体结构中两点之间的最小距离，称分辨率。显微镜的放大倍数越大，分辨率越小。

（4）数值口径　显微镜物镜上，有数值口径（N.A.）的标志，它反映该镜头分辨率的大小，其数字越大，表示分辨率越高，数值口经是决定物镜性能的重要指标。

不同放大倍数的显微镜各性能之间的关系见表2-1。

表2-1　不同放大倍数的显微镜的特性比较

物镜	数值口径／N.A.	工作距离／mm	分辨率／μm
10×	0.25	5.40	0.9
40×	0.65	0.39	0.35
100×	1.30	0.11	0.18

三、几种特殊的光学显微镜

在微生物学研究中，最常用的是普通光学显微镜。此外，还有暗视野显微镜、相差显微镜、荧光显微镜等特殊的光学显微镜。

1. 暗视野显微镜

暗视野显微镜是光学显微镜的一种，也称超显微镜，是在普通光学显微镜的结构基础上改造而成的。在日常生活中，室内飞扬的微粒灰尘是不易被看见的，但在暗的房间中若有一束光线从门缝斜射进来，灰尘便粒粒可见了，这是光学上的丁达尔现象。暗视野显微镜就是利用此原理设计的。

它的结构特点主要是使用中央遮光板或暗视野聚光器，常用的是抛物面聚光器，使光源的中央光束被阻挡，不能由下而上地通过标本进入物镜。只允许被标本反射和衍射的光线进入物镜，因而视野的背景是黑的，物体的边缘是亮的。利用这种显微镜能见到小至 4~200nm 的微粒子，分辨率可比普通显微镜高50倍。在暗视野中所观察到的是被检物体的衍射光图像，并非物体的本身，所以只能看到物体的存在和运动，不能辨清物体的细微结构。一般暗视野显微镜虽看不清物体的细微结构，但却可分辨0.004μm以上微粒的存在和运动，这是普通显微镜（最大的分辨力为0.2μm）所不具有的特性，可用以观察活细胞的结构和细胞内微粒的运动等。

2. 相差显微镜

光波有振幅（亮度）、波长（颜色）及相位（指在某一时间上光的波动所能达到的位置）的不同。当光通过物体时，如波长和振幅发生变化，人们的眼睛才能观察到，这就是普通显微镜下能够观察到染色标本的道理。而活细胞和未经染色的生物标本，因细胞各部微细结构的折射率和厚度略有不同，光波通过时，波长和振幅并不发生变化，仅相位有变化（相应发生的差异即相差），而这种微小的变化，人眼是无法加以鉴别的，故在普通显微镜下难以观察到。相差显微镜能够改变直射光或衍射光的相位，并且利用光的衍射和干涉现象，把相差变成振幅差（明暗差），同时它还吸收部分直射光线，以增大其明暗的反差。因此可用以观察活细胞或未染色标本。

3. 荧光显微镜

荧光显微镜的基本构造是由普通光学显微镜加上一些附件（如荧光光源、激发滤片、双色束分离器和阻断滤片等）的基础上组成的。荧光显微镜是利用一个高发光效率的点光源，经过滤色系统发出一定波长的光（如波长365nm紫外光或420nm紫蓝光）作为激发光、激发标本内的荧光物质发射出各种不同颜色的荧光后，再通过物镜和目镜的放大进行观察。这样在强烈的对衬背景下，即使荧光很微弱也易辨认，敏感性高，主要用于细胞结构和功能以及化学成分等的研究。细胞中有些物质，如叶绿素等，受紫外线照射后可发荧光；另有一些物质本身虽不能发荧光，但如果用荧光染料或荧光抗体染色后，经紫外线照射也可发荧光，荧光显微镜就是对这类物质进行定性和定量研究的工具之一。

知识二　显微镜操作技术

显微镜是我们进行微生物学实验，研究和教学中不可或缺的辅助工具。显微镜操作技术是进行微生物实验的最基本的技术之一。

一、准备工作及观察要求

1. 准备工作

显微镜是精密的放大仪器，要爱护显微镜。轻拿轻放，从显微镜柜或镜箱内取出镜，要用右手紧握镜臂，左手托住镜座，并保持镜身的上下垂直，平稳地将显微镜放至实验台上。切不可一只手提起，以防显微镜、反光镜功目镜坠落。不能用手或布去擦试镜头，使用倾斜关节时，倾斜角度不能太大。

使用显微镜前，要把显微镜的目镜和物镜安装上去。选择合适的目镜装入镜筒，安装较为简单。物镜镜头较贵重，在安装时要用左手食指和中指托住物镜，然后用右手将物镜装上去，即安装时注意不要离开实验台的上方，悬空操作。

使用前应将镜身擦拭一遍、用擦镜纸将镜头擦净（切不可用手指擦抹）。

若遇到镜台或镜头上有干香柏油，可用擦镜纸蘸取少量二甲苯将其擦去。

2. 观察要求

安装好目镜和物镜后，将显微镜放在身体的左前方，离桌子边缘约10cm，右侧可放记录本或绘图纸。实验上，镜座后端距桌边2.5～5.1cm为宜，便于坐着操作。右侧可放记录本或绘图纸。

用显微镜观察物体时，应双眼同时睁开。左眼往目镜内注视，右眼试图向视野内注视，这样既可以双眼轮换观察以免长期工作的疲劳，又可以边观察，边进行计数、绘图或进行描述。

二、光源的调节

1. 光源的选择

显微镜的照明可以用天然光源或人工光源。

天然光源：光线来自天空，最好是由白云反射来的。不可利用直接照来的太阳光，直射阳光会影响物像的清晰并刺激眼睛。

人工光源：对人工光源的基本要求：有足够的发光强度；光源发热不能过多。常用的人工光源有显微镜灯、日光灯。

2. 对光

对光是使用显微镜时很重要的一步，对光时，按要求一定用低倍镜对光。先用拇指和中指移动旋转器（切忌手持物镜移动），使低倍镜对准镜台的通光孔（当转动听到碰叩声时，说明物镜光轴已对准镜筒中心）。打开光圈，上升集光器，并将反光镜转向光源，让反射镜面充分接受射来的光线，当光线较强时用小光圈、平面镜，而光线较弱时则用大光圈、凹面镜，用左眼在目镜上观察（右眼睁开），同时调节反光镜方向，反光镜要用双手转动，直到视野内的光线均匀明亮为止。使视野的光照达到最明亮最均匀为止。光对好后不要再随便移动显微镜，以免光线不能准确地通过反光镜进入通光孔。

自带光源的显微镜，可通过调节电流旋钮来调节光照强弱。

三、低倍镜的使用方法

镜检任何标本都要养成先用低倍镜观察的习惯。因为低倍镜视野较大，易于发现目标和确定检查的位置。

放置标本：取一玻片标本放在镜台上，一定使有盖玻片的一面朝上，切不可放反，用标本推动器弹簧夹夹住，然后旋转推动器螺旋，将所要观察的部位调到通光孔的正中。

调节焦距：转动粗调螺旋，使镜台缓慢地上升（或精通缓慢下降）至物镜距标本片约5mm处，应注意在上升镜台（或下降镜筒）时，切勿在目镜上观察。一定要从右侧看着镜台上升，以免上升过多，造成镜头或标本片的损坏。然后，两眼同时睁开，用左眼在目镜上观察，左手顺时针方向缓慢转动粗调螺旋，使镜台缓慢下降（或镜筒缓慢上升），直至物像出现，再用微调螺旋使物像清晰为止。

如果物像不在视野中心，可调节标本推动器将其调到中心（注意移动玻片的方向与视野物像移动的方向是相反的）。如果视野内的亮度不合适，可通过升降集光器的位置或开闭光圈的大小来调节，低倍镜视野感光性好，所以视野较亮，有时候怕刺眼，会调低光源强度便于观察，如果在调节焦距时，镜台下降已超过工作距离而未见到物像，说明此次操作失败，则应重新操作，切不可心急而盲目地上升镜台。

四、高倍镜的使用方法

先低倍后高倍，在低倍物镜观察的基础上转换高倍物镜。一定要先在低倍镜下把需进一步观察的部位调到中心，同时把物像调节到最清晰的程度，才能进行高倍镜的观察。也就是说，高倍镜观察必须是在低倍镜观察的基础上进行的。因为较好的显微镜，低倍、高倍镜头是同焦的，在正常情况下，高倍物镜的转换不应碰到载玻片或其上的盖玻片。

调换高倍镜头：转动标本转换器，调换上高倍镜头，转换高倍镜时转动速度要慢，并从侧面进行观察（防止高倍镜头碰撞玻片），如高倍镜头碰到玻片，说明低倍镜的焦距没有调好，应重新进行低倍操作。

调节焦距：转换好高倍镜后，用双眼在目镜上观察，此时一般能见到一个不太清楚的物像，可将微调螺旋的螺旋逆时针移动约0.5～1圈，即可获得清晰的物像（切勿用粗调螺旋）。

注意事项：高倍镜视野感光性不好，视野较暗，所以从低倍镜转化成高倍镜要增加光源的强度。可用集光器和光圈加以调节。如果需要更换玻片标本时，必须转动粗调螺旋使镜筒上升（或载物台下降）方可取下玻片标本。

五、油镜的使用方法

油镜也称油浸镜，用于观察较细微的结构，油镜由于需要放大更高的倍数，所以镜头需浸入油中（通常是香柏油）。油镜与载物玻片之间有一层与玻璃折射率相近的香柏油介质，使通过的光线不产生或少产生折射，增加进入透镜的光线，使视野亮度增加，能更清楚地观察物像。

在使用油镜之前，必须先经低、高倍镜观察，然后将需进一步放大的部分移到视野的中心。

将集光器上升到最高位置，光圈开到最大。

　　调节粗调螺旋提升镜筒或下降载物台，在需观察部位的玻片上滴加一滴香柏油，然后转动物镜转换器将油镜转至镜筒正下方。在转换油镜时，从侧面水平注视镜头与玻片的距离，使镜头浸入油中而又不以压破载玻片为宜。注意不要压到标本，以免压碎玻片，甚至损坏油镜头。油浸物镜的工作距离（指物镜前透镜的表面到被检物体之间的距离）很短，一般在0.1mm以内，因此使用油浸物镜时要特别细心，避免由于"调焦"不慎而压碎标本片并使物镜受损。

　　用左眼观察目镜，并慢慢转动粗调螺旋使镜筒徐徐上升或将载物台徐徐下降，直到视野内出现物像为止，然后调节细调螺旋直至出现清晰的物像。如油镜已离开油面而仍未见物像，必须再从侧面观察，将油镜的镜头降下，重复操作至物像清晰为止。

六、显微镜使用后的处理

　　油镜观察完毕，应先提高镜筒（或下降载物台），并将油镜头扭向一侧，再取下标本片。油镜头使用后，应立即用擦镜纸擦净镜头上的油。若镜油黏稠干结于镜头上，可用擦镜纸蘸少许二甲苯擦拭镜头，并随即用干的镜纸擦去残存的二甲苯，以免二甲苯渗入，溶解用以粘固透镜的胶质物，造成镜片移位或脱落。

　　将显微镜的各部件恢复原位，转动物镜转换器，使物镜头不与载物台通光孔相对，下降镜筒，使物镜呈"八"字形置于载物台上，再将载物台下降至最低，下降聚光器，打开虹彩光圈，使反光镜垂直于镜座，以免积聚灰尘。

　　最后用绸布将镜身机械部分擦拭干净（切不可用手擦拭），除去灰尘、油污、水汽，以免生锈长霉。然后将显微镜放回阴凉、干燥、无灰尘的柜内或镜箱中。

七、显微镜的维护和保养

　　显微镜是一种精密的光学仪器，因此在正确使用的同时，做好显微镜的日常维护和保养，也是非常重要的一环。注重显微镜的良好维护和保养，可以延长显微镜的使用时间并确保显微镜能始终处于良好的工作状态中。

1. 保养

　　保持光学元件的清洁对于保证好的光学性能来说非常重要，当显微镜不用时，显微镜应当用仪器提供的防尘罩盖住。若光学表面及仪器有灰尘和污物，在擦清表面前应当先用吹气球吹去灰尘或用柔软毛刷去污物。

　　目镜、物镜、聚光器、反光镜等光学系统部分应当用无绒棉布、镜头纸或用专用的镜头清洁液沾湿的棉签来清洁。避免使用过多的溶剂，擦镜纸或棉签应恰当沾湿溶剂防止因为使用太多溶剂而渗透到物镜内，造成物镜清晰度下降及物镜损坏。

显微镜中目镜和物镜的表面镜头最容易受到灰尘和污物及油的沾污，当发现衬度、清晰度降低，雾状发生时，则需要用放大镜仔细检查目镜、物镜前面镜头的状况。

将棉布、棉签或擦镜纸用乙醇沾湿来擦拭物镜。擦拭镜头表面要轻，不要过度用力和有刮擦动作，并确保棉签触到镜头的凹面。在清理后多加小心地用放大镜检查物镜是否有破损或刮痕等损伤，镜头表面不要留下手指印。

当显微镜使用100倍油镜后，须及时将油镜表面擦拭干净并检查40倍物镜是否沾上油，如有须及时擦净，使显微镜始终保持成像清晰。

2. 维护

使用防尘罩是保证显微镜处于良好机械和物理状态的最重要的因素。显微镜的外壳如有污迹，可用乙醇或肥皂水来清洁（勿用其他有机溶剂清洁），但切勿让这些清洗液渗入显微镜内部，造成显微镜内部电子部件的短路或烧毁。

显微镜应存放在干燥阴凉的地方，不要放在强烈的日光下暴晒，要保持显微镜使用场地的干燥。应在显微镜箱内放置干燥剂（硅胶），如长时间不用，则光学部分应卸下放在干燥器中，以免受潮生霉。

技能训练一　普通光学显微镜使用

一、目的要求

（1）了解显微镜的构造、原理。

（2）掌握低倍镜、高倍镜及油镜的使用方法。

二、基本原理

1. 普通光学显微镜的基本结构

普通光学显微镜的构造可分为以下两部分。

（1）机械装置　由镜座、镜筒、镜臂、物镜转换器、载物台、标本推动器、粗调螺旋和细调螺旋等部件组成。

（2）光学系统　由目镜、物镜、聚光器、虹彩光圈、光源等组成。

2. 显微镜的成像原理

由光源射入的光线经聚光器聚焦于被检标本上，由标本反射出的光线经物镜折射以后，形成一个倒立的放大的实像，此实像再经目透镜放大成虚像。

普通光学显微镜配置的几种物镜中，油镜的放大倍数最大，对微生物学研究最为重要。与其他物镜相比，油镜的使用比较特殊，需在载玻片和镜头之间加滴镜油。加油可以提高放大倍数，还可以增加照明度和分辨率，会使观察的标本更清晰。

$$显微镜的放大率=物镜的放大倍数×目镜的放大倍数$$

三、材料与器材

（1）试剂　香柏油、二甲苯。

（2）器材　光学显微镜、擦镜纸、细菌三型标本涂片。

四、操作步骤

（一）显微观察步骤

1. 低倍镜观察（10×）

（1）显微镜的放置与观察　置显微镜于平稳的实验台上，观察者坐姿要端正，应双眼同时睁开，左眼观察，右眼绘图。

（2）旋动转换器，将低倍镜移到镜筒下方与之对直。

（3）转动反光镜向着光源处，同时用眼对准目镜，仔细观察，视野亮度均匀。

（4）上升镜筒，将标本放在载物台上，用标本移动器固定，移动欲检部位于物镜正下方。

（5）将粗调螺旋向下旋转，眼睛从侧面注视物镜，以防物镜和载玻片相碰，当物镜的尖端距载玻片约0.5cm处时停止旋转。

（6）左眼向目镜观察，调节粗、微调螺旋直至目的物清晰为止。

2. 高倍镜观察（40×）

（1）使用高倍镜之前，先用低倍镜观察，将标本中欲检部位移至视野正中央。

（2）旋动物镜转换器换成高倍镜，调节微调螺旋直至物像清晰；如果高倍镜触及载玻片应立即停止旋动，说明原来低倍镜没有调准焦距，应重调低倍镜，找到清晰的物像。

注意：用任何物镜，都应先在侧面注视镜头，将其降至最低，观察时调节粗调螺旋上升镜筒或下降载物台，不允许用粗调螺旋下降物镜或上升载物台。使用高倍物镜时，尤其要注意这点。

3. 油镜观察（100×）

（1）如果用高倍镜未能看清目的物，则可用油镜。应先用低倍镜和高倍镜观察标本片，将标本中目的物移到视野正中。

（2）用粗调螺旋提升镜筒（或下降载物台）约2cm，在玻片标本上的镜检部位滴一滴香柏油。

（3）从侧面注视，用粗调螺旋将镜筒小心地降低（或将载物台慢慢地提起）使油镜头下端几乎与标本相接。

必须注意：油镜头不能压在标本上，下降镜筒或上升载物台也不能用力过猛，否则不仅会压碎玻片，还易损坏镜头。

（4）从目镜观察，先调节光线，将虹彩光圈开到最大，再用粗调螺旋微向上调，至视野出现物像，再用微调螺旋调焦，使物像清晰即可。

注意：如果镜头已经离开油面，仍未出现物像，必须再从侧面注视，将油镜头下降（或载物台提升），重新操作，直至出现物像为止。

（5）观察完毕，上旋镜筒（或下降载物台），取干净擦镜纸拭去镜头上的香柏油，再取干净擦镜纸蘸少许二甲苯擦去镜头上的残留油迹（切勿用手或其他纸擦拭镜头）。然后取干净擦镜纸擦去残留的二甲苯。

（二）显微镜用毕后的处理

上升镜筒（或下降载物台），取下标本片，用柔软绸布仔细清洁显微镜的机械部件。将显微镜的各部位还原，然后物镜转成"八"字形，并将载物台和聚光器降至最低处，将显微镜放入镜箱。

五、实验数据及处理结果

画出你在油镜下观察到的细菌的三种形态，并注明物镜和目镜的放大倍数及总放大率。

六、思考题

用油镜观察时应注意哪些问题？在载玻片和镜头之间加滴什么油？起什么作用？

知识三　细菌形态观察技术

细菌是一大类群个体微小、结构简单、种类繁多、主要以二分分裂法繁殖和水生性较强的单细胞原核微生物。在自然界中细菌是分布最广、数量最多的一类生物。细菌与人类生产和生活的关系十分密切，是微生物学的主要研究对象之一。

一、细菌的形态和大小

1. 细菌的形态

细菌是单细胞的生物，一个细胞就是一个个体。不同细菌的形态可以说是千差万别，丰富多彩，但其基本形态通常可分为球状、杆状和螺旋状，分别被称为球菌、杆菌和螺旋菌。其中杆菌最为常见，球菌次之，螺旋菌最少。

细菌的三形

（1）球菌 呈球形和近球形。 根据球菌细胞分裂面和分裂后各子细胞的空间排列状态不同，又可分为单球菌、双球菌、链球菌、四联球菌、八叠球菌和葡萄球菌六种形态（图2-3）。

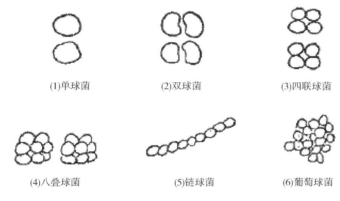

(1)单球菌　(2)双球菌　(3)四联球菌

(4)八叠球菌　(5)链球菌　(6)葡萄球菌

图2-3　球菌的形态

（2）杆菌 杆菌是细菌中种类最多的类型，因菌种不同，菌体细胞的长短、粗细等都有所差异。杆菌有长杆菌、短杆菌、链杆菌、棒杆菌、芽孢杆菌等（图2-4）。有的杆菌很直，有的稍弯曲。食品工业上应用的细菌大多是杆菌，如生产食醋的醋酸杆菌，味精发酵中生产谷氨酸的棒状杆菌，用于生产酸乳的保加利亚乳杆菌等。

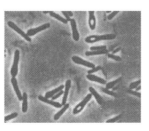
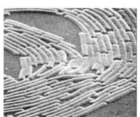

(1)短杆菌　(2)芽孢杆菌　(3)长杆菌

图2-4　杆菌的形态

（3）螺旋菌　螺旋状的细菌称为螺旋菌。根据其弯曲情况分为三种（图2-5）。

①弧菌：螺旋不满一圈，菌体呈弧形或逗号形。如霍乱弧菌、逗号弧菌。

②螺旋菌：螺旋满2～6环，螺旋状，如干酪螺菌。

③螺旋体：旋转周数在6环以上，菌体柔软，如梅毒密螺旋体。

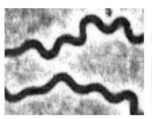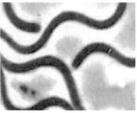

(1)弧菌　　　　　　　　(2)螺旋菌　　　　　　　　(3)螺旋体

图2-5　螺旋菌的形态

除了球菌、杆菌、螺旋菌三种基本形态外，还有许多具有其他形态的细菌。例如柄杆菌细胞上有特征性的细柄；另外，人们还发现了细胞呈星形和方形的细菌。

细菌的形态受温度、pH、培养基成分和培养时间等因素影响很大。一般处于幼龄阶段和生长条件适宜时，细菌形态比较正常、整齐。在不利环境或菌龄老时常出现梨形、气球状和丝状等不规则的多形性。因此，观察细菌的大小和形态，应选择适宜生长条件下的对数期为宜。

2. 细菌个体的大小

细菌细胞一般都很小，通常以 μm 为单位进行测量。球菌的大小以其直径长度来表示，一般为0.2～2.0 μm。杆菌以菌体直径（宽）和菌体长度（长）来表示，之间用"×"相连接。杆菌的大小差异较大，大型杆菌的大小为（1.0～1.25）×（3～8）μm；中型杆菌为（0.5～1.0）×（2～3）μm；小型杆菌为（0.2～0.4）×（0.7～1.5）μm。

细菌的形态
和大小

螺旋菌可看作弯曲的杆菌，宽度与杆菌同，长度系指菌体的空间长度而不是实际长度。一般弧菌为（0.3～0.5）μm ×（1～5）μm，螺旋菌为（0.3～1.0）μm ×（1.0～5）μm。通常球菌直径：0.2～2.0 μm，杆菌长1～5 μm，宽0.5～1 μm。

由于菌种不同，细菌的大小存在很大的差异；对于同一个菌种，细胞的大小也常随着菌龄变化。另外，对于同一个菌种染色前后其细胞大小都有所不同。所以，有关细菌大小的记载，常是平均值或代表性数值。几种细菌的大小如表2-2所示。

表2-2　几种细菌细胞大小

菌名	直径或宽×长/μm
乳链球菌	0.5~1
金黄色葡萄球菌	0.8~1
大肠杆菌	0.5×（1~3）
枯草芽孢杆菌	（0.8~1.2）×（1.2~3）
霍乱弧菌	（0.2~0.6）×（1~3）

二、细菌细胞的构造

　　细菌虽然个体微小，但仍具有一定的细胞结构和功能。而且细菌的种类繁多，其细胞结构也不尽相同。通常把细菌都具有的构造称为一般结构，把部分细菌具有或特殊情况下形成的构造称为特殊结构。一般结构包括细胞壁、细胞膜、细胞质和核区等；特殊结构包括荚膜、鞭毛、菌毛、芽孢等，是细菌分类鉴定的重要依据。细菌细胞构造模式见图2-6。

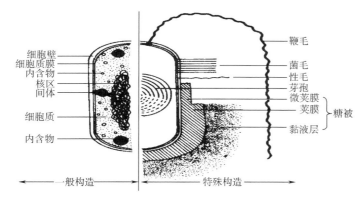

图2-6　细菌细胞构造模式图

1. 细菌的基本结构

　　（1）细胞壁　　细胞壁是位于菌体的最外层，内侧紧贴细胞膜的一层无色透明、坚韧而有弹性的膜状结构。细胞壁约占细胞干重的10%～25%。其主要功能有：保护细胞免受外力损伤，维持菌体外形；协助鞭毛运动；与胞膜一起完成细胞内外物质交换；为正常细胞分裂所必需；与细菌的抗原性、致病性和对噬菌体的敏感性密切相关。

　　①革兰染色法与细胞壁的结构成分：细胞壁组成较复杂，并随不同细菌而异。根据细菌细胞壁的结构和化学组成，用革兰染色法可将细菌分为两大类，即革兰阳性菌（G+）和革兰阴性菌（G-）。G+细胞壁较厚，化学组成简

细菌细胞壁与
革兰氏染色

单，G⁻细胞壁较G⁺菌薄，化学组成较复杂。

革兰染色法是细菌学中广泛使用的一种鉴别染色法，1884年由丹麦医师Gram创立。其主要操作分为初染、媒染、脱色和复染四个步骤。初染是用碱性染料结晶紫对待鉴别细菌进行染色，染色结果是菌体均被染成紫色。媒染是用碘液进一步处理，使结晶紫与碘分子形成分子质量较大的染色更为牢固的结晶紫-碘的复合物。脱色是用95%乙醇处理媒染后的菌体，经过脱色细菌的颜色会出现差异：凡是初染时的紫色被乙醇洗脱者，会再次成为无色的菌体，反之，菌体仍为紫色。最后用红色染料番红对脱色处理后的细菌再次染色称为复染，复染后可以根据菌体的最终颜色进行鉴别。菌体保留初染剂蓝紫色的细菌为革兰阳性菌；菌体中初染剂被脱色剂洗脱而染上复染剂的颜色（红色）的细菌为革兰阴性菌。

②细胞壁的结构成分：G⁻菌和G⁺菌两类细菌细胞壁的共有组分为肽聚糖，但各自有其特殊组分。

肽聚糖是一类复杂的多聚体，是细菌细胞壁中的主要组分，是细胞壁的基本骨架，为原核细胞所特有，是由N-乙酰胞壁酸（NAM）和N-乙酰葡糖胺（NAG）以及少数氨基酸短肽链互相连接，而构成的网状大分子化合物。肽聚糖使菌体细胞具有坚韧性。

a. 革兰阳性菌细胞壁组分：革兰阳性菌的细胞壁较厚（20~80nm），除含有15~50层肽聚糖结构外，还含有大量的磷壁酸，约占细胞壁干重的40%，磷壁酸是G⁺菌所特有的成分，可分为壁磷壁酸和膜磷壁酸。

b. 革兰阴性菌细胞壁特殊组分：革兰阴性菌细胞壁分内壁层和外壁层。其细胞壁较薄（10~15nm），但结构较复杂。内壁层紧贴胞膜，仅由1~2层肽聚糖分子构成，占细胞壁干重5%~10%，无磷壁酸。外壁层位于肽聚糖层的外部，又称外膜。外膜由脂蛋白、脂质双层和脂多糖三部分组成。脂多糖是G⁻菌所特有的成分。

革兰阳性和阴性菌细胞壁结构显著不同，主要差别见表2-3。

表2-3 革兰阳性细菌与革兰阴性细菌细胞壁成分比较

成分	占细胞壁干重的比值/%	
	革兰阳性细菌	革兰阴性细菌
肽聚糖	含量很高（30~95）	含量很低（5~20）
磷壁酸	含量较高（<50）	无
类脂质	一般无（<2）	含量较高（~20）
蛋白质	无	含量较高

③革兰染色的原理。

G⁺菌细胞壁厚，肽聚糖含量高，交联度大，当乙醇脱色时，肽聚糖因脱水而孔径缩小，故颗粒较大的结晶紫−碘复合物不能从细胞壁中脱除，被阻留在细胞内，仍呈紫色。G⁻菌细胞壁的肽聚糖层薄，交联松散，乙醇脱色不能使其结构收缩，因其含脂量高，乙醇将脂溶解，缝隙加大，结晶紫−碘复合物溶出细胞壁，酒精将细胞脱色，细胞无色，用红色沙黄复染后菌体呈红色。

（2）细胞膜　细胞膜又称胞质膜，简称质膜，位于细胞壁内侧，紧包着细胞质。厚约7.5nm，柔韧致密，是富有弹性的半透明薄膜，占细胞干重的10%~30%。细菌细胞膜主要由磷脂和多种蛋白质组成。细胞膜能选择性的控制细胞内营养物质和代谢产物的运输，是物质进出细胞的主要通道。在原核微生物中细胞膜参与生物氧化，是合成能量的主要场所。此外，细胞膜与细胞壁及荚膜的合成有关，并是鞭毛着生的位点。

（3）细胞质及其内含物　细胞质是在细胞膜内除核区以外的细胞物质。细胞质是无色、透明、黏稠状物质。主要成分为水、蛋白质、核酸、脂类、少量糖和无机盐。

细胞质中含有丰富的酶系，是营养物质合成、转化、代谢的场所，是生活细胞赖以生存的物质基础。

细胞质中还含有许多内含物，主要有核糖体、贮藏物、气泡、颗粒状内含物、异染粒等。

（4）核区　又称拟核、核质体、核基因组，是原核生物所特有的一种无核膜无核仁，无固定形态，结构较简单的原始细胞核。构成核区的主要物质是一个大型环状双链DNA分子，还有少量的蛋白质与之结合。细菌无典型的染色体结构，因其功能与真核细胞的染色体相似，故习惯上也称细菌核区中DNA为染色体DNA。

2. 细菌细胞的特殊结构

鞭毛、荚膜、芽孢等是某些细菌特有的结构，它们在细菌分类鉴定上具有重要作用。

（1）鞭毛　许多细菌，包括所有的弧菌和螺菌，约半数的杆菌和个别球菌，在菌体上附有细长并呈波状弯曲的丝状物，少仅1~2根，多者达数百。这些丝状物称为鞭毛，是细菌的"运动器官"。

鞭毛长度一般可超过菌体若干倍，而直径极微小，约为10~25nm，由于已超过普通光学显微镜的可视度，只有用电镜直接观察或经过特殊的染色方法（鞭毛染色），使染料堆积在鞭毛上使鞭毛加粗，才可用光学显微镜观察到。另外用悬滴法及暗视野映光法观察细菌的运动状态以及用半固体琼脂穿刺培养，从菌体生长扩散情况也可以初步判断细菌是否具有鞭毛。

鞭毛着生的位置、数目是细菌种的特征，依鞭毛的数目与位置分为下列几种，见图2-7。

①一端单毛菌：在菌体的一端长一根鞭毛，如霍乱弧菌。

②二端单毛菌：在菌体两端各生一根鞭毛，如鼠咬热螺旋体。

③偏端丛生鞭毛菌：在菌体一端丛生鞭毛，如铜绿假单胞杆菌。

④两端丛生鞭毛菌：在菌体两端各丛生鞭毛，如红色螺菌。

⑤周毛菌：菌体周生鞭毛称周毛菌，如枯草杆菌 、大肠杆菌等。

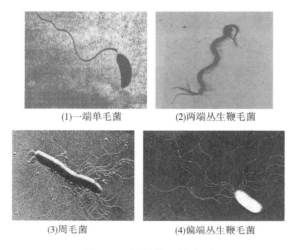

(1)一端单毛菌　　　　(2)两端丛生鞭毛菌

(3)周毛菌　　　　(4)偏端丛生鞭毛菌

图2-7　细菌鞭毛的类型

鞭毛虽是某些细菌的特征，但并非生命活动所必需。不良的环境条件如培养基成分的改变，培养时间过长，干燥、芽孢形成、防腐剂的加入等都会使细菌丧失生长鞭毛的能力。

鞭毛的化学组成：鞭毛主要由鞭毛蛋白构成，还含有少量的多糖、脂类和核酸等。

鞭毛的运动：通过鞭毛高速旋转，使菌体前进。速度可达$20 \sim 80\,\mu m/s$，如铜绿假单胞菌运动速度为$55.8\,\mu m/s$，是菌体的$20 \sim 30$倍。极生鞭毛的运动速度超过周生鞭毛。

（2）荚膜　某些细菌在其细胞壁外包绕一层黏液性物质，用理化方法去除后并不影响菌细胞的生命活动。主要是多糖此外还有多肽、蛋白质、糖蛋白等。

荚膜的有无、厚薄除与菌种的遗传性相关外，还与环境尤其是营养条件密切相关。生长在含糖量高的培养基上的细菌容易形成荚膜，如肠膜明串珠细菌，只有在含糖量高、含氮量低的培养基中才能产生荚膜。某些病原菌如炭疽芽孢杆菌只在寄主体内才形成荚膜，在人工培养基上不形成荚膜，形成荚膜的细菌也不是整个生活期内都形成荚膜，如肺炎双球菌在生长缓慢时形成荚膜。某些链球菌在生长早期形成荚膜，后期则消失。

按其有无固定层次，层次厚薄可将荚膜分为四类。

①荚膜或大荚膜：黏液状物质具有一定外形，相对稳定地附着在细胞壁外，厚度>0.2μm。

②微荚膜：黏液状物质较薄，厚度<0.2μm，与细胞表面牢固结合。

③黏液层：黏液物质没有明显的边缘，比荚膜松散，可向周围环境中扩散，增大黏性。

④菌胶团：多个细菌共有一个荚膜。

荚膜的组成：因种而异，除水外，主要是多糖（包括同型多糖和异型多糖），此外还有多肽、蛋白质、糖蛋白等。

荚膜折射率很低，不易着色，必须通过特殊的荚膜染色方法，一般用负染色法，即使背景和菌体着色，而荚膜不着色，使之衬托出来，可用光学显微镜观察到，如图2-8所示。

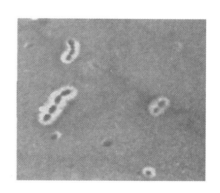

图2-8　细菌的荚膜

荚膜虽然不是细菌的主要结构，通过突变或用酶处理，失去荚膜的细菌仍然能生长正常，但荚膜也有其一定的生理功能，由于荚膜的存在可以保护细菌在机体内不易被白细胞所吞噬，使细菌具有比较强的抗干燥作用。当营养物缺乏时荚膜可作为碳源及能源而被利用，某些细菌由于荚膜的存在而具有毒力，如具有荚膜的肺炎双球菌毒力很强，当失去荚膜时，则失去毒性。

（3）芽孢　有些细菌生长到一定时期繁殖速度下降，菌体的细胞原生质浓缩，在细胞内形成一个圆形、椭圆形或圆柱形的孢子。对不良环境条件具有较强抗性的休眠体称为芽孢或内生孢子。

细菌的芽孢

芽孢是细菌的休眠体，无繁殖功能，一个细胞内只形成一个芽孢，一个芽孢萌发也只产生一个营养体。芽孢成熟后可脱落出来。能否形成芽孢是细菌种的特征，受其遗传性的制约，在杆菌中形成芽孢的种类较多，在球菌和螺旋菌中只有少数菌种可形成芽孢。

芽孢有较厚的壁和高度折光性，在显微镜下观察芽孢为透明体。芽孢难以着色，为了便于观察常常采用特殊的染色方法——芽孢染色法。

各种细菌芽孢形成的位置、形状与大小是一定的（图2-9），这是细菌鉴定的重要依据。有的位于细胞的中央，有的位于顶端或中央与顶端之间。芽孢在中央如果其直径大于细菌的宽度时，细胞呈梭状，如丙酮丁醇梭菌。芽孢在细菌细胞顶端如芽孢直径大于细菌的宽度时，则细胞呈鼓槌状，如破伤风梭菌。芽孢直径如小于细菌细胞宽度则细胞不变形，如常见的枯草杆菌、蜡状芽孢杆菌等。

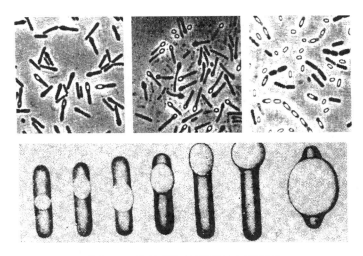

图2-9　细菌芽孢位置及形态示意图

细菌是否形成芽孢是由其遗传性决定，但也需要一定的环境条件。菌种不同需要环境条件也不相同，大多数芽孢杆菌是在营养缺乏、温度较高或代谢产物积累等不良条件下，在衰老的细胞体内形成芽孢。但有的菌种需要在营养丰富、温度适宜的条件下形成芽孢，如苏云金芽孢杆菌在营养丰富，温度和通气等适宜条件时在幼龄细胞中大量形成芽孢。

芽孢是整个生物界抗逆性最强的生命。由于芽孢含水量低、壁厚而致密，所以具有很强的抗热、抗干燥、抗辐射、抗化学药物能力。如肉毒梭状芽孢杆菌的芽孢在沸水中要经过5～9.9h才能被杀死，在121℃下，也需要10min才能将其杀死。

▰▰ 知识拓展 ▰▰

绿色生态环保农药——BT细菌杀虫剂

细菌芽孢杆菌属中有些种如苏云金芽孢杆菌，在形成芽孢的同时，在菌体细胞内产生一颗菱形斜方形或不规则形的碱性蛋白晶体内含物，称为伴孢晶体。这种伴孢晶体主要对鳞翅目的昆虫有毒杀作用，由于这种晶体毒素对人畜、害虫的天敌和植物毒性很低，故国内外均以工业化方式大量生产这种菌剂，以杀死某些农业害虫。这种菌剂被称为"BT"细菌杀虫剂，是一种生态环境友好、难以产生耐药性、有利于环保的生物农药。

三、细菌的生长繁殖

细菌繁殖方式比较简单，一般为无性繁殖，主要方式是裂殖。在一般情况下，细菌以二分裂形成大小相等和形态相似的两个子代细胞。细菌分裂过程大致经过核分裂、形成横隔壁、子细胞分离等过程（图2-10）。

除无性繁殖外，经电镜观察及遗传学研究证明细菌也存在有性结合，不过细菌的有性结合发生的频率极低，以无性繁殖为主。

图2-10 细菌的二分裂繁殖

四、细菌的群体特征

1. 在固体培养基上的群体特征

如果把单个微生物细胞接种到适合的固体培养基上后，在适合的环境条件下细胞就能迅速生长繁殖，繁殖的结果是形成一个个肉眼可见的细菌细胞群体，我们把这个微生物细胞群体称为菌落。所以，菌落就是在固体培养基上以母细胞为中心的一堆肉眼可见的，有一定形态、构造等特征的子代细胞的聚集体。如果菌落是由单个细胞繁殖形成的，那么它就是一个纯种细胞群。如果使某一菌种的大量细胞在固体培养基表面密集地生长，结果长成的各"菌落"会相互连接成一片，这就形成了菌苔。

细菌的菌落

不同菌种其菌落特征不同，同一菌种因不同生活条件其菌落形态也不尽相同，但是同一菌种在相同培养条件下所形成的菌落形态是一致的，所以菌落形态特征对菌种的鉴定有一定的意义。

菌落特征包括菌落的大小、形态（圆形、丝状、不规则状、假根状等，如图2-11所示）、侧面观察菌落隆起程度（如扩展、台状、低凸状、乳头状

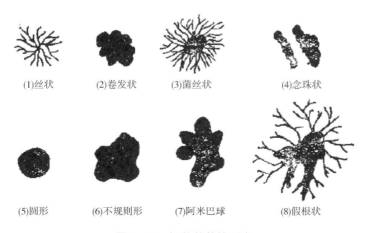

(1)丝状　(2)卷发状　(3)菌丝状　(4)念珠状

(5)圆形　(6)不规则形　(7)阿米巴球　(8)假根状

图2-11 细菌菌落的形态

等）、菌落表面状态（如光滑、皱褶、颗粒状龟裂、同心圆状等）、表面光泽（如闪光、不闪光、金属光泽等）、质地（如油脂状、膜状、黏、脆等），颜色与透明度（如透明、半透明、不透明等）。

菌落特征与形成菌落个体的形态、生理特性有关。无鞭毛、不能运动的细菌尤其是球菌通常都形成较小、较厚、边缘圆整的半球状菌落；长鞭毛、运动能力强的细菌一般形成大而平坦、边缘不整齐、不规则的菌落；产荚膜的菌落表面光滑，黏稠状为光滑型（S–型）。不产荚膜的菌落表面干燥、皱褶为粗糙型（R–型）。有芽孢的细菌往往长出外观粗糙、干燥、不透明、表面多褶的菌落等。

菌落的形态、大小有时也受培养空间的限制，如果两个相邻的菌落靠得太近，由于营养物有限、有害代谢物的分泌和积累而生长受阻。因此观察时要选择菌落分布比较稀疏，处于孤立的菌落。菌落在微生物学工作中，主要用于微生物的分离、纯化、鉴定、计数等研究和选育种的实际工作。

2. 在半固体培养基上的群体特征

纯种细菌在半固体培养基上生长时，会出现许多特有的培养性状，对菌种鉴定十分重要。半固体培养基通常是把培养基灌注在试管中，形成高层直立柱，然后用穿刺接种法接入菌种。一般使用的是半固体琼脂培养基，接种培养后，从直立柱表面和穿刺线上细菌群体的生长状态和是否有扩现象来判断所接菌是否具有运动能力及其他特征。

3. 在液体培养基上的群体特征

细菌在液体培养基中生长，因菌种及需氧性等表现出不同的特征，形成几种不同的群体形态：当菌体大量增殖时，有的形成均匀一致的浑浊液；有的形成沉淀；有的形成菌膜漂浮在液体表面。有些细菌在生长时还可同时产生气泡、酸、碱和色素等。

五、常用常见的细菌

1. 大肠埃希杆菌

大肠埃希杆菌简称大肠杆菌（*E.coli*），为埃希菌属代表菌，是最为著名的原核微生物，其由法国细菌学家Escherich在1885年发现的。

大肠杆菌是革兰阴性菌，细胞呈杆状，大小0.5 μm×（1～3）μm。有的能运动，运动者周身鞭毛。大肠杆菌一般无荚膜、无芽孢。在普通营养琼脂培养基上菌落为白色或黄色，边缘圆形或波形，表面光滑。

大肠杆菌是人和动物肠道中的正常栖居菌，婴儿出生后，即随哺乳进入肠道，与人终身相伴，是肠道寄生菌中最常见和数量最多的一类细菌。其代谢活动能抑制肠道内分解蛋白质的微生物生长，减少蛋白质分解产物对人体的危害，还能合成B族维生素、维生素K以及有杀菌作用的大肠杆菌素。正常栖居条件下不致病。但当它侵入某些器官时，可引起炎症。在肠道中大量繁殖，几乎占粪便干重的1/3。在环境卫生不良的情况下，常随粪便散布在周围环境中。若在水和食品中检出此菌，可认为是被粪便污染，可能有肠道病原菌的存在。因此，在食品卫生微生物学检测中常将水、食品中大肠菌群数作为检测的指标。国家规定，每升饮用水中大肠杆菌数不应超过3个。

人类对大肠杆菌的了解远远多于其他生物，其结构和功能常被用作研究其他生物的原始模型。大肠杆菌易于在实验室操作、生长迅速，营养要求低。在基础理论研究和基因工程的领域中发挥了很大的作用。

工业上利用大肠杆菌制取谷氨酸脱羧酶、溶菌酶等多种酶；制取天冬氨酸、苏氨酸和缬氨酸等氨基酸。

2. 醋酸菌

醋酸菌分布很普遍，是重要的工业用菌之一。醋酸菌的主要用途有：发酵生产各种食醋、多种有机酸（葡萄糖酸、酒石酸、乙酸等），制备葡萄糖异构酶用于生产高果糖浆。

醋酸菌的种类很多，酿醋工业中制醋的生产菌株主要是醋酸杆菌，其能将乙醇氧化成醋酸。一般从腐败的水果、蔬菜及变酸的酒类、果汁等食品中都能分离出醋酸杆菌，醋酸杆菌细菌细胞呈椭圆形杆状、单生或成链状，不生芽孢，需氧，革兰阴性，细胞运动或不运动，如是运动的则长有周生鞭毛或侧生鞭毛，具有很强的氧化能力。在固体培养基上醋酸菌菌落特征为：隆起、平滑、灰白色；液体培养基中，呈淡青色的、薄的、平滑菌膜，液体浑浊度不大。

醋酸菌属于严格好氧菌，短暂中断供氧即能造成死亡。繁殖的最适温度为 30℃，发酵的适宜温度为27~33℃，最适pH3.5~6.5。醋杆菌出现在花、果、蜂蜜、酒、醋、甜果汁、园土和井水等环境中。

图2-12　AS1.41醋酸杆菌

由于醋酸菌无芽孢，因此对热的抵抗力较弱，在60℃、10min左右即可杀死。

醋酸工业中常用的醋酸菌有：纹膜醋酸杆菌、奥尔兰醋酸杆菌、许氏醋杆菌和AS1.41醋酸杆菌（图2-12）。

◖■■ 知识拓展 ■■◗

为什么有的人酿的葡萄酒很好喝，而有的却因变酸而失败呢？

我们知道，葡萄酵母在适当的温度下，自发进行发酵把葡萄汁中的糖分转化成酒精，随着发酵的进行，酒精不断增多，到发酵时葡萄汁就变成了葡萄酒。但是在有醋酸菌存在的情况下，酒精就会被醋酸菌变成醋而使美味的葡萄酒变酸。

由于醋酸菌天然栖息于植物体表面，只要存在含糖物质，就能发现与酵母菌一起生长的醋酸细菌。我们在酿酒过程中除了严格消毒，注意清洁，以减少醋酸菌的污染以外，还尤其需要隔绝空气，这样醋酸菌就无法兴风作浪，酒精也不会变醋了。而隔绝空气对糖变酒的发酵过程没有任何不良影响。

3. 芽孢杆菌

枯草芽孢杆菌是芽孢杆菌属的一种，在固体培养基上菌落呈圆形，较薄，呈乳白色，表面干燥，不透明，边缘整齐。其营养细胞为杆状，大小为（0.7~0.8）μm×（2~3）μm，杆端半圆形，单个或成短链（图2-13）。在细胞中央或近中央部分成芽孢，为椭圆形，中腰发芽。细胞有鞭毛，能运动，革兰阳性。

由于枯草芽孢杆菌产生的芽孢具有一定对热的抗性。因此，在食品工业中是污染菌之一，危害较大。

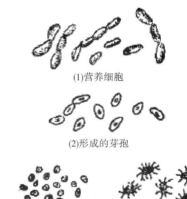

(1)营养细胞

(2)形成的芽孢

(3)芽孢　　(4)鞭毛染色后

图2-13　枯草芽孢杆菌的细胞形态

另一方面，其是工业发酵的重要菌种之一。可用于制取蛋白酶、淀粉酶，是生产α-淀粉酶和中性蛋白酶的主要菌种。由于该菌具有强烈的降解核苷酸的酶系，常用作选育核苷生产菌，可用于制取5′-核苷酸酶、肌苷、鸟苷等。当前主要生产菌有1.398枯草杆菌生产蛋白酶；BF7658枯草杆菌生产α-淀粉酶；JIM-21枯草杆菌生产肌苷。

4. 乳酸菌

凡能发酵糖类生产乳酸的细菌称为乳酸菌。

乳酸菌个体形态呈细胞杆状到球状。常生长成链，大多不运动，革兰染色阳性。无芽孢，菌落粗糙。

乳酸菌繁殖快，分布广，能引起多种自然发酵。使酒精和各种酒类发酵变酸。但食品酿造和发酵调味品酱油、酱类酿制，特别是腌菜泡菜的腌制，干酪等乳制品的生产，都离不开乳酸菌。

5. 棒状杆菌

棒状杆菌细胞为直到微弯的杆菌，常呈一端膨大的棒状，折断分裂形成"八"字排列或栅状排列（图2-14），革兰染色阳性，好气或厌氧，从葡萄糖发酵产酸。主要用于生产氨基酸和核苷酸物质，如谷氨酸、赖氨酸等。

培养3h　　　　　　培养5h　　　　　　培养24h

图2-14　棒状杆菌细胞形态

高产谷氨酸的菌种均来自棒状杆菌，味精生产中使用的主要菌种有谷氨酸棒状杆菌、北京棒状杆菌、钝齿棒状杆菌、百合棒状杆菌等。20世纪70年代初，国内味精厂广泛使用AS1.299发酵生产，该菌株由中科院微生物所从土壤中分离筛选得到。以后由上海天厨和杭州味精厂从AS1.299获得突变株7338，从土壤中分得Hu7251，又从中获得突变株B89，这些菌株均属于棒状杆菌属，在味精生产中发挥了很大的作用。

技能训练二　细菌的简单染色法

一、目的要求

（1）学习微生物涂片、染色的基本技术，掌握细菌简单染色标本的制作。

（2）初步认识细菌的形态特征。

（3）巩固显微镜（油镜）的使用方法和无菌操作技术。

二、基本原理

由于细菌个体微小、无色且透明，含水量较高，在显微镜下观察，菌体细胞与背景没有显著的明暗差，难以看清。如将菌体染色，使其与背景之间形成大的反差，就容易观察清楚，尤其在观察菌体形态和结构时，都要进行染色，使菌体细胞吸附染料而带有颜色，易于观察。

简单染色法是利用单一染料对菌体进行染色的方法。简单染色法只能显示细菌的形态、排列，不能显示细菌结构，不能鉴别细菌。

通常用碱性染料进行简单染色，这是因为：在中性、碱性或弱酸性溶液中，菌体细胞通常带负电荷，而碱性染料中染料离子带正电荷。所以，带负电的菌体易和带正电荷的碱性染料结合，经染色后的细菌细胞与背景形成鲜明的对比，在显微镜下更易于识别。常用作简单染色的染料有：美蓝、结晶紫、碱性复红等。

三、材料与器材

（1）菌种　枯草芽孢杆菌（12~18h）营养琼脂斜面培养物，大肠杆菌和金黄色葡萄球菌约24h营养琼脂斜面培养物。

（2）试剂　草酸铵结晶紫染液（或吕氏碱性美蓝染液）。

（3）仪器或其他用具　显微镜、酒精灯、载玻片、接种环、双层瓶（内装香柏油和二甲苯）、吸水纸、擦镜纸、生理盐水等。

四、操作步骤

微生物的染色方法很多，各种方法所用的染料也不尽相同，但一般染色过程均可分为两大步：即先制成涂片并固定，再进行染色。

1. 涂片

（1）取一块干净的载玻片，平放，在载玻片中央滴一小滴生理盐水。

（2）将接种环在酒精灯上灼烧灭菌、冷却后，以无菌操作（图2-15）从琼脂斜面上挑取少许菌苔。

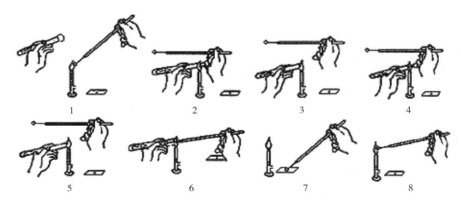

图2-15　涂片的无菌操作过程

1—充分灼烧接种环　2—左手小拇指夹拔试管棉塞　3—试管口顺势过火

4—接种环伸入试管斜面处取菌　5—取出菌后试管口顺势过火

6—将小拇指夹的棉塞过火塞入试管口

7—将接种环上取的菌苔均匀地涂抹在载玻片上　8—灼烧接种环，烧去多余菌体

（3）将挑取的菌苔沾入载玻片中央生理盐水中混匀，并涂成极薄的菌膜。

注意：载玻片要洁净无油迹；滴生理盐水和取菌不宜过多；涂片要涂抹均匀，不宜过厚。

2. 干燥

将涂好菌膜的载玻片平放在室温下自然干燥或可将涂片膜面向上，小心间断地在弱火高处略烘，以助水分蒸发，但切勿紧靠火焰，以免涂膜烤枯，防止菌体变形。

3. 固定

常用的固定方法有火焰固定法和化学固定法，火焰固定法的操作是：手持已干燥的涂有菌膜的载玻片，涂面朝上，在酒精灯火焰上通过3~4次，约3~4s。要求玻片温度不超过60℃，以玻片背面触及手背不觉过烫为宜。

固定的目的：加热使细菌细胞的蛋白质凝固，从而固定细菌细胞形态，并使之牢固附着在载玻片上，以免水洗时被水冲掉。同时改变染料对菌体的通透性，死细胞的原生质比活细胞的原生质更易染色。

注意：热固定温度不宜过高，否则会改变甚至破坏细胞形态。

4. 染色

将热固定的细菌涂片平放于载玻片架上，滴加草酸铵结晶紫或其他染液于涂片上（染液刚好覆盖涂片薄膜为宜）。染色过程中整个标本应该全部浸在染液中，染色时间1min。

5. 水洗

将细菌涂片上染液倒入废液缸中；手持细菌染色涂片一端，斜置于废液缸上方，用细小的缓水流冲洗去多余染料，直至流下的水无色为止。

注意：水洗时，不要直接冲洗涂面，而应使水从载玻片的一端流下。水流不宜过急，过大，以免涂片薄膜脱落。

6. 干燥

（1）自然干燥　平放于室温，自然干燥；或用吸水纸吸去水分。

（2）吹干　用电吹风冷风或低温热风吹干。

（3）吸干　平放在一张上，上面覆盖一张吸水纸，将细菌涂片两面水分吸干。

7. 镜检

用显微镜观察。

五、实验数据及处理结果

将观察结果记录于表2-4中。

表2-4 观察结果记录表

菌名	使用的染液	菌体形态（图示）
大肠杆菌		
金黄色葡萄球菌		
枯草芽孢杆菌		

六、思考题

（1）根据实验体会，你认为制备染色标本时，应注意哪些事项？

（2）如果涂片未经加热固定，将会出现什么问题？如果加热温度过高、时间过长，会出现怎样的结果？

技能训练三 细菌的革兰染色法

一、目的要求

（1）了解细菌革兰染色的原理，学习并掌握革兰染色的制片技术。

（2）了解革兰染色法的原理及其在细菌分类鉴定中的重要性。

（3）巩固课堂知识，增强感性认识。

二、基本原理

细菌革兰染色法不仅用来观察细菌的形态，而且是细菌中最重要的一种鉴别染色法，是细菌分类鉴定中的重要标志，它可将全部细菌区分别革兰阳性菌和阴性菌两大类。

革兰染色用到了两种不同性质的染料，先将结晶紫染色剂对已固定的标本染色，以碘液作媒染，再用酒精脱色，最后用复红染液复染。细菌经此法染色后，细胞保留初染剂蓝紫色的细菌为革兰阳性菌（G^+）；细胞中初染剂被脱色剂洗脱而染上复染剂的颜色（红色）的细菌为革兰阴性菌（G^-）。

与简单染色不同，革兰染色需用四种不同的溶液：草酸铵结晶紫等碱性染料作为初染液使菌体着色；卢戈氏碘液作为媒染剂，其作用是增加染料和细胞之间的亲和性或附着力，即以某种方式帮助染料固定在细胞上，使不易脱落；95%的乙醇作为脱色剂，将被染色的细胞进行脱色；复染液也是一种碱性染料，其颜色不同于初染液，复染的目的是使被脱色的细胞染上不同于初染液的颜色，而未被脱色的细胞仍然保持初染的颜色，从而将细胞区分成G^+和G^-两大类群。

三、材料与器材

（1）菌种 枯草芽孢杆菌（12~18h）营养琼脂斜面培养物，大肠杆菌培养约24h营养琼脂斜面培养物。

（2）试剂 草酸铵结晶紫染液、碘液、番红、95%乙醇。

（3）仪器或其他用具 显微镜、酒精灯、载玻片、接种环、双层瓶（内装香柏油和二甲苯）、吸水纸、擦镜纸、生理盐水、试管架、镊子等。

四、操作步骤

操作流程：涂片→干燥→固定→结晶紫色初染→水洗→碘液媒染→水洗→95%乙醇脱色→番红复染→水洗→干燥→镜检观察。

1. 制片

取要观察的培养物进行常规涂片、干燥、固定，其方法与简单染色法的制片步骤相同。

2. 初染

在涂好的菌膜上滴加草酸铵结晶紫（以染液将菌膜覆盖为宜），染色1~2min，时间到后，用流动水进行水洗。

3. 媒染

滴加碘液冲去玻片上残余水分，并用碘液覆盖约1min，流动水水洗。

4. 脱色

用吸水纸吸取玻片上残余水分，将玻片倾斜，用滴管流加95%乙醇脱色，直到流下的乙醇不出现紫色时即停止，时间20~30s，之后立即用水冲净乙醇。此步是革兰染色的关键，必须严格控制。

5. 复染

用番红复染覆盖2min左右，然后水洗。

6.镜检

用吸水纸或自然干燥后在显微镜油镜头下观察，菌体显蓝紫色的为革兰阳性菌；菌体显红色的为革兰阴性菌。

五、注意事项

（1）决定革兰染色成败的关键是酒精脱色程度，如脱色过度，即使是革兰阳性菌，其蓝紫色也会被脱去而染上红色，被误认为是革兰阴性菌，从而呈现假阴性；如脱色不足，即使是革兰阴性菌也因蓝色被保留而染不上红色，被误认为阳性菌，呈现假阳性。脱色程度受脱色时间、涂片的厚薄、酒精用量多少等多种因素影响，无法严格规定。一般可用已知革兰阳性菌和阴性菌做预实验，以准确掌握脱色时间。

（2）涂片时要将菌膜涂的薄而匀为最佳，不可浓厚。过于密集的菌体，因脱色不均匀常呈假阳（阴）性。镜检时，要选择视野中分散开的菌体着色为观察对象。

（3）做革兰染色的菌种，以培养18～24h为宜。一般情况下革兰阴性菌的染色反应较稳定，不易受菌龄影响。而革兰阳性菌，有的在幼龄时呈阳性，培养时间过长，由于细胞老化或死亡可变为阴性反应。

（4）不宜使用放置过久的碘液，以免影响固定结晶紫的作用。

六、实验数据及处理结果

（1）将观察结果记录于表2-5中。

表2-5　观察结果记录表

菌名	菌体颜色	菌体形态	G+或G-
大肠杆菌			
枯草芽孢杆菌			

（2）绘出大肠杆菌、枯草芽孢杆菌的镜检形态图，注明放大倍数。

七、思考题

（1）做革兰染色涂片时为什么不能过于浓厚？其染色成败的关键一步是什么？

（2）革兰染色时，初染前能加碘液吗？乙醇脱色后复染之前，G+和G-分别是什么颜色？

（3）不经过复染这一步，能否区分G+和G-？

知识四　放线菌形态观察技术

放线菌由于其菌落呈放射状而得名。它是一类呈菌丝状生长、主要以孢子繁殖的陆生性强的原核生物。主要分布在含水量较低、有机物丰富和呈微碱性的土壤环境中。每克土壤中含有数万乃至数百万个放线菌的孢子，泥土所特有的"泥腥味"就是由放线菌所产生的代谢产物引起的。放线菌在空气、淡水和海水等处也有一定的分布。一般在中性或偏碱性的土壤中较多。

放线菌是一类介于细菌和真菌之间的单细胞生物。一方面，放线菌的细胞构造和细胞壁的化学组成与细菌相似，与细菌同属原核生物。革兰染色呈阳性；另一方面，放线菌菌体呈纤细的菌丝状，而且分枝，又以外生孢子的形式繁殖，这些特征又与霉菌相似。放线菌菌落中的菌丝常从一个中心向四周辐射状生长，因此称为放线菌。

大部分放线菌是腐生菌，少数是寄生菌。腐生型放线菌在自然界的物质循环中起着一定作用。有的种类可在高温下分解纤维素等复杂的有机质，而寄生型的可引起人类、动植物病害。

放线菌对人类最突出的贡献是能产生大量的、种类繁多的抗生素，是生产抗生素的主要资源微生物。1943年，S.A.瓦克斯曼第一次从放线菌中发现链霉素。在医药、农业上使用的近万种抗生素中约有2/3是放线菌产生的。其中的80%是放线菌中的链霉素属所产生。但近年来一个明显趋势是从稀有放线菌发现的新抗生素日益增多。放线菌还产生各种酶和维生素等，并在固醇转化、石油脱蜡、烃类发酵、污水处理方面也有所作用。

少数寄生型放线菌可引起人和动植物病害，如人畜的皮肤病、脑膜炎和肺炎等，植物病毒马铃薯疮痂病等。另外，放线菌有特殊的土霉味，易使水和食品变味，有的放线菌能破坏棉毛织品和纸张。

一、放线菌的形态和构造

放线菌的形态较细菌复杂，其菌丝大多是由分枝菌丝组成，菌丝无隔膜，仍属于单细胞微生物，菌丝粗细与杆菌相近（约1μm），细胞质中往往有多个分散的原核。放线菌菌丝见图2-16。菌丝和孢子内不具完整的核，由一团脱氧核糖核酸的小纤维构成，无核膜、核仁、线粒体等。因此，放线菌同细菌一样同属于原核微生物。

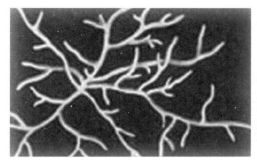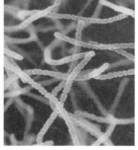

图2-16 放线菌的菌丝

根据菌丝形态和功能的不同，放线菌菌丝可分为基内菌丝、气生菌丝和孢子丝三种。链霉菌属是放线菌中种类最多、分布最广、形态特征最典型的类群。

1. 基内菌丝

基内菌丝是营养型一级菌丝，匍匐生长于营养基质表面或伸向基质内部，它们像植物的根一样，具有吸收水分和养分的功能（图2-17）。直径

0.2～1.2 μm，分枝繁茂，有些还能产生各种色素，把培养基染成各种美丽的颜色。放线菌中多数种类的基内菌丝无隔膜，不断裂，如链霉菌属和小单孢菌属等；但有一类放线菌，如诺卡氏菌型放线菌的基内菌丝生长一定时间后形成横隔膜，继而断裂成球状或杆状小体。其主要功能是吸收营养物，所以又称营养菌丝。

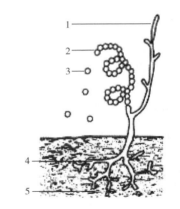

图2-17　放线菌的各种菌丝及孢子

1—气生菌丝　2—螺旋状孢子丝

3—分生孢子　4—基内菌丝

5—固体基质

2. 气生菌丝

气生菌丝是基内菌丝长出培养基外并伸向空间的二级菌丝。在显微镜下观察时，一般气生菌丝颜色较深，而基内菌丝色浅、发亮。气生菌丝比基内菌丝粗，直径为1～1.4 μm，直形或弯曲状，有分枝，有的产生色素。有些放线菌气生菌丝发达，有些则稀疏，还有的种类无气生菌丝。

3. 孢子丝及孢子

孢子丝是由气生菌丝发育到一定程度，其上分化出的具有形成孢子作用的繁殖菌丝，放线菌孢子丝的形态多样，有直形、波曲、钩状、螺旋状、一级轮生和二级轮生等多种，是放线菌定种的重要标志之一。放线菌的常见孢子丝形态，如图2-18所示。

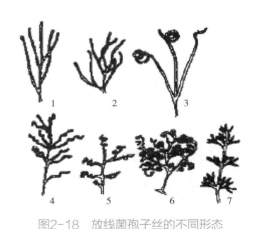

图2-18　放线菌孢子丝的不同形态

1—孢子丝直形分枝　2—孢子丝丛生、波曲

3—孢子丝顶端大螺旋

4—孢子丝松螺旋（一级轮生）

5—孢子丝紧螺旋　6—孢子丝紧螺旋成团

7—孢子丝短而直（二级轮生）

孢子丝发育到一定阶段就形成孢子。在光学显微镜下，孢子呈圆形、椭圆形、杆状、圆柱状、瓜子状、梭状和半月状等。孢子表面的纹饰因种而异，在电子显微镜下清晰可见，有的光滑，有的呈褶皱状、疣状、刺状、毛发状或鳞片状，刺又有粗细、大小、长短和疏密之分（图2-19）。孢子表面结构也是鉴定放线菌菌种的依据。

放线菌的孢子常带色素，呈白、灰、黄、红、蓝、绿色等，成熟的孢子

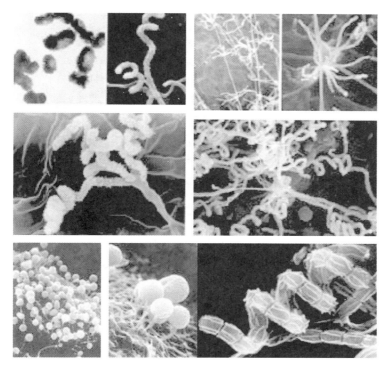

图2-19　放线菌孢子丝及孢子的电镜图片

堆的颜色在一定培养基和培养条件下较稳定。所以，可作为菌种鉴定的重要依据。

　　放线菌形状与霉菌相似，细胞结构却与细菌细胞一样，同属于原核细胞。具有细胞壁、细胞膜、细胞质及内含物、核质体等。化学组成也与细菌细胞相似，革兰染色阳性。

二、放线菌的生长繁殖

1. 放线菌的繁殖

　　放线菌以无性方式繁殖，通过形成无性孢子的方式进行无性繁殖，其中主要是形成分生孢子，也可通过菌丝断片繁殖。在液体培养中，放线菌主要靠菌丝断裂片断进行繁殖。即在液体振荡培养中，放线菌每一个脱落的菌丝片段，在适宜条件下都能长成新的菌丝体。

　　无性孢子形成的方式主要有以下三种（图2-20）。

　　（1）分生孢子　在气生菌丝顶端形成成串或单个孢子，菌丝分裂形成。

　　（2）孢囊孢子　在菌丝顶端膨大或盘卷缠绕形成孢子囊，在孢子囊内形成孢囊孢子。孢囊成熟后释放出大量孢囊孢子。

　　（3）横隔孢子　基内菌丝或气生菌丝横隔分裂形成，孢子常为球杆状，体积大小相似，又称节孢子或粉孢子。

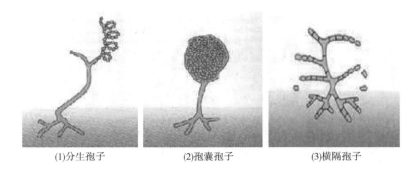

(1)分生孢子　　　　(2)孢囊孢子　　　　(3)横隔孢子

图2-20　放线菌的无性孢子

2. 放线菌的生活史

放线菌为原核生物，其生活史比真核生物简单得多，只有无性世代。其发育周期是一个连续的过程，即经过：孢子→菌丝→孢子的循环过程。以链霉菌为例，说明放线菌的生活史。当孢子遇到合适条件时便开始萌发，孢子首先长出1～3个芽管，由芽管进一步延长，长出分枝，越来越多的分枝密集成营养菌丝体；营养菌丝体发育到一定阶段，向培养基外部空间生长形成气生菌丝体，气生菌丝体发育到一定程度，在它的上面形成孢子丝，孢子丝以一定方式形成孢子，如此周而复始得以循环发展（图2-21）。

图2-21　放线菌生活史简图

1—孢子萌发　2—基内菌丝

3—气生菌丝　4—孢子丝

5—孢子丝分化为孢子

三、放线菌的菌落特征

放线菌的菌落由菌丝体组成，菌丝体就是由菌丝相互缠绕而形成的形态结构，菌落特征介于细菌和霉菌之间。菌落一般为圆形，略大于或接近普通细菌菌落，但比真菌菌落小，秃平或有许多皱褶和地衣状。由于放线菌的气生菌丝较细，生长缓慢，菌丝分枝相互交错缠绕，所以形成的菌落较小而且质地致密，表面呈较紧密的绒状，坚实、干燥、多皱，菌落不延伸。

菌落形成随菌种而不同。一类是产生大量分枝的基内菌丝和气生菌丝的菌种，如链霉菌，基内菌丝伸入基质内，菌落紧贴培养基表面，极坚硬，若用接种铲来挑取，可将整个菌落自表面挑起而不破裂。菌落表面起初光滑或如发状缠结，其后在上面产生孢子，表面呈粉状、颗粒状或絮状。

另一类是不产生大量菌丝的菌种，如诺卡菌所形成的菌落。这类菌菌落的黏着力不如上述的强，结构成粉质，用针挑取则粉碎（图2-22），所以放线菌菌落不同于细菌。

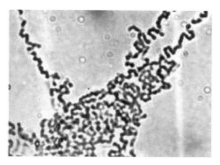

图2-22　某种诺卡菌菌落与基内菌丝

放线菌幼龄时因为气生菌丝初生，还未分化成孢子丝，其菌落表面光滑或有皱褶，与细菌难以区分。当成熟时散落的孢子使菌落表面呈粉末状、颗粒状或短绒状，呈现典型放线菌菌落特征；由于菌丝与孢子常产色素，且具不同颜色，故使菌落正面、背面常呈现不同色泽。

如果将放线菌接种于液体培养基内静置培养，能在器壁液面处形成斑状或膜状菌落，或沉降于底部，不会使培养基浑浊；如果采用液体振荡培养，常形成由较短菌丝体所形成的球形颗粒。

四、常用常见的放线菌

放线菌最显著的特点之一是能产生抗生素，绝大多数放线菌都能产生抗生素，如链霉菌属、诺卡菌属、小单胞菌属、孢囊链霉菌属等，几种常见的放线菌形态如图2-23所示。

1.链霉菌属

链霉菌属是放线菌类的一个大属。基丝一般无横隔，直径0.5~0.8μm，气生菌丝生长丰茂，通常比基丝粗1~2倍，孢子丝为长链，单生，呈直、波曲或螺旋状，成熟时呈现各种颜色，多生长在含水量较低、通气较好的土壤中。它们是抗生素工业所用放线菌中最重要的属。已知链霉菌属有1000多种，50%以上的链霉菌都能产生抗生素，许多著名的常用抗生素都是由链霉菌产生的，如链霉素、土霉素、井冈霉素、丝裂霉素、博来霉素、制霉菌素和卡那霉素等。

2.诺卡菌属

诺卡菌属在培养基上形成典型菌丝体，菌丝体剧烈弯曲如树根，菌丝较长。基丝较链霉菌纤细，直径0.2~0.6μm，有横隔裂断，此属中的多数种没有气生菌丝，只有营养菌丝，基丝培养十几个小时形成横隔，并断裂成杆状或球

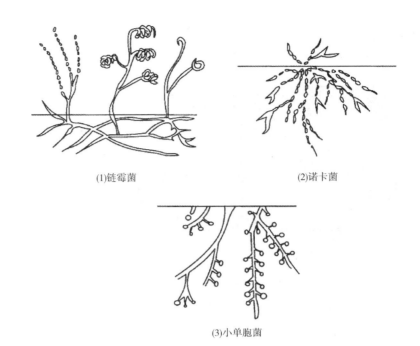

(1)链霉菌　　　　　　　　　　　　　　　(2)诺卡菌

(3)小单胞菌

图2-23　常见放线菌的形态

状孢子。菌落较小，其边缘多呈树根毛状；一般比链霉菌菌落小，表面多皱、致密、干燥、一触即碎，或如面团；有的种菌落平滑或凸出，无光或发亮呈水浸样。主要分布于土壤中。

有些种能产生抗生素（如利福霉素、蚁霉素等）。

此属多数是好气性腐生菌，少数为厌气性寄生菌，能利用各种碳水化合物，也可用于石油脱蜡、烃类发酵及污水处理中。

3. 小单胞菌属

小单胞菌属孢子单个着生在短孢子梗上，基丝较细，直径 $0.3 \sim 0.6\,\mu m$，基丝不断裂，菌丝体侵入培养基内，一般无气生菌丝，只在营养基丝上长出孢子梗。菌落较小，一般 $2 \sim 3mm$，通常呈橙黄色、红色、黑色或蓝色等。

该属约有30多种，能产生30多种抗生素，如庆大霉素、利福霉素等。

该属多数为好气性腐生菌，能利用各种氮化物和碳水化合物，大多数分布在土壤或湖底泥土中。

4. 孢囊链霉菌属

孢囊链霉菌属气生菌丝的孢子丝盘卷成球形孢囊。其孢囊有两层壁，外壁较厚，内壁系薄膜，孢囊里形成孢囊孢子，见图2-24。

此属菌约有15种以上，其中不少种可产生广谱抗生素，如可抑制细菌、病毒和肿瘤的多霉素；对肿瘤有抑制作用的两性西伯利亚霉素等。

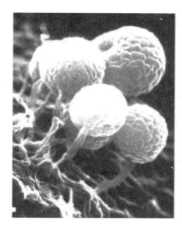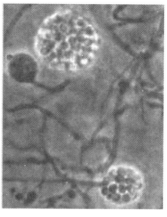

图2-24　孢囊链霉菌的孢囊及孢囊孢子

五、放线菌与细菌的比较

放线菌具有明显分枝的菌丝，有分生孢子，在液体、固体培养基中生长状态如真菌。但它在许多方面更像细菌，表现为以下几点。

（1）同属原核微生物　细胞核相似，缺乏细胞器。

（2）细胞结构和化学组成相似　单细胞，细胞结构、细胞壁组分相似，某些游动放线菌的鞭毛与细菌鞭毛相似。

（3）对生长环境的要求相似　营养要求相近，最适pH一般在7.0～7.6的微碱性范围。

（4）抵抗力相似　对抗生素敏感，凡能抑制细菌的抗生素也能抑制放线菌，都能被相应的噬菌体所侵染。

（5）遗传特性相似　核酸含量接近，多数含有质粒，DNA重组方式相同。

总之，放线菌是介于细菌与丝状真菌之间，而更接近于细菌的一类丝状原核生物。有学者称其为形态丝状的细菌，分类上归为细菌。

技能训练四　放线菌形态观察

一、目的要求

（1）学习并掌握观察放线菌的基本方法。

（2）初步了解放线菌的形态特征。

二、基本原理

和细菌的简单染色一样，放线菌的形态也可用染料着色后，在显微镜下观察。但观察放线菌不宜用涂片法，因为放线菌是由菌丝体构成，多数放线菌的菌丝分化为营养菌丝、气生菌丝和孢子丝。营养菌丝潜入培养基中生长，气生菌丝则生长在培养基的表面，并向空中延展。因此用普通的涂片方法，很难观察到放线菌的整体形态，只能看到气生菌丝的片断和分散的单个孢子，而放线菌孢子丝的形状和孢子排列情况是分类的主要依据。所以，观察放线菌要采用一些特定的方法。

为了观察放线菌的形态特征，人们设计了各种培养和观察方法，这些方法的主要目的是为了尽可能保持放线菌自然生长状态下的形态特征。本实验介绍其中几种常用方法：插片法、印片法和玻璃纸法。

三、材料与器材

（1）菌种　细黄链霉素（5406放线菌）。

（2）培养基　高氏一号培养基。

（3）器皿　培养皿、载玻片、盖玻片、镊子、接种环、恒温培养箱、超净工作台。

（4）染液　石炭酸复红染液。

四、操作步骤

1. 插片法

将放线菌接种在琼脂平板上，插上灭菌盖玻片后培养，使放线菌菌丝沿着培养基表面与盖玻片的交接处生长而附着在盖玻片上。观察时，轻轻取出盖玻片，置于载玻片上直接镜检。这种方法可观察到放线菌自然生长状态下的特征，而且便于观察不同生长期的形态。

操作步骤：倒平板→插片→接种→培养→镜检→记录绘图。

（1）倒平板　将高氏一号培养基熔化后，倒15mL左右与灭菌培养皿内，凝固后使用。

（2）插片　将灭菌的盖玻片以45°角插入培养皿内的培养基中，插入深约1/2或1/3。

（3）接种与培养　用接种环将菌种接种环在盖玻片与琼脂相接的沿线，28℃培养3~7d。

（4）观察　培养后菌丝体生长在培养基及盖玻片上，小心用镊子将盖玻片抽出，轻轻擦去生长较差一面的菌丝体，将生长良好的菌丝体一面朝上放于载玻片上，直接镜检观察。

2. 印片法

将要观察的放线菌的菌落或菌苔，先印在载玻片上，经染色后观察孢子丝的形态、孢子的排列及其形状等。

操作步骤：用镊子取一盖玻片在火焰上稍微加热，在放线菌菌落上面轻轻按压一下，使培养物（气生菌丝、孢子丝和孢子）黏附（"印"）在载玻片的中央→将有印记的一面朝上→火焰固定→石炭酸复红染液染色（1min）→水洗→干燥→油镜观察。

3.玻璃纸法

玻璃纸是一种透明的半透膜，将灭菌的玻璃纸覆盖在琼脂平板表面，用无菌涂布棒将玻璃纸压平，使其紧贴在琼脂表面，不留气泡，每个平板可铺5~10块玻璃纸。然后将放线菌接种于玻璃纸上，经倒置培养，放线菌在玻璃纸上生长形成菌苔。观察时，揭下玻璃纸，将纸固定在载玻片上直接镜检。这种方法既能保持放线菌的自然生长状态，也便于观察不同生长期的形态特征。

五、实验数据及处理结果

绘图说明你所观察的放线菌的主要形态特征。

六、思考题

（1）在高倍镜或油镜下如何区分放线菌的基内菌丝和气生菌丝？

（2）放线菌的菌体为何不易挑取？

知识五　酵母菌形态观察技术

酵母菌是一群单细胞的真核微生物。这个术语是无分类学意义的普通名称。通常是指以出芽繁殖为主的单细胞真菌的俗称，以与霉菌区分开。

一般认为酵母菌具有以下特点：个体一般以单细胞状态存在；多数出芽繁殖，也有的裂殖；能发酵糖类产能；细胞壁常含有甘露聚糖；喜在含糖量较高、偏酸环境中生长。

酵母菌最适pH为4.5~6.0。最适生长温度一般在20~30℃。

酵母菌是人类文明史中被应用得最早的微生物。与人类关系密切，早在四千年前的殷商时代，我国劳动人民就用酵母菌酿酒，多少世纪以来，它便以发酵果汁、面包、馒头和制造某些美味、营养的食品服务于人类。我们几乎天天都在享受着酵母菌的好处。每天吃的面包、馒头、喝的啤酒都离不开酵母菌的贡献，其在有氧无氧条件下都能够生活，在缺乏氧气时，发酵型的酵母菌通过将糖类转化成为二氧化碳和乙醇（俗称酒精）来获取能量。在酿酒过程中，乙醇被保留下来；在烤面包或蒸馒头的过程中，二氧化碳将面团发起，而酒精则挥发。

知识拓展

生物技术生产酵母菌单细胞蛋白（SCP）

酵母菌菌体细胞里含有丰富的蛋白质，可达细胞干重的50%。菌体蛋白中氨基酸的组成较为齐全，含有一定量的必需氨基酸，尤其是谷物中含量较少的赖氨酸，营养价值很高。一般成年人每天食用10～15g干酵母，就能满足对氨基酸的需要量。所以人们以酵母菌为原料制造营养价值很高的食用或饲料用单细胞蛋白（SCP）。它是继动物蛋白和植物蛋白之后的另一类重要的人类和动物作营养的蛋白质来源。生物技术生产酵母单细胞蛋白的一大优点就是其较少的细胞培养时间，及较高的蛋白产率。与传统蛋白相比具有不受环境和气候的影响、原料易得、可连续生产、易于控制、绿色环保等优势。生物技术生产酵母单细胞蛋白原料来源广泛，以造纸厂、糖厂、淀粉长的废液为原料，即可生产酵母单细胞蛋白。不但解决了蛋白质资源短缺，扩展营养源，发展了循环经济，还起到了环保和可持续性的目的。

酵母菌在自然界中分布很广，主要分布在含糖质较高的偏酸性环境，诸如果品、蔬菜、花蜜和植物叶子上，特别是葡萄园和果园的土壤中，因而有人称其为糖菌。在牛乳和动物的排泄物中也可找到。空气中也有少数存在，它们多为腐生型，少数为寄生型。

一、酵母菌的形态和构造

1. 酵母菌的形态和大小

酵母菌是单细胞真核微生物。其细胞的形态通常有球形、卵圆形、腊肠形、椭圆形、柠檬形或藕节形等。酵母菌比细菌的单细胞个体要大得多，约为细菌大小的10倍。直径一般为1~5 μm，长度为5~30 μm。酵母菌无鞭毛，不能游动。各种酵母菌有其一定的大小和形态（图2-25），但也随菌龄及环境条件而异。一般成熟的细胞大于幼龄的细胞，液体培养的细胞大于固体培养的细

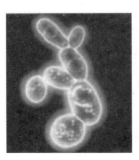
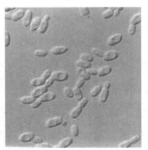

图2-25 酵母菌在光学显微镜下的形态

胞。有些种的细胞大小、形态极
不均匀，而有些种的酵母菌则较
为均匀。

2.酵母菌的细胞结构

酵母菌是真核微生物，具有
典型的细胞结构（图2-26）。
一般具有细胞壁、细胞膜、细胞
核、液泡、线粒体、内质网、微
体及内含物等，有的菌体还有出
芽痕、诞生痕。

（1）细胞壁 酵母细胞壁
厚度0.1~0.3 μm，质量占细胞干重
的18%~25%。化学组成为：葡聚
糖、甘露聚糖、蛋白质及少量的
脂类、几丁质、无机盐。

在电镜下，酵母细胞壁呈
"三明治"结构（图2-27）：外
层是甘露聚糖、内层是葡聚糖，
中间夹着一层蛋白质。

葡聚糖和甘露聚糖都是复杂
的分枝状聚合物，维持细胞壁强
度的物质主要是位于内层的葡聚
糖。此外，细胞壁上还含有少量
的几丁质、脂类和无机盐。

（2）细胞膜 酵母菌的细
胞膜与原核生物的基本相同。但
有的酵母菌如酿酒酵母的细胞膜
中含有固醇类，这在原核生物中
是罕见的。酵母菌细胞膜也是由
磷脂双分子层构成，其间镶嵌着
固醇和蛋白质（图2-28），也是
选择透过性膜。酵母菌细胞已有
由膜分化的细胞器。它的膜的功
能不及原核生物细胞膜那样具有
多样性，主要用于调节渗透压、

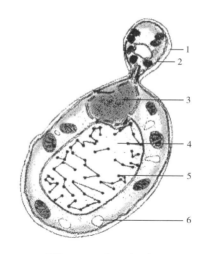

图2-26 酿酒酵母细胞结构

1—细胞壁 2—细胞膜 3—核
4—液泡 5—液泡粒 6—贮藏粒

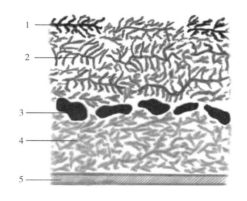

图2-27 酵母细胞壁结构

1—磷酸化甘露聚糖 2—甘露聚糖
3—蛋白质 4—葡聚糖 5—质膜

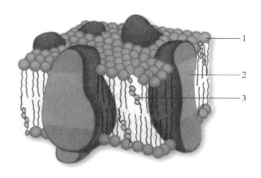

图2-28 酵母细胞膜构造

1—磷脂分子 2—蛋白质分子 3—固醇分子

吸收营养和分泌物质，并与细胞的合成作用有关。

（3）细胞核　酵母菌具有由多孔核膜包裹着的细胞核（图2-29），幼年细胞核呈圆形，位于细胞中央，成年后由于有液泡的出现核逐渐扩大而被挤到一边。核外有包裹着核的核膜，是一种将细胞质与核质分开的双层单位膜，上面有大量的核孔。核孔是胞质与核质交换物质的选择性通道。核仁是比较稠密的球形构造，主要成分是核酸和蛋白质。酵母细胞核是其遗传信息的主要贮存库。

图2-29　电镜下的酵母菌细胞核

细胞核的功能：携带遗传信息，控制细胞的增殖和代谢。

（4）细胞质　细胞质主要是溶胶状物质，主要成分是蛋白质细胞质中含有丰富的酶、各种内含物及中间代谢产物等，所以细胞质是细胞代谢活动的重要场所，同时细胞质还赋予细胞一定的机械强度。幼龄细胞的细胞质较稠密而均匀，老龄细胞的细胞质出现较大的液泡和各种贮藏物。在细胞质中含有线粒体、核糖体、内质网等重要的细胞器。

二、酵母菌的生长繁殖

酵母菌的繁殖方式有无性繁殖和有性繁殖两种，主要是无性繁殖。无性繁殖指不经过性细胞的结合，由母体直接产生子代的生殖方式，又分芽殖、裂殖和产生无性孢子。有性繁殖方式是产生子囊孢子。凡具有性繁殖产生子囊孢子的酵母称为真酵母，只进行无性繁殖的酵母称为假酵母。

1. 无性繁殖

（1）芽殖　出芽繁殖是酵母菌进行无性繁殖的主要方式。成熟的酵母菌细胞，先长出一个小芽，芽细胞长到一定程度，脱离母细胞继续生长，尔后出芽又形成新个体（图2-30）。如此循环往复。一个成熟的酵母菌通过出芽繁殖可平均产生24个子细胞。芽殖发生在细胞壁的预定点上，此点被称为芽痕，每个酵母细胞有一至多个芽痕（图2-31）。只有在芽痕的位置

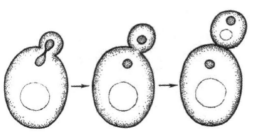

图2-30　酵母菌的出芽繁殖

上才能进行芽殖。如果酵母菌生长旺盛，在芽体尚未自母细胞脱落前，即可在芽体上又长出新的芽体，这样可以形成成串的细胞群，称为酵母菌的假菌丝（图2-32）。

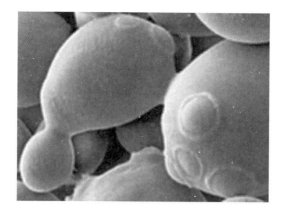

图2-31　芽殖的子细胞和出芽痕

（2）裂殖　少数酵母菌进行的无性繁殖方式，类似于细菌的裂殖。其过程是细胞延长，核分裂为二，细胞中央出现隔膜，将细胞横分为两个具有单核的子细胞。

（3）产生无性孢子　有的酵母菌可形成一些无性孢子进行繁殖。这些无性孢子有掷孢子、厚垣孢子和节孢子等。

2. 有性繁殖

有性繁殖是指通过两个具有性差异的细胞相互结合形成新个

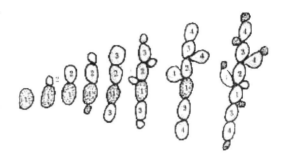

图2-32　酵母菌假菌丝形成示意图

体的繁殖方式。酵母菌是以形成子囊和子囊孢子的方式进行有性繁殖的。两个临近的酵母细胞各自伸出一根管状的原生质突起，随即相互接触、融合，并形成一个通道，两个细胞核在此通道内结合，形成双倍体细胞核，然后进行减数分裂，形成4个或8个细胞核。每一子核与其周围的原生质形成孢子，即为子囊孢子，形成子囊孢子的细胞称为子囊。子囊孢子成熟后子囊破裂，释放出子囊孢子。

3. 酵母菌生活史

个体经过生长、发育、产生子代的全部过程，称为该生物的生活史或生命周期。由于酵母菌的单倍体细胞和双倍体都可以独立存在，并各自进行生长发育。因此酵母菌的生活史包含了单倍体生长阶段和双倍体生长阶段两个部分。不同种类的酵母菌生活史不同，大致可以分为三类。

（1）营养体可以单倍体形式存在，也可以双倍体形式存在　以啤酒酵母为代表。

特点：单倍体营养细胞和双倍体营养细胞均可进行芽殖。营养体既可以单倍体形式也可以双倍体形式存在；在特定条件下进行有性生殖。

单倍体和双倍体两个阶段同等重要，形成世代交替，如图2-33所示。

（2）营养体只能以单倍体形式存在　以八孢裂殖酵母为代表。

图2-33 啤酒酵母的生活史

特点：营养细胞是单倍体；无性繁殖以裂殖方式进行；双倍体细胞不能独立生活，故双倍体阶段短，一经生成立即减数分裂，如图2-34所示。

（3）营养体只能以双倍体形式存在 以路德类酵母为代表。

特点：营养体为双倍体，不断进行芽殖，双倍体营养阶段长，单倍体的子囊孢子在子囊内发生接合。单倍体阶段仅以子囊孢子形式存在，故不能独立生活，如图2-35所示。

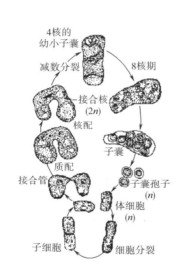

图2-34 八孢裂殖酵母的生活史

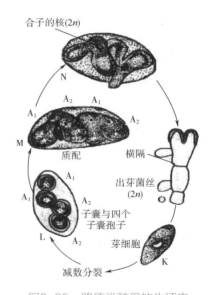

图2-35 路德类酵母的生活史

三、酵母菌的菌落特征

1.固体培养

大多数酵母菌的菌落特征与细菌相似，但比细菌菌落大而厚，菌落表面光滑、湿润、黏稠，容易挑起，菌落质地均匀（图3-36），正反面和边缘、中央部位的颜色都很均一，菌落多为乳白色，少数为红色，个别为黑色。

2.液体培养

在液体培养基上，不同的酵母菌生长的情况不同。好气性生长的酵母可在培养基表面上形成菌膜或菌醭，其厚度因种而异。有的酵母菌在生长过程中始终沉淀在培养基底部。有的酵母菌在培养基中均匀生长，使培养基呈浑浊状态。

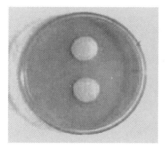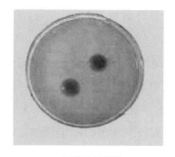

(1)啤酒酵母的菌落　　　　　　　　　　(2)红酵母的菌落

图3-36　酵母菌的菌落

四、常用常见的酵母菌

1.啤酒酵母

啤酒酵母又称酿酒酵母，是发酵工业最重要的菌种之一。酿酒酵母是与人类关系最密切的一种酵母，传统上用于酿酒。酵母菌专性或兼性好氧生活。在缺乏氧气时，酵母通过将糖类转化成为二氧化碳和乙醇来获取能量。在有氧的情况下，酵母菌生长较快，它把糖分解成二氧化碳和水。例如，我们吃的馒头、面包都是酵母菌在有氧气的环境下产生膨胀的。

酿酒酵母的细胞为球形或者卵形，直径5~10 μm，其繁殖的方法为出芽生殖。

按细胞长与宽的比例，可将酿酒酵母分为三类。

第一类的细胞多为圆形、卵圆形或卵形（细胞长/宽<2），主要用于酒精发酵、酿造饮料酒和面包生产。

第二类的细胞形状以卵形和长卵形为主，也有圆或短卵形细胞（细胞长/宽≈2）。这类酵母主要用于酿造葡萄酒和果酒，也可用于啤酒、蒸馏酒和酵母生产。

第三类的细胞为长圆形（细胞长/宽>2）。这类酵母比较耐高渗透压和高浓度盐，适合于用甘蔗糖蜜为原料生产酒精。

啤酒酵母的培养特征：麦芽汁固体培养，菌落呈乳白色，不透明，有光泽，表面光滑湿润，边缘略呈锯齿状；随培养时间延长，菌落颜色变暗，失去光泽。麦芽汁液体培养，表面产生泡沫，液体变浑，培养后期菌体悬浮在液面上形成酵母泡盖，因此而称上面酵母。

最适生长温度25℃，最适发酵温度10~25℃，最适发酵pH4.5~6.5。

2.卡尔斯伯酵母

卡尔斯伯是丹麦的一个啤酒厂的名字，卡尔酵母是该厂分离出来的。它是啤酒酿造中典型的下面酵母。细胞呈椭圆形，大小为（3~5）μm×（7~

10）μm，通常分散独立存在，不运动。

卡尔酵母的培养特征：麦芽汁固体培养，菌落呈乳白色，不透明，有光泽，表面光滑湿润，边缘整齐；随培养时间延长，菌落颜色变暗，失去光泽。兼性厌氧，有氧条件下，将可发性糖类通过有氧呼吸作用彻底氧化为CO_2和H_2O，释放大量能量供菌体繁殖；无氧条件下，使可发酵性糖类生成酒精和二氧化碳，释放较少能量供细胞繁殖。

最适生长温度25℃，发酵最适温度5~10℃，最适发酵pH为4.5~6.5。

3. 异常汉逊酵母

细胞为圆形（4~7μm）或椭圆形、腊肠形，大小为（2.5~6）μm×（4.5~20）μm，发酵液面有白色菌醭，培养液浑浊，有菌体沉淀于管底。在麦芽汁琼脂斜面上，菌落平坦，乳白色，无光泽，边缘丝状。

由于异常汉逊酵母能产生乙酸乙酯，故常在调节食品的风味中起一定作用。如将其用于发酵生产酱油，可增加味香；将其用于以薯干为原料酿造白酒时，经浸香和串香处理可酿造出味道更醇厚的白酒。但由于该菌能以酒精为碳源，在饮料表面形成干皱的菌，所以又是酒精生产中的有害菌，应根据生产需要对其加以控制。该菌氧化烃类能力强，可以煤油和甘油作碳源。培养液中它还能累积游离L-色氨酸。

4. 产朊假丝酵母

产朊假丝酵母又称产蛋白酵母或食用圆酵母，富含蛋白质和B族维生素，常作为生产食用或饲用单细胞蛋白以及B族维生素的菌株。它既能利用造纸工业的亚硫酸纸浆废液，也能利用糖蜜、马铃薯淀粉废料、木材水解液等生产出人畜可食用的单细胞蛋白。在发酵工业中，常采用富含半纤维的纸浆废液、稻草、稻壳、玉米芯、木屑、啤酒废渣等水解液和糖蜜为主要原料进行培养。

产蛋白假丝酵母的培养特征：麦芽汁固体培养，菌落呈乳白色，表面光滑湿润，有光泽或无光泽，边缘整齐或菌丝状；玉米固体培养产生原始状假菌丝。葡萄糖酵母汁蛋白胨液体培养，表面无菌膜，液体浑浊，管底有菌体沉淀。

技能训练五　　酵母菌的形态观察

一、目的要求

学习并掌握酵母菌的形态观察及死活细胞的鉴别方法。

二、基本原理

酵母菌是不运动的单细胞真核微生物，其大小通常比细菌大几十倍甚至十几倍。大多数以出芽方式进行无性繁殖，有的分裂繁殖。本实验是通过美蓝染液水浸片来观察酵母菌的形态。

美蓝是一种无毒的染料，它的氧化型呈蓝色，还原型无色。用美蓝对酵母菌的活细胞进行染色时，由于细胞的新陈代谢作用，细胞内具有较强的还原能力，使美蓝由蓝色的氧化型变为无色的还原型。因此，具有还原能力的酵母菌活细胞是无色的，而死细胞或代谢作用微弱的衰老细胞则呈蓝色，借此即可对酵母菌的死活细胞进行鉴别。

三、材料与器材

（1）菌种　啤酒酵母。

（2）培养基和试剂　麦芽汁琼脂培养基，0.05％和0.1％吕氏碱性美蓝染色液。

（3）器皿　显微镜、玻片、盖玻片、接种针、酒精灯等。

四、操作步骤

1. 菌种活化

将酵母移种至新鲜的麦芽汁琼脂斜面上，25~28℃培养48h左右备用。

2. 美蓝浸片的观察

（1）在载玻片中央加一滴0.1％吕氏碱性美蓝染色液，然后按无菌操作用接种环挑取少量酵母菌苔放在染液中，混合均匀。

（2）用镊子取一块盖玻片，先将一边与菌液接触，然后慢慢将盖玻片放下使其盖在菌液上。

（3）将制片放置约3min后镜检，先用低倍镜，然后用高倍镜观察酵母的形态和出芽情况，并根据颜色来区别死活细胞。

（4）染色约0.5h后再次进行观察，注意死活细胞数量是否增加。

（5）用0.05％吕氏碱性美蓝染液重复上述操作。

五、实验数据及处理结果

绘图说明你所观察的酵母菌形态特征。

六、思考题

（1）在显微镜下，酵母菌有哪些突出的特征区别于一般细菌？

（2）吕氏碱性美蓝染液浓度和作用时间的不同，对酵母菌死细胞数量有何影响？试分析其原因。

知识六　霉菌形态观察技术

霉菌是真菌的一部分，是丝状真菌的一个通俗名称，意即"发霉的真菌"。它们在培养基上都长成绒毛状或棉絮状菌丝体，统称为霉菌。霉菌在自然界广泛分布，种类繁多，它们往往在潮湿的气候下大量生长繁殖，有较强的陆生性。现在已知的霉菌估计有五千种以上，它们是工农业生产中应用广泛的一类微生物，具有很大的经济价值，与人类关系非常密切。它们是酿造、工业发酵、酶制剂和抗生素等生产中重要的类群，在食品制造中起着非常重要的作用。多种霉菌在其生长过程中，可以产生大量的酶，用人工培育的方法，通过发酵、提取来制备酶制剂。如：有些霉菌可以产生淀粉酶，使淀粉糖化，便于其进一步被酵母菌和细菌利用，用于酿酒、制醋、生产味精等；有些霉菌可以产生蛋白酶，使蛋白质分解产生氨基酸，用于生产酱油、豆腐乳等。

但霉菌也对人类生活造成很大的危害。特别是在天气温暖、空气潮湿时，它们可引起农产品、纺织品和其他工业产品的发霉变质；少数霉菌能产生毒素，使人畜中毒，实验证明黄曲霉产生黄曲霉素可引起实验动物致癌。

一、霉菌的形态和构造

霉菌菌体是由菌丝构成，菌丝是霉菌营养体的基本单位，菌丝是一种管状细丝，显微镜下观察，菌丝很像一根透明胶管，直径一般为$3\sim10\mu m$，和酵母菌直径大小相当，比细菌、放线菌的细胞粗几倍到几十倍。菌丝分枝或不分枝，许多菌丝交织、缠绕在一起所构成的形态结构称为菌丝体。

根据菌丝是否有隔膜可将菌丝分为两种（图2-37）：一种是无隔膜呈长管状的分枝，整个菌丝体就是一个单细胞，细胞内有许多核，如根霉、毛霉等低等霉菌。无隔菌丝体在生长过程中只有细胞核的分裂和原生质的增长，而无细胞数目的增多。另一种是有隔膜的菌丝，被隔膜分成的每一段就是一个细胞，整个菌丝体是由多个细胞构成的，每个细胞内含有一个或多个核。多数霉

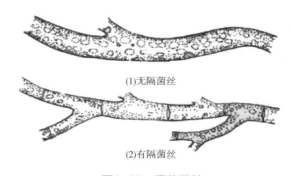

(1)无隔菌丝

(2)有隔菌丝

图2-37　霉菌菌丝

菌的菌丝体是由有隔菌丝构成的，如曲霉、青霉、木霉等。

霉菌菌丝可以分化，在固体培养基上一部分菌丝伸入培养基内层，吸收养料，称为营养菌丝，又称基内菌丝。一部分菌丝在培养基表面长出，生长在空气中，称为气生菌丝。有些气生菌丝发育到一定阶段产生孢子丝，又称繁殖菌丝。密布在营养基质内部主要执行吸取营养物功能的菌丝体，称为营养菌丝体，而伸展到空气中的菌丝体，则称为气生菌丝体。

霉菌菌丝细胞由细胞壁、细胞质、细胞核和多种内含物构成。细胞壁的成分各有差异，多数细胞壁含有几丁质，少数低等霉菌的细胞壁以纤维素为主。细胞膜约厚9～10nm，细胞核有核膜、核仁和染色体。细胞质含有线粒体、核糖体和颗粒状内含物。幼龄菌丝细胞质均匀，老龄菌丝中出现液泡。

二、霉菌的生长繁殖

霉菌的繁殖能力很强，方式多样，如菌丝断裂即可发育成新的个体，称为断裂繁殖。自然界中，霉菌的繁殖是以产生各种无性或有性孢子来繁殖的，主要通过产生孢子进行繁殖。

霉菌的繁殖

1. 无性繁殖

无性繁殖产生个体多、快，是霉菌的主要繁殖方式。无性繁殖是通过产生无性孢子来繁殖，这些无性孢子有以下几类。

（1）孢囊孢子 生在孢子囊内的孢子称孢囊孢子。这是一种内生孢子，在孢子形成时，气生菌丝或孢囊梗顶端膨大，并在下方生出横隔与菌丝分开而形成孢子囊。孢子囊逐渐长大，然后在囊中形成许多核，每一个核包以原生质并产生孢子壁，即成孢囊孢子。原来膨大的细胞壁就成为孢囊壁。带有孢子囊的梗称作孢囊梗。孢囊梗伸入到孢子囊中的部分称囊轴。孢子囊成熟后破裂，孢囊孢子扩散出来，遇适宜条件即可萌发成新个体（图2-38）。如毛霉、根霉等是以产生这种孢囊孢子进行无性繁殖的。

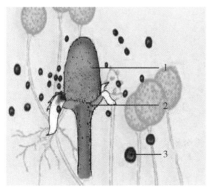

图2-38 孢囊孢子

1—囊轴 2—囊托 3—孢囊孢子 4—孢子囊 5—孢囊梗

（2）分生孢子　分生孢子是霉菌中常见的一类无性孢子，是生于菌丝细胞外的孢子，称为外生孢子（图2-39）。分生孢子着生于已分化的分生孢子梗或具有一定形状的小梗上，是由分生孢子梗顶端细胞特化而成的单个或簇生的孢子，也有些真菌的分生孢子就着生在菌丝的顶端。

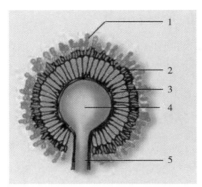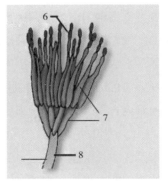

(1)曲霉的分生孢子头　　(2)青霉的帚状分生孢子梗和分生孢子

图2-39　分生孢子

1，6—分子孢子　2—二轮小梗　3——轮小梗　4—顶囊

5，8—分生孢子梗　7—带状分枝小梗

（3）节孢子　由菌丝断裂而成，又称粉孢子或裂孢子。节孢子的形成过程是菌丝生长到一定阶段，菌丝上出现许多横隔，然后从横隔处断裂，产生许多形如短柱状、筒状或两端呈钝圆形的节孢子（图2-40），如白地霉。

（4）厚垣孢子　又称厚壁孢子。这类孢子具很厚的壁，呈圆形、纺锤形或长方形（图2-41），是霉菌度过不良环境的一种休眠细胞，可抵抗热、干燥等不良环境，寿命较长，菌丝体死亡后，上面的厚垣孢子还活着，一旦环境条件好转，就能萌发成菌丝体。

厚壁

图2-40　节孢子　　　　　　　图2-41　厚垣孢子

知识拓展

无处不在的霉菌孢子

霉菌的孢子具有小、轻、干、多以及形态色泽各异、休眠期长和抗逆性强等特点。霉菌每个个体所产生的孢子数量，经常是成千上万的，有时竟然达到几百亿、几千亿，甚至更多。孢子能够成群地漂浮在大气中，也能借助、风、水、人类和动物的活动到处散布。有人测量过巴黎市中心空气中真菌（主要是霉菌）孢子的数目，每升空气中竟有2000多个真菌孢子！在1g不太肥沃的土壤中，也可以找到成千上万，甚至数十万个真菌孢子。孢子的这些特点，都有助于真菌在自然界中随机散播和繁殖。对人类的实践来说，孢子的这些特点有利于接种、扩大培养、菌种选育、保藏和鉴定等工作，对人类的不利之处则是易于造成污染、霉变和易于传播动植物的霉菌病害。

2. 有性繁殖

霉菌的有性繁殖是通过不同性别的细胞结合（质配和核配），产生一定形态的孢子来实现的，这种孢子称为有性孢子。繁殖过程可分为3个阶段：第一个阶段为质配；第二个阶段为核配，产生二倍体的核；第三个阶段是减数分裂，恢复核的单倍体状态。大多数真菌菌体是单倍体的。在霉菌中，有性繁殖不及无性繁殖普遍，仅发生于特定条件下，而且一般培养基上不常出现。常见的真菌有性孢子有卵孢子、接合孢子、子囊孢子和担孢子。

（1）卵孢子 菌丝分成雄器和藏卵器。藏卵器中有一个或数个卵球。当雄器和藏卵器相配时，雄器中细胞质与细胞核，通过受精管而进入藏卵器，与卵球结合形成卵孢子（图2-42）。

（2）接合孢子 由菌丝生出形态相同或略有不同的配子囊接合而成。两个邻近的菌丝相通，各自向对方伸出极短的侧支，称为原配子囊。原配子囊接触后，顶端各自膨大并形成横隔，形成配子囊。配子囊下面的部分称为配子囊柄。相接触的两个配子囊之间的横隔消失，细胞质和细胞核相互融合，同时外部形成厚壁，即为接合孢子。产生接合孢子的方式有同宗配合和异宗配合两种。同宗配合

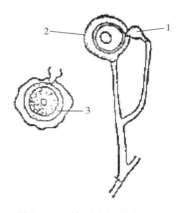

图2-42 德氏腐霉的卵孢子

1—雄器 2—藏卵器

3—卵孢子

是雌雄配子囊来自同一个菌丝体，当两根菌丝靠近时，便生出雌雄配子囊，经接触后产生接合孢子，甚至在同一菌丝的分枝上也会接触而形成接合孢子（图2-43）。异宗配合需要两种不同性质的菌系的菌丝相遇后才能形成。

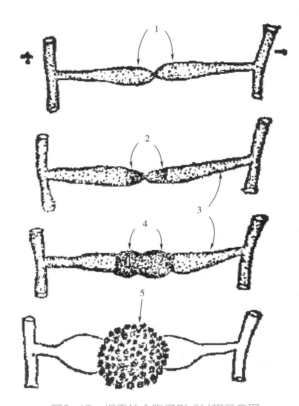

图2-43　根霉结合孢子形成过程示意图

1—原配子囊　2—配子囊　3—配子囊柄　4—配子囊结合　5—接合孢子

（3）子囊孢子　形成子囊孢子是子囊菌的主要特征。子囊是一种囊状结构，形状因种而异。霉菌不同性别的菌丝，分化出雄器（小）和产囊器（大），两个性器官接触后，雄器的内含物通过受精丝进入产囊器，进行质配。质配后，产囊器生出许多短菌丝（称产囊丝），产囊丝顶端的细胞是双核的，在顶端细胞内发生核配，成子囊母细胞。再经有丝分裂和减数分裂产生1～8个子囊孢子。

在子囊和子囊孢子发育过程中，雄器和雌器下面的细胞生出许多菌丝，形成保护组织，整个结构成为一子实体。这种有性的子实体称为子囊果，子囊包在其中。

子囊果主要有三种类型：一种为完全封闭式，称闭囊壳。瓶形有孔口的称子囊壳。开口呈盘状的称子囊盘（图2-44）。

子囊孢子的形态、大小、颜色、形成方式等，均是子囊菌的特征，常作为分类鉴定的依据。

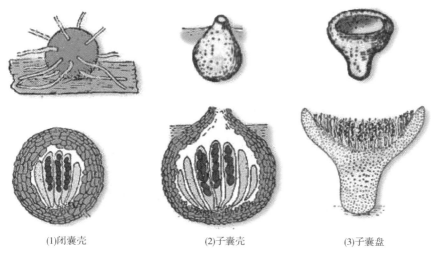

(1)闭囊壳　　　　　　　(2)子囊壳　　　　　　　(3)子囊盘

图2-44　子囊果的三种类型

三、霉菌的菌落特征

霉菌的菌落是由分枝状菌丝体组成，由于菌丝较粗而长，形成的菌落比较疏松，常呈现绒毛状、棉花样絮状或蜘蛛网状（图2-45），如根霉、毛霉、链孢霉的菌丝生长很快，在固体培养基表面蔓延，以致菌落没规则和固定大小。如果在固体发酵食品的过程中污染了这一类霉菌，若不及时采取措施，往往造成严重的经济损失。霉菌的菌落最初往往是浅色或白色，当菌落长出各种颜色的孢子后，菌落便相应的呈黄、绿、青、黑、橙等各色，有的霉菌由于能产生色素，使菌落背面也带有颜色。一些生长较快的霉菌菌落，其菌丝生长向外扩展，所以菌落中部的菌丝菌龄较大，而菌落边缘的菌丝是最幼嫩的。同一种霉菌，在不同成分的培养基形成的菌落特征可能有变化；但各种霉菌在一定的培养基上形成的菌落大小、形状、颜色等相对是比较一致的（图2-45、

(1)点青霉的菌落

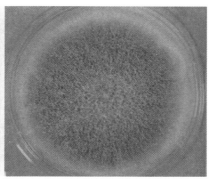

(2)黄曲霉菌的丝状菌落

图2-45　霉菌的菌落

图2-46和图2-47）。因此，菌落特征也是霉菌鉴定的主要依据之一。

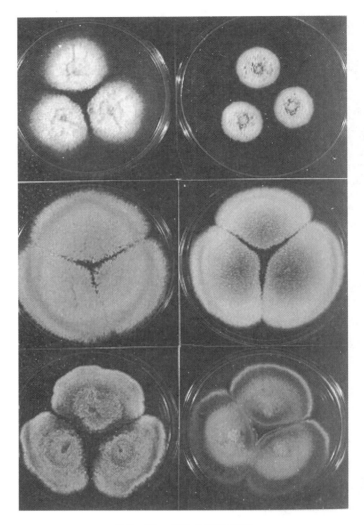

图2-46　各种曲霉的菌落

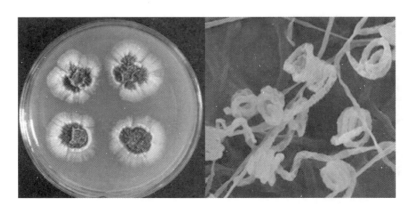

图2-47　链霉菌的菌落及电镜形态

四、常见的霉菌

1. 毛霉属

毛霉属种类较多，在自然界广泛分布。毛霉的菌丝体发达，呈棉絮状，由许多分枝的菌丝构成。菌丝无隔膜，有多个细胞核。其无性繁殖为孢囊孢子。毛霉生长迅速，产生发达的菌丝。生长在基质上或基质内，广泛的蔓延，无假根和匍匐菌丝。菌丝一般白色，不具隔膜是单细胞真菌。以孢囊孢子进行无性繁殖，孢子囊黑色或褐色，表面光滑。有性繁殖则产生接合孢子（图2-48），在土壤、空气中经常发现，是食品工业的重要微生物。毛霉的淀粉酶活力很强，可把淀粉转化为糖。在酿酒工业上多用作淀粉质原料酿酒的糖化菌。毛霉能产生蛋白酶，具有

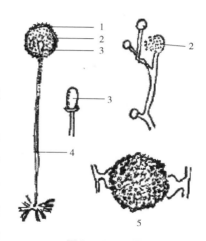

图2-48　毛霉

1—孢子囊　2—孢子囊孢子

3—囊轴　4—孢子囊梗

5—接合孢子

分解大豆蛋白质的能力，多用于制作豆腐乳和豆豉，可产生芳香的物质及蛋白质分解物，赋予产品以鲜香味。有些毛霉还能产生草酸、乳酸、琥珀酸和甘油等。

▰▰ 知识拓展 ▰▰

利用毛霉生产豆腐乳

腐乳，又称豆腐乳，是一种二次加工的豆制食品。通常腐乳主要是由用毛霉菌发酵的，包括腐乳毛霉　、鲁氏毛霉、总状毛霉，还有根霉菌，如华根霉等。

工艺流程：让豆腐上长出毛霉→加盐腌制→加卤汤装瓶→密封腌制。

毛霉的生长：将豆腐块平放在笼屉内，将笼屉中的温度控制在15~18℃，并保持一定的湿度。约48h后，毛霉开始生长，3d之后菌丝生长旺盛，5d后豆腐块表面布满菌丝。豆腐块上生长的毛霉来自空气中的毛霉孢子，而现代的腐乳生产是在严格无菌的条件下，将优良毛霉菌种直接接种在豆腐上，这样可以避免其他菌种的污染，保证产品的质量。

2. 根霉属

根霉与毛霉同属毛霉目，很多特征相似，主要区别在于，根霉有假根和匍匐菌丝。匍匐菌丝呈弧形，在培养基表面水平生长。匍匐菌丝着生孢子囊

梗的部位，接触培养基处，菌丝伸入培养基内呈分枝状生长，犹如树根，故称假根，这是根霉的重要特征。假根在着生处向上长出直立的孢囊柄，柄的顶端膨大为孢子囊。根霉的孢子囊较大，一般为黑色，底部有半球形囊轴（图2-49），孢子囊内形成大量孢子囊孢子，孢子成熟后，囊壁破裂，释放的孢子随气流到处散布，其有性繁殖产生接合孢子。

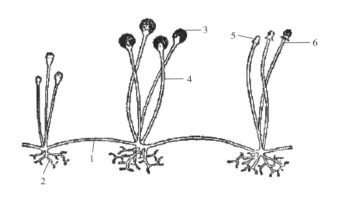

图2-49　根霉

1—匍匐菌丝　2—假根　3—孢子囊　4—孢子囊柄
5—囊轴　6—孢子囊孢子

根霉菌丝体白色、无隔膜、单细胞，气生性强，在培养基上交织成疏松的絮状菌落，生长迅速，可蔓延覆盖整个表面。

在自然界分布很广，空气、土壤以及各种器皿表面都有存在，并常出现于淀粉质食品上，引起馒头、面包、甘薯等发霉变质，或造成水果、蔬菜腐烂。

和毛霉相似，根霉在生命活动过程中也能产生淀粉酶、糖化酶，是工业上有名的生产菌种。我国酿酒工业中，用根霉作为糖化菌种已有悠久的历史，同时也是家用甜酒曲的主要菌种。近年来在固醇激素转化、有机酸（延胡索酸、乳酸）的生产中被广泛利用。

常见的根霉有黑根霉和米根霉等，黑根霉又称为匍枝根霉，俗称为面包霉，是最为常见的根霉。

3. 曲霉属

曲霉属是发酵工业和食品工业的重要菌种，已被利用的近60种，也是酿酒、制醋曲的主要菌种。现代工业利用曲霉生产各种酶制剂（淀粉酶、蛋白酶、果胶酶等）、有机酸（柠檬酸、葡萄糖酸、五倍子酸等），农业上用作糖化饲料菌种。例如米曲霉具有较强的蛋白分解能力，同时又具有糖化能力。2000多年前，我国就利用米曲霉生产酱油和酱类。酒精、酒类的生产，也常用米曲霉。黑曲霉也是具有多种活性的强大酶系，可用于工业上生产液化型和糖化型淀粉酶，酒精、白酒、葡萄糖的生产离不开此菌。还可用于蛋白酶和纤维素酶、酱油、食醋、糖化饲料的生产。另外，黑曲霉还可产生多种有机酸，如抗坏血酸、柠檬酸、葡萄糖酸等。

曲霉广泛分布在谷物、空气、土壤和各种有机物品上。生长在花生和大米上的曲霉，有的能产生对人体有害的真菌毒素，如黄曲霉毒素B_1能导致癌症，有的则引起水果、蔬菜、粮食霉腐。

曲霉菌丝有隔膜，为多细胞霉菌。在幼小而活力旺盛时，菌丝体产生大量的分生孢子梗。分生孢子梗顶端膨大成为顶囊，一般呈球形。顶囊表面长满一层或两层辐射状小梗（初生小梗与次生小梗）。最上层小梗瓶状，顶端着生成串的球形分生孢子（图2-50）。以上几部分结构合称"孢子穗"。孢子呈绿、黄、橙、褐、黑等颜色。这些都是菌种鉴定的依据。分生孢子梗生于足细胞上，并通过足细胞与营养菌丝相连。曲霉孢子穗的形态，包括分生孢子梗的长度、顶囊的形状、小梗着生是单轮还是双轮、分生孢子的形状、大小、表面结构及颜色等，都是菌种鉴定的依据。

(1)曲霉结构　　(2)棒曲霉顶囊　　(3)黑曲霉顶囊

图2-50　曲霉

1—分生孢子　2—小梗　3—顶囊　4—分生孢子梗　5—足细胞

4.青霉属

青霉属是产生青霉素的重要菌种。广泛分布于空气、土壤和各种物品上，常生长在腐烂的柑橘皮上呈青绿色。目前已发现几百种，其中黄青霉、点青霉等都能大量产生青霉素。青霉素的发现和大规模地生产、应用，对抗生素工业的发展起了巨大的推动作用。此外，有的青霉菌还用于生产灰黄霉素及磷酸二酯酶、纤维素酶等酶制剂、有机酸。

青霉属在自然界分布广泛，不少种类能引起食品变质。黄绿青霉和橘青霉侵染大米后，可形成有毒的"黄变米"。

青霉菌菌丝与曲霉相似，但无足细胞。分生孢子梗顶端不膨大，无顶囊，经多次分枝，产生几轮对称或不对称小梗，小梗顶端产生成串的青色分生孢子。孢子穗形如扫帚（图2-51），孢子穗的形态构造是分类鉴定的重要依据。分生孢子球形、椭圆形，一般呈蓝绿色、灰绿色或黄褐色等。

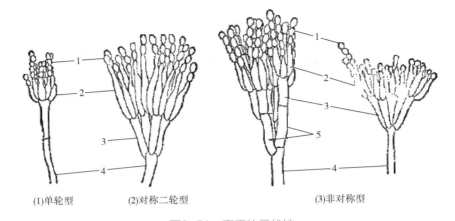

(1)单轮型   (2)对称二轮型   (3)非对称型

图2-51　青霉的帚状枝

1—分生孢子　2—小梗　3—梗基　4—分生孢子梗　5—副枝

技能训练六　　霉菌的形态观察

一、目的要求

（1）学习并掌握观察霉菌形态的基本方法。

（2）了解常见四类常见霉菌（根霉、毛霉、曲霉、青霉）的基本形态特征。

（3）观察霉菌的菌丝及菌丝体。

二、基本原理

霉菌具有分枝的菌丝体，分基内菌丝和气生菌丝，气生菌丝生长到一定阶段分化产生繁殖菌丝，由繁殖菌丝产生孢子。霉菌菌丝比较粗大（菌丝和孢子的直径达到3~10μm），通常是细菌菌体宽度的几倍至几十倍，因而可用低倍、高倍镜观察。

（1）直接制片观察法　霉菌菌丝细胞容易收缩变形，孢子容易飞扬。在制备霉菌标本时，将培养物置于乳酸石炭酸棉蓝染色液中，制成霉菌制片镜检。用乳酸石炭酸溶液作为介质，具有不使细胞变形，可杀菌防腐，不易干燥，能保持较长时间等优点。若加入棉蓝，又具有一定的染色效果能增强反差。

（2）载片培养法　用无菌操作将马铃薯琼脂培养基薄层置于载玻片上，接种后盖上盖玻片培养，霉菌即在载玻片和盖玻片之间的有限空间内沿盖玻片横向生长。这种方法既可以保持霉菌自然生长状态，还便于直接在显微镜下观察不同发育期的培养物，尤其适用于根霉的假根、曲霉的足细胞及分生孢子链等结构的着生和生长情况的观察。并且还可以在同一标本上观察到微生物发育的不同阶段的形态。

三、材料与器材

（1）菌种　根霉、毛霉、曲霉、青霉的平板培养物。

（2）培养基　马铃薯琼脂培养基（PDA）和察氏培养基。

（3）溶液或试剂　乳酸-石炭酸-棉蓝染色液和20%无菌甘油等。

（4）仪器和其他用具　无菌吸管、平皿、载玻片、盖玻片、解剖针、50%乙醇、20%的甘油显微镜等。

四、操作步骤

1. 直接制片法

（1）点种培养　用接种针沾取斜面少许孢子在无菌的察氏培养基中央穿刺接种（倒置培养皿穿刺接种），30℃下培养7~10d，形成巨大菌落培养物。

（2）直接制片　在载玻片中央加一滴乳酸-石炭酸-棉蓝染色液于洁净载玻片，打开霉菌平板培养物，用解剖针从菌落的边缘挑取少量带有孢子的菌丝，放入载玻片的染液中，细心地把菌丝挑散开，加盖玻片，注意不要产生气泡，置于显微镜下观察，菌丝呈蓝色，颜色的深度随菌龄的增加而减弱。

观察根霉时，注意观察其菌丝有无横隔、假根、孢子囊柄、孢子囊、囊轴、囊托、孢子囊孢子及厚垣孢子。

观察毛霉时，注意观察其菌丝无横隔、孢子囊柄、囊轴、孢子囊孢子及厚垣孢子。

观察曲霉时，注意观察其菌丝有横隔、足细胞、分生孢子梗、顶囊、小梗（形状、层数及着生情况）、分生孢子。

观察青霉时，注意观察其菌丝有横隔、分生孢子梗、帚状枝（小梗的轮数及对称性）、分生孢子。

2. 载玻片培养观察法

（1）培养小室的灭菌　在培养皿底部铺一张圆形滤纸片，滤纸片上依次放上U形载玻片搁架、载玻片、盖玻片（两片），盖上皿盖，外用纸包扎，121℃灭菌30min，烘干备用。

（2）琼脂块的制作　取已灭菌的马铃薯琼脂培养基6~7mL注入另一灭菌平皿中，使之凝固成薄层。用解剖刀切成0.5~1cm²的琼脂块，并将其移至培养室中的载玻片上。

（3）接种　用接种针挑取很少量的孢子接种于琼脂块的边缘上，用无菌镊子将盖玻片覆盖在琼脂块上。用镊子轻压盖玻片，使盖玻片和载玻片之间的距离相当接近，但不能压扁（盖玻片不能紧贴载玻片，要彼此留有小缝隙，一是为了通气，二是使各部分结构平行排列，易于观察）。接种量要少，尽可能将分散的孢子接种在琼脂块边缘上，否则培养后菌丝过于稠密，影响观察。

（4）倒保湿剂　每皿倒入约3mL 20％的无菌甘油，使皿内滤纸完全湿润，以保持皿内湿度，盖上皿盖。制成载玻片湿室，28℃培养。

（5）镜检观察　根据需要可以在不同的培养时间内取出载玻片，置低倍镜下观察，必要时换高倍镜。

五、实验数据及处理结果

（1）绘出所观察到的各种霉菌的形态图，注明各部分名称。

（2）列表比较根霉、毛霉、曲霉、青霉的菌落形态、个体形态及繁殖方式的异同点。

六、思考题

（1）制作霉菌标本时，能否用常规涂片法？简述其原因。

（2）显微镜下观察霉菌与放线菌的菌丝有何异同？

--- 小结 ---

镜检要在低倍物镜观察的基础上进行高倍镜观察。当观察较细微的结构时需要用到油镜。油镜头使用后，应立即用擦镜纸蘸少许二甲苯进行擦拭。

细菌可分为球菌、杆菌和螺旋菌。一般结构包括细胞壁、细胞膜、细胞质和核区等；特殊结构包括荚膜、鞭毛、菌毛、芽孢等。根据细胞壁中所含肽聚糖成分的不同可分为G⁻菌和G⁺菌。细菌繁殖方式一般为无性繁殖，主要方式是裂殖。

放线菌菌体由分枝发达的菌丝组成，菌丝无隔膜。分为基内菌丝、气生菌丝和孢子丝。通过形成无性孢子的方式进行繁殖。在固体培养基上的菌落由菌丝体组成，菌丝分枝相互交错缠绕，菌落质地致密，菌落正面、背面常呈现不同色泽。

酵母菌细胞与细菌细胞一样具有细胞壁、细胞膜、细胞质等基本结构，也有和细菌细胞不同的结构，如有成形的细胞核，细胞核有核膜、核仁和核孔。细胞的形态通常有球形、卵圆形、腊肠形、椭圆形、柠檬形或藕节形等。繁殖方式有无性繁殖和有性繁殖两种。无性繁殖主要以芽殖为主。有性繁殖是指通过两个具有性差异的细胞相互结合形成新个体的繁殖方式。酵母菌是以形成子囊和子囊孢子的方式进行有性繁殖的。

霉菌菌丝是霉菌营养体的基本单位，分为无隔菌丝和有隔菌丝。菌丝分化为基内菌丝、气生菌丝体和繁殖菌丝。霉菌的繁殖是以产生各种无性或有性孢子来繁殖的。无性繁殖主要通过产生孢囊孢子、分生孢子、节孢子和厚垣孢子等进行繁殖。有性繁殖是不同性别的细胞经过结合（质配和核配）后，产生一定形态的孢子。有性孢子有卵孢子、接合孢子、子囊孢子和担孢子。霉菌的菌落是由分枝状菌丝体组成，形成的菌落比较疏松，常呈现绒毛状、棉花样絮状或蜘蛛网状。

 思考与练习

1. 用油镜观察时应注意哪些问题？在载玻片和镜头之间加滴什么油？起什么作用？

2. 根据实验体会，你认为制备染色标本时，应注意哪些事项？

3. 如果涂片未经加热固定，将会出现什么问题？如果加热温度过高、时间过长，会出现怎样的结果？

4. 作革兰染色涂片时为什么不能过于浓厚？其染色成败的关键一步是什么？

5. 革兰染色时，初染前能加碘液吗？乙醇脱色后复染之前，G^+菌和G^-菌分别是什么颜色？

6. 不经过复染这一步，能否区分G^+菌和G^-菌？

7. 在高倍镜或油镜下如何区分放线菌的基内菌丝和气生菌丝？

8. 放线菌的菌体为何不易挑取？

9. 在显微镜下，酵母菌有哪些突出的特征区别于一般细菌？

10. 吕氏碱性美蓝染液浓度和作用时间的不同，对酵母菌死细胞数量有何影响？试分析其原因。

11. 制作霉菌标本时，能否用常规涂片法？

12. 显微镜下观察霉菌与放线菌的菌丝有何异同？

模块三　　微生物培养技术

知识一　微生物的营养

一、微生物的化学组成

微生物细胞的化学成分以有机物和无机物两种状态存在。有机物包含各种大分子，它们是蛋白质、核酸、类脂和糖类，占细胞干重的99%。无机成分包括小分子无机物和各种离子，占细胞干重的1%。微生物细胞的元素构成由C、H、O、N、P、S、K、Na、Mg、Ca、Fe等组成。其中C、H、O、N、P、S六种元素占微生物细胞干重的97%；其他为微量元素。

组成微生物细胞的化学元素分别来自微生物生长的所需要的营养物质，即微生物生长所需的营养物质应该包含有组成细胞的各种化学元素。这些物质概括为提供构成细胞物质的碳素来源的碳源物质，构成细胞物质的氮素来源的氮源物质和一些含有K、Na、Mg、Ca、Fe、Mn、Cu、Co、Zn、Mo元素的无机盐。

二、微生物的营养要素

微生物生长所需要的营养要素主要是以的有机物和无机物的形式提供的，小部分由气体物质供给。微生物的营养物质按其在机体中的生理作用可区分为：碳源、氮源、无机盐、生长因子和水五大类。

微生物的营养

1. 碳源

在微生物生长过程中为微生物提供碳素来源的物质称为碳源（表3–1）。

从简单的无机含碳化合物如CO_2和碳酸盐到各种各样的天然有机化合物都可以作为微生物的碳源，但不同的微生物利用含碳物质具有选择性，利用能力有差异。微生物利用的主要碳源物质有葡萄糖、果糖、麦芽糖、蔗糖、淀粉、半乳糖、乳糖、纤维二糖、纤维素等糖类和有机酸、醇、脂质等。

表3–1 微生物的碳源谱

类型	元素水平	化合物水平	培养基原料水平
有机碳	C·H·O·N·X*	复杂蛋白质、核酸等	牛肉膏、蛋白胨、花生饼粉等
	C·H·O·N	多数氨基酸、简单蛋白质等	一般氨基酸、明胶等
	C·H·O	糖、有机酸、醇、脂质等	葡萄糖、蔗糖、各种淀粉、糖蜜和乳清等
	C·H	烃	天然气、石油及其不同馏分、石蜡油等
无机碳	C	—	—
	C·O	二氧化碳	二氧化碳
	C·O·X	碳酸氢钠、碳酸钙等	碳酸氢钠、碳酸钙、白垩等

注：*X指除C、H、O、N外的任何一种或几种元素。

碳源的生理作用主要有：碳源物质通过复杂的化学变化来构成微生物自身的细胞物质和代谢产物；同时多数碳源物质在细胞内生化反应过程中还能为机体提供维持生命活动的能量，但有些以又CO_2为唯一或主要碳源的微生物生长所需的能源则不是来自CO_2。

2. 氮源

凡是可以被微生物用来构成细胞物质的或代谢产物中氮素来源的营养物质通称为氮源物质（表3–2）。

能被微生物所利用的氮源物质有蛋白质及其各类降解产物、铵盐、硝酸盐、亚硝酸盐、分子态氮、嘌呤、嘧啶等。

氮源物质常被微生物用来合成细胞中含氮物质，少数情况下可作能源物质，如某些厌氧微生物在厌氧条件下可利用某些氨基酸作为能源。

微生物对氮源的利用具有选择性，如玉米浆相对于豆饼粉，铵相对于NO_3^-为速效氮源。

表3-2 微生物的氮源谱

类型	元素水平	化合物水平	培养基原料水平
有机氮	$N \cdot C \cdot H \cdot O \cdot X$	复杂蛋白质、核酸	牛肉膏、酵母膏、饼粕粉、蚕蛹粉等
	$N \cdot C \cdot H \cdot O$	尿素、一般氨基酸、简单蛋白质等	尿素、蛋白胨、明胶等
无机氮	$N \cdot H$	NH_3、铵盐等	$(NH_4)_2SO_4$等
	$N \cdot O$	硝酸盐等	KNO_3等
	N	N_2	空气

3. 能源

能为微生物生命活动提供最初能量来源的营养物或辐射能称为能源。由于各种异养微生物的能源就是其碳源。因此，它们的能源谱就显得十分简单。

化能自养微生物的能源十分独特，它们都是一些还原态的无机物质，例如NH_4^+、NO_3^-、S、H_2S、H_2和Fe^{2+}等。能利用这种能源的微生物都是一些原核生物，包括亚硝酸细菌、硝酸细菌、硫化细菌、硫细菌、氢细菌和铁细菌等。

一部分微生物能够利用辐射能（光能）进行光合作用获得能源，称为光能营养型。

在能源中，更容易理解的是某一具体营养物质可同时兼有几种营养要素功能。例如光辐射能是单功能营养物（能源）；还原态的NH_4^+是双功能营养物（能源和氮源）；而氨基酸是三功能的营养物（碳源、能源和氮源）。

4. 无机盐

无机盐是微生物生长必不可少的一类营养物质，它们在机体中的生理功能主要是作为酶活性中心的组成部分、维持生物大分子和细胞结构的稳定性、调节并维持细胞的渗透压平衡、控制细胞的氧化还原电位和作为某些微生物生长的能源物质等（表3-3）。

微生物生长所需的无机盐一般有磷酸盐、硫酸盐、氯化物以及含有钠、钾、钙、镁、铁等金属元素的化合物。

如果微生物在生长过程中缺乏微量元素，会导致细胞生理活性降低甚至停止生长。

表3-3　无机盐及其生理功能

元素	化合物形式	生理功能
磷	KH_2PO_4 K_2HPO_4	核酸、核蛋白、磷脂、辅酶及ATP等高能分子的成分，作为缓冲系统调节培养基pH
硫	$(NH_4)_2SO_4$ $MgSO_4$	含硫氨基酸（半胱氨酸、甲硫氨酸等）、维生素的成分，谷胱甘肽可调节胞内氧化还原电位
镁	$MgSO_4$	己糖磷酸化酶、异柠檬酸脱氢酶、核酸聚合酶等活性中心组分，叶绿素和细菌叶绿素成分
钙	$CaCl_2$ $Ca(NO_3)_2$	某些酶的辅因子，维持酶（如蛋白酶）的稳定性，芽孢和某些孢子形成所需，建立细菌感受态所需
钠	$NaCl$	细胞运输系统组分，维持细胞渗透压，维持某些酶的稳定性
钾	KH_2PO_4 K_2HPO_4	某些酶的辅因子，维持细胞渗透压，某些嗜盐细菌核糖体的稳定因子
铁	$FeSO_4$	细胞色素及某些酶的组分，某些铁细菌的能源物质，合成叶绿素、白喉毒素所需

5. 生长因子

生长因子通常指那些微生物生长所必需而且需要量很小，但微生物自身不能合成或合成量不足以满足机体生长需要的有机化合物。

根据生长因子的化学结构和它们在机体中的生理功能的不同，可将生长因子分为维生素、氨基酸与嘌呤与嘧啶三大类。维生素在机体中所起的作用主要是作为酶的辅基或辅酶参与新陈代谢；有些微生物自身缺乏合成某些氨基酸的能力，因此必须在培养基中补充这些氨基酸或含有这些氨基酸的小肽类物质，微生物才能正常生长；嘌呤与嘧啶作为生长因子在微生物机体内的作用主要是作为酶的辅酶或辅基，以及用来合成核苷、核苷酸和核酸。

6. 水

水是微生物生长所必不可少的（表3-4）。水在细胞中的生理功能主要有：①起到溶剂与运输介质的作用，营养物质的吸收与代谢产物的分泌必须以水为介质才能完成；②参与细胞内一系列化学反应；③维持蛋白质、核酸等生物大分子稳定的天然构象；④因为水的比热高，是热的良好导体，能有效地吸收代谢过程中产生的热并及时地将热迅速散发出体外，从而有效地控制细胞内温度的变化；⑤保持充足的水分是细胞维持自身正常形态的重要因素；⑥微生物通过水合作用与脱水作用控制由多亚基组成的结构，如酶、微管、鞭毛及病毒颗粒的组装与解离。

表3-4　各类微生物细胞中的水含量　　　　　　　　　　　　　　　　单位：%

微生物类型	细菌	酵母菌	霉菌	芽孢	孢子
水分含量	75~85	85~90	75~80	40	38

三、微生物的营养类型

由于微生物种类繁多，其营养类型比较复杂，人们常在不同层次和侧重点上对微生物营养类型进行划分（表3-5）。根据碳源、能源及电子供体性质的不同，可将绝大部分微生物分为光能无机自养型、光能有机异养型、化能无机自养型及化能有机异养型四种类型（表3-6）。

表3-5　微生物营养类型（Ⅰ）

划分依据	营养类型	特点
碳源	自养型	以CO_2为唯一或主要碳源
	异养型	以有机物为碳源
能源	光能营养型	以光为能源
	化能营养型	以有机物氧化释放的化学能为能源
电子供体	无机营养型	以还原性无机物为电子供体
	有机营养型	以有机物为电子供体

表3-6　微生物的营养类型（Ⅱ）

营养类型	电子供体	碳源	能源	举例
光能无机自养型	H_2、H_2S、S或H_2O	CO_2	光能	蓝细菌、藻类
光能有机异养型	有机物	有机物	光能	红螺细菌
化能无机自养型	H_2、H_2S、Fe^{2+}、NH_3或NO_3^-	CO_2	化学能	氢细菌、硫杆菌、亚硝化单胞菌属
化能有机异养型	有机物	有机物	化学能	假单胞菌属、真菌

1. 光能自养型

这类微生物利用光作为能源，以二氧化碳作为基本碳源，以某些还原态的无机化合物（水、硫化氢等）作为供氢体还原二氧化碳。它们的细胞内都含有一种或几种光合色素。蓝细菌含叶绿素a，利用水作为氢供体，在光照下同化二氧化碳，并放出氧气。光合细菌如紫硫细菌和绿硫细菌不能以水作为氢供体，而是利用硫化氢等无机硫化合物还原二氧化碳，而且这些化学反应是在严格的厌氧条件下以光为能源进行的。这些光合细菌生长时不释放出氧气，产生的元素硫分泌到细胞外或沉积在细胞内。

2. 光能异养型

这类微生物以光为能源，以有机碳化合物（甲酸、乙酸、甲醇、异丙醇等）作为碳源和氢供体进行光合作用而生长繁殖。它们需要有机化合物，所以不同于利用无机化合物二氧化碳作为唯一碳源的自养型光合细菌。

3. 化能自养型

这类微生物以二氧化碳为碳源，利用无机化合物如铵、亚硝酸盐、硫化氢、铁离子等氧化过程中释放出的能量进行生长。主要类群有：硫细菌、硝化细菌、铁细菌等。它们的生长需要在有氧条件下进行。产甲烷菌大多能自养生活，它们以氢气作为能源，以二氧化碳作为碳源生长，产物是甲烷，我们称之为厌氧化能自养细菌。

4. 化能异养型

大多数微生物属于这种营养类型。它们以有机碳化合物作为碳源和能源。如果微生物的食物是来自死亡或腐烂的动植物尸体，就称其为腐生微生物。如果其生长必须从活细胞或组织中获得营养物质的，则称之为寄生微生物，例如病毒、衣原体、立克次体等。有些微生物是腐生、寄生兼而有之，例如结核杆菌就是一种以腐生为主，兼营寄生的细菌。

必须明确，无论哪种分类方式，不同营养类型之间的界限并非绝对的，异养型微生物并非绝对不能利用，只是不能以CO_2为唯一或主要碳源进行生长，而且在有机物存在的情况下也可将CO_2同化为细胞物质。同样，自养型微生物也并非不能利用有机物进行生长。

四、营养物质进入微生物细胞的方式

营养物质能否被微生物利用的一个决定性因素是这些营养物质能否进入微生物细胞。只有营养物质进入细胞后才能被微生物细胞内的新陈代谢系统分解利用，进而使微生物正常生长繁殖。根据物质运输过程的特点，可将物质的运输方式分为扩散、促进扩散、主动运输和基团移位（表3-7、图3-1），还有另一种膜泡运输。

表3-7　微生物吸收营养物质的四种方式

比较项目	单纯扩散	促进扩散	主动运输	基团移位
特异载体蛋白	无	有	有	有
运输速度	慢	快	快	快

续表

比较项目	单纯扩散	促进扩散	主动运输	基团移位
物质运输方向	由浓至稀	由浓至稀	由稀至浓	由稀至浓
胞内外浓度	相等	相等	胞内浓度高	胞内浓度高
运输分子	无特异性	特异性	特异性	特异性
能量消耗	不需要	不需要	需要	需要
运输后物质的结构	不变	不变	不变	改变

1. 扩散

原生质膜是一种半透膜，营养物质通过原生质膜上的含水小孔，由高浓度的胞外（内）环境向低浓度的胞内（外）进行扩散。扩散是非特异性的，但原生质膜上的含水小孔的大小和形状对参与扩散的营养物质分子有一定的选择性。物质在扩散过程中，既不与膜上的各类分子发生反应，自身分子结构也不发生变化。扩散并不是微生物细胞吸收营养物质的主要方式，水是唯一可以通过扩散自由通过原生质膜的分子，脂肪酸、乙醇、甘油、苯、一些气体分子（O_2、CO_2）及某些氨基酸在一定程度上也可通过扩散进出细胞。

2. 促进扩散

与扩散一样，促进扩散也是一种被动的物质跨膜运输方式，在这个过程中不消耗能量，参与运输的物质本身的分子结构不发生变化，不能进行逆浓度运输，运输速率与膜内外物质的浓度差成正比。通过促进扩散进入细胞的营养物质主要有氨基酸、单糖、维生素及无机盐等。

3. 主动运输

主动运输是广泛存在于微生物中的一种主要的物质运输方式。与扩散及促进扩散这两种被动运输方式相比，主动运输的一个重要特点是在物质运输过程中需要消耗能量，而且可以进行逆浓度运输。

4. 基团移位

在微生物对营养物质的吸收过程中，还有一种特殊的运输方式，称为基团移位，即营养物质在运输过程中，需要特异性载体蛋白和消耗能量，并使营养物质在运输前后发生化学结构变化的一种运输方式。基团移位可使溶质分子在细胞内增加，养料可不受阻碍地向细胞源源运送，实质上也是一种逆浓度梯度的运输过程。

基团移位主要存在于厌氧性和兼性厌氧细菌中，其运输的物质主要是糖及其衍生物，脂肪酸、核苷酸、腺嘌呤等物质也可以通过这种方法运输。

5. 膜泡运输

膜泡运输主要存在于原生动物特别是变形虫中，是这类微生物的一种营养

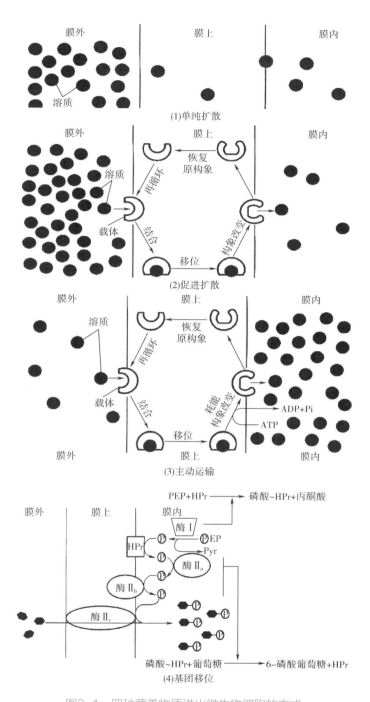

图3-1　四种营养物质进出微生物细胞的方式

物质的运输方式。变形虫通过趋向性运动靠近营养物质，并将该物质吸附到膜表面，然后在该物质附近的细胞膜开始内陷，逐步将营养物质包围，最后形成一个含有该营养物质的膜泡，之后膜泡离开细胞膜而游离于细胞质中，营养物质通过这种运输方式由胞外进入胞内。

知识二　培养基制备技术

　　培养基是人工配制的，适合微生物生长繁殖或产生代谢产物的营养基质。无论是以微生物为材料的研究，还是利用微生物生产生物制品，都必须进行培养基的配制，它是微生物学研究和微生物发酵生产的基础。

一、培养基的配制原则

　　在微生物学研究和生产实践中，配制合适的培养基是一项最基本的工作。但是，许多工作不但要求我们去选用一种现成的培养基，而且还经常要求亲自去设计一种更合适的培养基，这就要求人们除了熟悉微生物的营养知识和规律外，还要有一套科学的设计培养基所应遵循的基本原则。

1. 目的明确

　　在设计新培养基前，首先要明确配制该培养基的目的，例如，要培养何菌？获何产物？用于实验室作科学研究还是用于大规模的发酵生产？作生产中的"种子"还是用于发酵？

　　如果某培养基将用于实验室研究，则一般不必过多地计较其成本。但必须明确对该培养基是作一般培养用，还是作精细的生理、代谢或遗传等研究用。如属前者，可尽量按天然培养基的要求来设计，如系后者，则主要应考虑设计一种组合培养基。拟培养的微生物对象也十分重要。不同大类的微生物，对培养基中碳源与氮源间的比例、pH的高低、渗透压的大小、生长因子的有无以及特殊成分的添加等都要作相应的考虑。

　　如果某培养基将用于大规模的发酵生产上，则用作"种子"的培养基一般其营养成分宜丰富些，尤其氮源的含量应较高（即碳氮比低）；相反，如拟用作大量生产代谢产物的发酵培养基，则从总体来说，它的氮源含量宜比"种子"培养基稍低（即碳氮比高）。除了对不同类型的微生物应考虑其特定条件外，在设计发酵培养基时，还应特别考虑到生产的代谢产物是主流代谢产物，或是次生代谢产物。如属主流代谢产物（一般指通过主要代谢途径产生的那些结构较简单、产量较高、价值较低的降解产物），则生产不含氮的有机酸或醇类时，培养基中所含的碳源比例自然要比生产含氮的氨基酸类产物时高，反之，生产氨基酸类含氮量高的代谢产物时，氮源的比例就应高些。如属生产次生代谢产物（一般是指通过复杂合成途径产生的那些结构复杂、产量低、价值高的合成产物），例如抗生素、维生素或赤霉素等，则还要考虑是否在其中加入特殊元素（如维生素B_{12}中的Co）或特定前体物质（如生产苄青霉素时加入的苯乙酸）。

2. 营养协调

培养基中含有维持微生物最适生长所必须的一切营养物质，并且各种营养物质的浓度与配比要合理，做到营养协调。

就占微生物大多数比例的异养微生物来说，他们所需的各种营养要素的比例顺序是：$H_2O > C+$能源 $> N$ 源 $> P$、$S > K$、$Mg >$ 生长因子，其中碳源与氮源的比例即碳氮比尤为重要，它可用来控制微生物的生长和代谢。如谷氨酸发酵生产中，氨源过多或过少，会积累大量的谷氨酰胺或 α –酮戊二酸，均会造成谷氨酸产量的降低。微生物的类型和培养目的不同，碳氮比也不相同。如细菌和酵母菌培养基中的碳氮比为5：1，霉菌培养基中的碳氮比为10：1；谷氨酸发酵中，种子培养基的碳氮比通常为100：（0.5~2），而发酵培养基的碳氮比为100：（11~12）。

此外，还应控制培养基中无机盐类的浓度和它们之间的平衡，很多无机盐在低浓度是为微生物生长所必需，但在超出其生长范围的高浓度时则变为抑制因子。

3. 条件适宜

各大类微生物一般都有它们合适的生长pH范围。细菌的最适pH在7.0 ~ 8.0，放线菌在7.5 ~ 8.5，酵母菌在3.8 ~ 6.0，而霉菌则在4.0 ~ 5.8。对于具体的微生物种来说，它们都有特定的最适pH范围。

制备培养基时，可用NaOH和HCl调节pH，但微生物在代谢过程中会产生一些能改变pH的物质，因而在配制时常加入缓冲液来维持pH的相对稳定。

绝大多数微生物适宜在等渗溶液中生长，一般培养基中的各营养物质适中，渗透压都是合适的。但培养嗜盐微生物和嗜高渗微生物时就要提高培养基的渗透压。

另外，好氧菌的培养基应保持表面积大或薄层状态；培养厌氧菌时要把培养基和周围环境中的氧气驱除干净。

4. 经济节约

配制培养基时，应尽量采用物美价廉、来源广泛的原料。特别是大规模的工业生产，为了降低生产成本，在保证微生物生长和积累代谢产物的前提下，可以采取"以粗代精""以废代好"等措施。

除此之外，非发酵性物质的含量低，加工简单，便于产品回收，废弃物处理简单，污染小，这些都是应在配制培养基过程中所需考虑的因素。

二、培养基的种类

培养基种类繁多，根据其成分、物理状态和用途可将培养基分成多种类型。

（一）按成分不同划分

1. 天然培养基

这类培养基含有化学成分还不清楚或化学成分不恒定的天然有机物，也称非化学限定培养基。牛肉膏蛋白胨培养基和麦芽汁培养基就属于此类。牛肉浸膏、蛋白胨及酵母浸膏的来源及主要成分见表3-8。

表3-8 牛肉浸膏、蛋白胨及酵母浸膏的来源及主要成分

营养物质	来　源	主要成分
牛肉浸膏	瘦牛肉组织浸出汁浓缩而成的膏状物质	富含水溶性糖类、有机氮化合物、维生素、盐等
蛋白胨	将肉、酪素或明胶用酸或蛋白酶水解后干燥而成	富含有机氮化合物、也含有一些维生素和糖类的粉末状物质
酵母浸膏	酵母细胞的水溶性提取物浓缩而成的膏状物质	富含B族维生素，也含有有机氮化合物和糖类

2. 合成培养基

由化学成分完全了解的物质配制而成的培养基，也称化学限定培养基，高氏I号培养基和察氏培养基就属于此种类型。配制合成培养基时重复性强，但与天然培养基相比其成本较高，微生物在其中生长速度较慢，一般适于在实验室用来进行有关微生物营养需求、代谢、分类鉴定、生物量测定、菌种选育及遗传分析等方面的研究工作。

（二）根据物理状态划分

根据培养基中凝固剂的有无及含量的多少，可将培养基划分为固体培养基、半固体培养基和液体培养基三种类型。

1. 固体培养基

在液体培养基中加入一定量凝固剂，使其成为固体状态即为固体培养基。常用的凝固剂有琼脂、明胶和硅胶。

对绝大多数微生物而言，琼脂是最理想的凝固剂，其是由藻类（海产石花菜）中提取的一种高度分支的复杂多糖；硅胶是由无机的硅酸钠及硅酸钾被盐酸及硫酸中和时凝聚而成的胶体，它不含有机物，适合配制分离与培养自养型微生物的培养基。

除在液体培养基中加入凝固剂制备的固体培养基外，一些由天然固体基质制成的培养基也属于固体培养基。例如，由马铃薯块、胡萝卜条、小米、麸皮及米糠等制成固体状态的培养基就属于此类，又如生产酒的酒曲，生产食用菌的棉籽壳培养基。

在实验室中，固体培养基一般是加入平皿或试管中，制成培养微生物的平板或斜面。固体培养基为微生物提供一个营养表面，单个微生物细胞在这个营养表面进行生长繁殖，可以形成单个菌落。常用来进行微生物的分离、鉴定、活菌计数及菌种保藏等。

2. 半固体培养基

半固体培养基中凝固剂的含量比固体培养基少，培养基中琼脂含量一般为 0.2% ~ 0.7%。半固体培养基常用来观察微生物的运动特征、分类鉴定及噬菌体效价滴定等。

3. 液体培养基

液体培养基中未加任何凝固剂。在用液体培养基培养微生物时，通过振荡或搅拌可以增加培养基的通气量，同时使营养物质分布均匀。液体培养基常用于大规模工业生产以及在实验室进行微生物的基础理论和应用方面的研究。

（三）按用途划分

1. 基础培养基

尽管不同微生物的营养需求各不相同，但大多数微生物所需的基本营养物质是相同的。基础培养基是含有一般微生物生长繁殖所需的基本营养物质的培养基。牛肉膏蛋白胨培养基是最常用的基础培养基。基础培养基也可以作为一些特殊培养基的基础成分，再根据某种微生物的特殊营养需求，在基础培养基中加入所需营养物质。

2. 加富培养基

加富培养基也称营养培养基，即在基础培养基中加入某些特殊营养物质制成的一类营养丰富的培养基，这些特殊营养物质包括血液、血清、酵母浸膏、动植物组织液等。加富培养基一般用来培养营养要求比较苛刻的异养型微生物，如培养百日咳博德菌需要含有血液的加富培养基。加富培养基还可以用来富集和分离某种微生物，这是因为加富培养基含有某种微生物所需的特殊营养物质，该种微生物在这种培养基中较其他微生物生长速度快，并逐渐富集而占优势，逐步淘汰其他微生物，从而容易达到分离该种微生物的目的。

3. 鉴别培养基

鉴别培养基是用于鉴别不同类型微生物的培养基。在培养基中加入某种特殊化学物质，某种微生物在培养基中生长后能产生某种代谢产物，而这种代谢产物可以与培养基中的特殊化学物质发生特定的化学反应，产生明显的特征性变化，根据这种特征性变化，可将该种微生物与其他微生物区分开来。鉴别培养基主要用于微生物的快速分类鉴定，以及分离和筛选产生某种代谢产物的微生物菌种。常用的一些鉴别培养基参见表3-9。

表3-9　一些鉴别培养基

培养基名称	加入化学物质	微生物代谢产物	培养基变化特征	主要用途
酪素培养基	酪素	胞外蛋白酶	蛋白水解圈	鉴别产蛋白酶菌株
明胶培养基	明胶	胞外蛋白酶	明胶液化	鉴别产蛋白酶菌株
油脂培养基	食用油、吐温中性红指示剂	胞外脂肪酶	由淡红色变成深红色	鉴别产脂肪酶菌株
淀粉培养基	可溶性淀粉	胞外淀粉酶	淀粉水解圈	鉴别产淀粉酶菌株
糖发酵培养基	溴甲酚紫	乳酸、醋酸、丙酸等	由紫色变成黄色	鉴别肠道细菌
远藤氏培养基	碱性复红亚硫酸钠	酸、乙醛	带金属光泽深红色菌落	鉴别水中大肠菌群
伊红美蓝培养基	伊红、美蓝	酸	带金属光泽深紫色菌落	鉴别水中大肠菌群

4. 选择培养基

选择培养基是用来将某种或某类微生物从混杂的微生物群体中分离出来的培养基。根据不同种类微生物的特殊营养需求或对某种化学物质的敏感性不同，在培养基中加入相应的特殊营养物质或化学物质，抑制不需要的微生物生长，有利于所需微生物的生长。

（四）按照生产工艺的要求划分

1. 孢子培养基

孢子培养基是供菌种繁殖孢子的一种常用固体培养基，其目的是使菌体迅速生长，并产生较多的优质孢子，不易引起菌种变异。该培养基要求营养不能太丰富，尤其是有机氮源，否则不易产生孢子。生产中常用的有麸皮培养基、小米培养基、玉米碎屑培养基。

2. 种子培养基

种子培养基是专门用于保证在生长中能获得优质孢子或营养细胞的培养基。要求营养丰富而全面，尤其是氮源和维生素，同时应尽量考虑各种营养成分的特性，使pH在培养过程中能稳定在适当的范围内，以有利菌种的正常生长和发育。

3. 发酵培养基

发酵培养基是专门用于菌种生长、繁殖和发酵产生目的代谢产物即发酵产品的培养基。其碳源含量往往高于种子培养基。在大规模生产时，原料应来源充足、成本低廉，还应有利于下游的分离提取。

 知识拓展

培养基的选择

就微生物主要类型而言，有细菌、放线菌、酵母菌、霉菌、原生动物、藻类及病毒之分，培养它们所需的培养基各不相同。在实验室中常用牛肉膏蛋白胨培养基（或简称普通肉汤培养基）培养细菌，用高氏I号合成培养基培养放线菌，培养酵母菌一般用麦芽汁培养基，培养霉菌则一般用察氏合成培养基。利用以纤维素或石蜡油作为唯一碳源的选择培养基，可以从混杂的微生物群体中分离出能分解纤维素或石蜡油的微生物；利用以蛋白质作为唯一氮源的选择培养基，可以分离产胞外蛋白酶的微生物；缺乏氮源的选择培养基可用来分离固氮微生物。

天然培养基

常用的天然有机营养物质包括牛肉浸膏、蛋白胨、酵母浸膏、豆芽汁、玉米粉、土壤浸液、麸皮、牛乳、血清、稻草浸汁、羽毛浸汁、胡萝卜汁、椰子汁等，嗜粪微生物可以利用粪水作为营养物质。天然培养基成本较低，除在实验室经常使用外，也适于用来进行工业上大规模的微生物发酵生产。在微生物单细胞蛋白的工业生产过程中，常常利用糖蜜（制糖工业中含有蔗糖的废液）、乳清（乳制品工业中含有乳糖的废液）、豆制品工业废液及黑废液（造纸工业中含有戊糖和己糖的亚硫酸纸浆）等都可作为培养基的原料。再如，工业上的甲烷发酵主要利用废水、废渣作原料，而在我国农村，已推广利用人畜粪便及禾草为原料发酵生产甲烷作为燃料。另外，大量的农副产品或制品，如麸皮、米糠、玉米浆、酵母浸膏、酒糟、豆饼、花生饼、蛋白胨等都是常用的发酵工业原料。

技能训练七　培养基制备技术

牛肉膏蛋白胨培养基的制备及高压灭菌技术

一、目的要求

（1）学习制备培养基的基本技术。

（2）制备牛肉膏蛋白琼脂培养基。

二、基本原理

牛肉膏蛋白胨培养基是一种应用最广泛和最普通的细菌培养基，这种培养基中含有一般细菌生长繁殖所需要的最基本的营养物质，可供作繁殖之用，制作固体培养基时须加2%琼脂，培养细菌时，应用稀酸或稀碱将pH调至中性或微碱性。牛肉膏蛋白培养基的配方为：牛肉膏0.5%，蛋白胨1%，NaCl 0.5%，pH7.4~7.6。

三、材料与器材

（1）试剂　牛肉膏，蛋白胨、NaCl、琼脂、1mol/L NaOH、1mol/L HCl。

（2）其他　试管、三角烧瓶、烧杯、量筒、漏斗、乳胶管、弹簧夹、纱布、棉花、牛皮纸、线绳、pH试纸、电炉、台秤。

四、操作步骤

（1）称量　根据用量按比例依次称取成分，牛肉膏常用玻棒挑取，放在小烧杯或表面皿中称量，用热水溶化后倒入烧杯，蛋白胨易吸湿，称量时要迅速。

（2）溶解　在烧杯中加入少于所需要的水量，加热，逐一加入各成分，使其溶解，琼脂在溶液煮沸后加入，熔化过程需不断搅拌。加热时应注意火力，勿使培养基烧焦或溢出。溶好后，补足所需水分。

（3）调pH　用1mol/L NaOH或1mol/L HCl把pH调至所需范围。

（4）过滤　趁热用滤纸或多层纱布过滤，以利于某些实验结果的观察，如无特殊要求时可省去此步骤。

（5）分装　按实验要求，可将配制的培养基分装入试管内或三解瓶内；分装时注意，勿使培养基沾染在容器口上，以免沾染棉塞引起污染。

①液体分装：分装高度以试管高度的1/4左右为宜，分装三角瓶的量则根据需要而定，一般以不超过三角瓶容积的1/2为宜。

②固体分装：分装试管，其装量不超过管高的1/5，灭菌后制成斜面，斜面长度不超过管长的1/2。分装三角瓶，以不超过容积的1/2为宜。

③半固体分装：装置以试管高度的1/3为宜，灭菌后垂直待凝。

（6）加棉塞　分装完毕后，在试管口或三角瓶口塞上棉塞（或泡沫塑料塞及试管帽等），以阻止外界微生物进入培养基而造成污染，并保证有良好的通气性能。

（7）包扎　棉塞头上包一层牛皮纸，扎紧，即可进行灭菌。

（8）保存　灭菌后的培养基放入37℃养箱中培养24h，以检验灭菌的效果，无污染方可使用。

五、思考题

（1）配制培养基有哪几个步骤？在操作过程中应注意些什么问题？为什么？

（2）培养基配制完成后，为什么必须立即灭菌？如何进行无菌检查？

知识三 微生物控制技术

在微生物研究或生产实践中，常常需要控制所不期望的微生物的生长。任何杀死或抑制微生物的方法都可以达到控制微生物生长的目的，它们包括加热、低温、干燥、辐射、过滤等物理方法和消毒剂、防腐剂、化学治疗剂等化学方法两大类。

由于目的不同，对微生物生长控制的要求和采用的方法也就有很大的不同，因而产生的效果也不同。

（1）灭菌 利用强烈的理化因素杀死物体中所有微生物的措施称为灭菌。

（2）消毒 采用温和的理化因素杀死物体中所有病原微生物的措施称为消毒。

（3）防腐 利用某种理化因素抑制微生物生长的措施称为防腐。

（4）化疗 利用具有高度选择毒力的化学物质抑制宿主体内病原微生物或病变细胞的治疗措施称为化疗。

一、控制微生物生长的物理方法

（一）高温灭菌

当环境温度超过微生物的最高生长温度时就会引起死亡。高温的致死作用，主要是引起蛋白质、核酸和脂类等重要生物大分子发生降解或改变其空间结构等，从而变性或破坏。一定时间内（一般为10min）杀死微生物所需要的最低温度称为致死温度。

高温灭菌分为干热灭菌和湿热灭菌，在相同温度下，湿热灭菌效果比干热灭菌好。

1. 干热灭菌

干热灭菌是通过灼烧或烘烤等方法杀死微生物。利用高温使微生物细胞内的蛋白质凝固变性而达到灭菌的目的。细胞内的蛋白质凝固性与其本身的含水量有关，菌体受热时环境和细胞内含水量越大，蛋白质凝固就越快，反之，含水量越小，凝固越慢。

（1）火焰灼烧法　实验室常用酒精灯火焰灼烧接种工具和试管口等物品（图3-2）。

（2）烘箱热空气法　通常将灭菌物品放入电热烘箱内，在160~170℃下维持1~2h可达到彻底灭菌（包括细菌的芽孢）的目的。利用热空气灭菌，灭菌时间可根据被灭菌物品的体积作适当调整。该法适用于金属器械和玻璃器皿等耐热物品的灭菌，也可用于油料和粉料物质的灭菌。

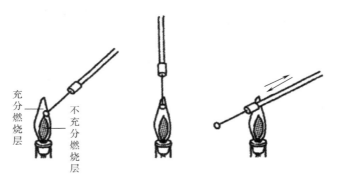

图3-2　接种环的灼烧灭菌步骤

2. 湿热灭菌

（1）常压法

①巴氏消毒法：这是一种专用于牛乳、啤酒、果酒或酱油等不宜进行高温灭菌的液态风味食品或调料的低温消毒方法。此法可杀灭物料中的无芽孢病原菌（如牛乳中的结核分枝杆菌或沙门菌），又不影响其原有风味。具体做法可分为两类：第一类是经典的低温维持法（LTH），即63~65℃维持30min；第二类是较现代的高温瞬时法（HTST）80~85℃维持10~15s。近年来，牛乳和其他液态食品一般都采用超高温瞬时灭菌技术（UHT），即138~142℃，灭菌2~4s，既可杀菌，又能保质，还可缩短时间，提高经济效益。

②煮沸消毒法：物品在水中煮沸（100℃）15min以上，可使某些病毒失活，可杀死细菌及真菌的所有营养细胞和部分芽孢、孢子。如延长时间或加入1%碳酸钠或2%~5%石炭酸，则效果更好。此法适用于解剖器具、家庭餐具和饮用水等的消毒。

③间歇灭菌法：又称分段灭菌法或丁达尔灭菌法。将待灭菌物品于常压下加热至100℃处理15~60min，杀死其中的营养细胞，冷却后37℃保温过夜，使其中残存芽孢萌发成营养细胞，第二天再以同样的方式加热处理，反复三次，可杀灭所有的芽孢和营养细胞，达到灭菌目的。此法主要适用于一些不耐高温的培养基、营养物等的灭菌，缺点是较费时间。

（2）加压法

①常规加压蒸汽灭菌法：一般称作高压蒸汽灭菌法。这是一种利用高温（而非压力）进行湿热灭菌的方法，优点是操作简便、效果可靠，故被广泛使用。加压蒸汽灭菌法适合于一切微生物学实验室、医疗保健机构或发酵工厂中对培养基及多种器材或物料（生理盐水、玻璃器皿、手术器械、工作服等）的灭菌。通常在0.1MPa，温度121.3℃，维持15~30min，可杀死所有微生物，包括其繁殖体和芽孢。

②连续加压蒸汽灭菌法：在发酵行业里也称连消法。此法仅用于大型发酵厂的大批量培养基的灭菌。主要操作原理是让培养基在管道的流动过程中快速升温、维持和冷却，然后流进发酵罐。培养基一般加热至135~140℃下维持5~15s。

3. 干热灭菌和湿热灭菌的比较

湿热灭菌比干热灭菌效果好，原因在于以下三点。

（1）热蒸汽对细胞成分的破坏作用更强　水分子的存在有助于破坏维持蛋白质三维结构的氢键和其他相对弱的键，更易使蛋白质变性。蛋白质的含水量与其凝固温度成反比，湿热条件下，菌体蛋白质含水量越高，菌体蛋白质就越容易凝固。

（2）湿热蒸汽有潜热存在　当蒸汽在物体表面凝结成水时放出大量热量，从而提高了灭菌温度。

（3）热蒸汽穿透力更强　使深部也能达到灭菌温度。

（二）低温抑菌

低温的作用主要是抑菌。它可使微生物的代谢活力降低，生长繁殖停滞，但仍能保持活性。低温法常用于保藏食品和菌种。

1. 冷藏法

将新鲜食物放在4℃冰箱保存，防止腐败。然而贮藏只能维持几天，因为低温下耐冷微生物仍能生长，造成食品腐败。利用低温下微生物生长缓慢的特点，可将微生物斜面菌种放置于4℃冰箱中保存数周至数月。

2. 冷冻法

家庭或食品工业中采用-20~-10℃左右的冷冻温度，使食品冷冻成固态加以保存，在此条件下，微生物基本上不生长，保存时间比冷藏法长，冷冻法也适用于菌种保藏。

（三）辐射

辐射主要有紫外光、电离辐射、强可见光等，可用于控制微生物生长和保存食品。

1. 紫外光

紫外光由波长136~400nm的光组成，其中250～265nm范围的紫外光杀菌作用最强。紫外光杀菌作用主要是它可以被蛋白质（约280nm）和核酸（约260nm）吸收，使其变性失活。紫外光穿透能力很差，只能用于物体表面或室内空气的灭菌。紫外光灭活病毒特别有效。

2. 电离辐射

控制微生物生长所用的电离辐射主要是X射线和γ射线。电离辐射波长短，穿透力强，能量高，效应无专一性，作用于一切细胞成分。主要用于其他方法不能解决的塑料制品、医疗设备、药品和食品的灭菌。γ射线是某些放射性同位素，如^{65}Co发射出的高能辐射，具较强穿透能力，能致死所有微生物。已有专门用于不耐热的大体积物品消毒的γ射线装置。

3. 强可见光

太阳光具有杀菌作用，主要是由紫外光造成的。但含有400～700nm波长范围的强可见光也具有直接的杀菌效应，它们能够氧化细菌细胞内的光敏感分子，如核黄素和卟啉环（构成氧化酶的成分）。因此，实验室应注意避免将细菌培养物暴露于强光下。此外，曙红和四甲基蓝能吸收强可见光使蛋白质和核酸氧化，因此常将两者结合用来灭活病毒和细菌。

（四）干燥和渗透压

微生物代谢离不开水。干燥或提高溶液渗透压降低微生物可利用水的量或活度，可抑制其生长。

1. 干燥

干燥的主要作用是抑菌，使细胞失水，代谢停止，也可引起某些微生物死亡。干果、稻谷、乳粉等食品通常采用干燥法保存，防止腐败。休眠孢子抗干燥能力很强，在干燥条件下可长期不死，故可用于菌种保藏。

2. 渗透压

一般微生物都不耐高渗透压。微生物在高渗环境中，水从细胞中流出，使细胞脱水。盐腌制咸肉或咸鱼，糖浸果脯或蜜饯等均是利用此法保存食品的。

（五）过滤除菌

过滤除菌是将液体通过某种多孔的材料，使微生物与液体分离。现今大多用膜滤器除菌。膜滤器用微孔滤膜作材料，通常由硝酸纤维素制成，可根据需要选择25～0.025μm的特定孔径。含微生物的液体通过微孔滤膜时，大于滤膜孔径的微生物被阻拦在膜上，与滤液分离。

过滤除菌可用于对热敏感液体的灭菌，如含有酶或维生素的溶液、血清等，还可用于啤酒生产代替巴氏消毒法。

（六）超声波

超声波（频率在20000Hz以上）具有强烈的生物学作用。它致死微生物主要是通过探头的高频振动引起周围水溶液的高频振动，当探头和水溶液的高频振动不同步时能在溶液内产生空穴（真空区），只要菌体接近或进入空穴，由于细胞内外压力差，导致细胞破裂，内含物外溢实现的。此外，超声波振动，机械能转变为热能，使溶液温度升高，细胞热变性，抑制或杀死微生物。科研中常用此法破碎细胞，研究其组成、结构等。超声波几乎对所有微生物都有破坏作用，效果因作用时间、频率及微生物种类、数量、形状而异。一般地，高频率比低频率杀菌效果好，球菌较杆菌抗性强，细菌芽孢具有更强的抗性。

二、控制微生物生长的化学方法

许多化学药剂可抑制或杀灭微生物，因而被用于微生物生长的控制，它们被分为3类：消毒剂、防腐剂、化学治疗剂。化学治疗剂是指能直接干扰病原微生物的生长繁殖并可用于治疗感染性疾病的化学药物，按其作用和性质又可分为抗代谢物和抗生素。

（一）消毒剂和防腐剂

消毒剂是可抑制或杀灭微生物，对人体也可能产生有害作用的化学药剂，主要用于抑制或杀灭非生物体表面、器械、排泄物和环境中的微生物。防腐剂是可抑制微生物但对人和动物毒性较低的化学药剂，可用于机体表面如皮肤、黏膜、伤口等处防止感染，也可用于食品、饮料、药品的防腐。现消毒剂和防腐剂间的界线已不严格，如高浓度的石炭酸（3%～5%）用于器皿表面消毒，低浓度的石炭酸（0.5%）用于生物制品的防腐。理想的消毒剂和防腐剂应具有作用快、效力大、渗透强、易配制、价格低、毒性小、无怪味的特点。完全符合上述要求的化学药剂很少，根据需要尽可能选择具有较多优良特性的化学药剂。

（二）抗代谢物

有些化合物结构与生物的代谢物很相似，竞争特定的酶，阻碍酶的功能，干扰正常代谢，这些物质称为抗代谢物。抗代谢物种类较多，如磺胺类药物为对氨基苯甲酸的对抗物；6-巯基嘌呤是嘌呤的对抗物；5-甲基色氨酸是色氨酸的对抗物；异烟肼（雷米封）是吡哆醇的对抗物。

（三）抗生素

抗生素是生物在其生命活动过程中产生的一种次生代谢物或其人工衍生物，它们在很低浓度时就能抑制或影响某些生物的生命活动，因而可用作优良的化学治疗剂。

抗生素抑制或杀死微生物的能力可以从抗生素的抗菌谱和效价两方面来评价。

由于不同微生物对不同抗生素的敏感性不一样，抗生素的作用对象就有一定的范围，这种作用范围就称为抗生素的抗菌谱。通常将对多种微生物有作用的抗生素称为广谱抗生素，如四环素、土霉素既对G⁺菌又对G⁻菌有作用；而只对少数几种微生物有作用的抗生素则称为狭谱抗生素，如青霉素只对G⁺菌有效。

抗生素的种类很多，其作用机制大致分为4类：①抑制细胞壁的合成；②破坏细胞膜的功能；③抑制蛋白质的合成；④抑制核酸的合成。

随着各种化学治疗剂的广泛应用，葡萄球菌、大肠杆菌、痢疾志贺菌、结核分枝杆菌等致病菌表现出越来越强的抗药性，给医疗带来困难。

三、灭菌与消毒、防腐的区别

灭菌：杀灭物体上所有的微生物，包括病原微生物及非病原微生物。

消毒：指杀死所有病原微生物的措施。

防腐：又称抑菌，能够防止或抑制微生物的生长、繁殖。

—— 课外阅读 ——

无菌状态的保障—无菌室

在获得了无菌环境和无菌材料后，我们还要保持无菌状态，才能对某种特定的已知微生物进行研究或利用它们的功能，否则外界的各种微生物很容易混入。外界不相干的微生物混入的现象，在微生物学中我们称作污染杂菌。防止污染是微生物学工作中十分关键的技术。一方面是彻底灭菌，另一方面防止污染，是无菌技术的两个方面。另外，我们还要防止所研究的微生物，特别是致病微生物或经过基因工程改造了的本来自然界不存在的微生物从我们的实验容器中逃逸到外界环境中去。为了这些目的，在微生物学中，有许多措施。

无菌室一般是在微生物实验室内专设的一个小房间。可以用板材和玻璃建造。面积不宜过大，约4~5㎡即可，高2.5m左右。无菌室外要设一个缓冲间，缓冲间的门和无菌室的门不要朝向同一方向，以免气流带进杂菌。门多用推拉式，便于快速启闭。无菌室和缓冲间都必须密闭。室内装备的换气设备必须有空气过滤装置。无菌室内的地面、墙壁必须平整，不易藏污纳垢，便于清洗。工作台的台面应该处于水平状态。无菌室和缓冲间都装有紫外线灯，无菌室的紫外线灯距离工作台面1m。工作人员进入无菌室应穿灭过菌的服装，戴帽子。当前无菌室多存在于微生物工厂，一般实验室则使用超净台。在条件较困难的地方，也可以用木制无菌箱代替。无菌箱结构简单，便于移动，箱正面开有两个洞，不操作时用推拉式小门挡住，操作时可以将双臂伸进去。正面上部装有玻璃，便于在内部操作，箱内部装有紫外线灯，从侧面小门可以放进去器具和菌种等。

超净台的应用使微生物学实验室中的无菌室变得比较不受欢迎了，但是在发酵工厂和其它微生物产业部门大型无菌室仍然非常重要。超净台是20世纪80年代开始问世的一种防止污染的装置。其主要功能是利用空气层流装置排除工作台面上部包括微生物在内的各种微小尘埃。通过电动装置使空气通过高效过滤器具后进入工作台面，使台面始终保持在流动无菌空气控制之下。而且在接近外部的一方有一道高速流动的气帘防止外部带菌空气进入。

应该指出的是，无菌操作技术当前不仅在微生物学研究和应用上起着举足轻重的作用，而且在许多生物技术中也被广泛应用。例如转基因技术、单克隆抗体技术等。

技能训练八　干热灭菌

一、目的要求

（1）掌握实验室常用玻璃器皿的清洗、干燥和包扎方法。

（2）了解干热灭菌的原理，并掌握有关的操作技术。

二、基本原理

通过使用干热空气杀灭微生物的方法称干热灭菌。一般是把待灭菌的物品包装就绪后，放入电烘箱中烘烤，即加热至160～170℃维持1～2h。干热灭菌法常用于玻璃器皿、金属器具的灭菌。凡带有胶皮的物品，液体及固体培养基等都不能用此法灭菌。

三、材料与器材

（1）培养皿、吸管、试管、三角瓶、试管刷、棉花、报纸、包扎绳、去污粉等。

（2）电热鼓风干燥箱。

四、操作步骤

1.洗涤

（1）用试管刷蘸取少量去污粉反复刷洗器皿2~3次。

（2）用自来水冲洗2~3次。

（3）用少量去离子水荡洗1~2次，控干水分。

2. 器皿包扎

（1）培养皿　洗净的培养皿烘干后每5套（或根据需要而定）叠在一起，用牢固的纸卷成一筒，或装入特制的铁桶中，然后进行灭菌（图3-3）。

（2）吸管　洗净，烘干后的吸管，在吸口的一头塞入少许脱脂棉花，以防在使用时造成污染。塞入的棉花量要适宜，多余的棉花可用酒精灯火焰烧掉。每支吸管用一条宽约4~5cm的纸条，以30°~50°的角度螺旋形卷起来，吸管的尖端在头部，另一端用剩余的纸条打成一结，以防散开，标上容量，若干支吸管包扎成一束进行灭菌，使用时，从吸管中间拧断纸条，抽出吸管（图3-4）。

图3-3　培养皿的包扎示意

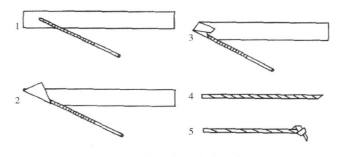

图3-4　吸管的包扎方法和步骤

（3）试管和三角瓶　试管和三角瓶都需要做合适的棉塞，棉塞可起过滤作用，避免空气中的微生物进入容器。制作棉塞时，要求棉花紧贴玻璃壁，没有皱纹和缝隙，松紧适宜。棉塞过紧易挤破管口和不易塞入；过松易掉落和污染。棉塞的长度不小于管口直径的2倍，约2/3塞进管口（图3-5）。若干支试管用绳扎在一起，在棉花部分外包裹油纸或牛皮纸，再用绳扎紧。三角瓶加棉塞后单个用报纸包扎（图3-6）。

3. 干燥灭菌

使用电热鼓风干燥箱，示意见图3-7。

（1）把要灭菌的物品放在箱内，堆积时要留有空隙，勿接触器壁、铁壳，关闭箱门。

（2）打开电源，控温仪上有数字显示。

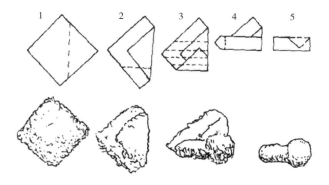

图3-5 棉塞的制作

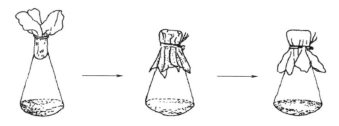

图3-6 三角瓶的包扎方法

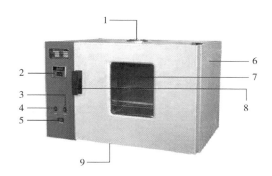

图3-7 电热鼓风干燥箱外观结构

1—换气阀 2—温控仪 3—鼓风开关 4—加热开关
5—电源开关 6—电器箱 7—观察窗 8—门把手 9—门托支架

（3）按SET键进入温度设定，将温度设为160℃。

（4）再按SET键进入时间设定，将时间设定为80min。

（5）待箱内温度降至60℃时，才能打开箱门取出灭菌物品。

五、注意事项

由于纸张和棉花在180℃以上时，容易焦化起火，所以干热灭菌的温度切莫超过180℃。

由于油纸在高温下会产生油滴，滴到电热丝上易着火，所以进行干热灭菌的玻璃器皿严禁用油纸包装。

由于温度的急剧下降，会使玻璃器皿破裂，所以烘箱的温度只有下降到60℃以下，才可打开烘箱门。

烘箱内物品不宜放得太多，以免影响空气流通，而使温度计上的温度指示不准，造成上面温度达不到，下面温度过高，影响灭菌效果。

六、思考题

（1）灭菌前为什么要进行包扎？

（2）干热灭菌的方法、操作步骤是什么？

技能训练九　　高压蒸汽灭菌

一、目的要求

了解消毒和灭菌的原理，并掌握高压蒸汽灭菌方法的操作步骤。

二、基本原理

高压蒸汽灭菌是将物品放在密闭的高压蒸汽灭菌锅内（图3-8），在一定的压力下保持15~30min进行灭菌。此法适用于培养基、无菌水、工作服等物品的灭菌，也可用于玻璃器皿的灭菌。

将待灭菌的物品放在一个密闭的加压灭菌锅内，通过加热，使灭菌锅夹套间的水沸腾而产生蒸汽。待水蒸气急剧地将锅内的冷空气从排气阀中排尽，然后关闭排气阀，继续加热，此时由于蒸汽不能溢出，而增加了灭菌锅内的压力，从而使沸点增高，获得高于100℃的温度，导致菌体蛋白质凝固变性而达到灭菌的目的。

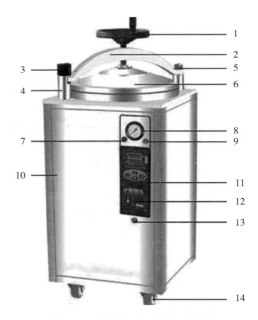

图3-8　自控式高压蒸汽灭菌锅

1—手轮　2—上横梁　3—保险销

4—左立柱　5—右立柱　6—锅盖

7—压力灯　8—压力表　9—联锁灯

10—锅体　11—控制面板　12—电源开关

13—欠压蜂鸣器　14—脚轮

三、材料与器材

（1）仪器　上述包扎的培养皿、试管，高压蒸汽灭菌锅，注射器，镊子，玻璃涂棒等。

（2）培养基　上述配制的培养基。

四、操作步骤

实验室常用的灭菌锅有非自控手提式高压蒸汽灭菌锅和自控式灭菌锅，其结构和工作原理是相同的。本实验介绍的是非自控手提式高压蒸汽灭菌锅，自控式灭菌锅的使用可参考厂家说明书，具体操作步骤如下。

（1）加水　首先将内层锅取出，再向外层锅内加入适量的水，使水面没过加热蛇管，与三角搁架相平为宜。切勿忘记检查水位，加水量过少，灭菌锅会发生烧干，引起炸裂事故。

（2）装料　放回内层锅，并装入待灭菌的物品。注意不要装得太挤，以免妨碍蒸汽流通而影响灭菌效果。装有培养基的容器放置时要防止液体溢出，三角瓶与试管口端均不要与桶壁接触，以免冷凝水淋湿包扎的纸而透入棉塞。

（3）加盖　将盖上与排气孔相连的排气软管插入内层锅的排气槽内，摆正锅盖，对齐螺口，然后以对称方式同时旋紧相对的两个螺栓，使螺栓松紧一致，勿使漏气，并打开排气阀。

（4）排气　打开电源，加热灭菌锅，将水煮沸，使锅内的冷空气和水蒸气一起从排气孔中排出。一般认为当排出的气流很强并有嘘声时，表明锅内的空气已排尽，沸腾后约需5min。

（5）升压　冷空气完全排尽后，关闭排气阀，继续加热，锅内压力开始上升。

（6）保压　当压力表指针达到所需压力时，控制电源，开始计时并维持压力至所需的时间。如本实验中采用0.1MPa，121.5℃，20min灭菌。灭菌的主要因素是温度而不是压力，因此锅内的冷空气必须完全排尽后，才能关闭排气阀，维持所需压力。

（7）降压　达到灭菌所需的时间后，切断电源，让灭菌锅温度自然下降，当压力表的压力降至"0"后，方可打开排气阀，排尽余下的蒸汽，旋松螺栓，打开锅盖，取出灭菌物品，倒掉锅内剩水。压力一定要降到"0"后，才能打开排气阀，开盖取物。否则就会因锅内压力突然下降，使容器内的培养基或试剂由于内外压力不平衡而冲出容器口，造成瓶口被污染，甚至灼伤操作者。

（8）无菌检查　将已灭菌的培养基放入37℃恒温培养箱培养24h，检查无杂菌生长后，即可使用。

五、思考题

湿热灭菌与干热灭菌有何不同？

技能训练十　　紫外线杀菌实验

一、目的要求

了解紫外线灭菌的原理和方法。

二、基本原理

紫外线灭菌是用紫外线灯进行的。波长为200~300nm的紫外线都有杀菌能力，其中以260nm的杀菌力最强。在波长一定的条件下，紫外线的杀菌效率与强度和时间的乘积成正比。紫外线穿透力不大，所以，只适用于无菌室、接种箱、手术室内的空气及物体表面的灭菌。紫外线灯距照射物以不超过1.2m为宜。

三、材料与器材

（1）培养基　牛肉膏蛋白胨平板。

（2）仪器或其他用具　紫外线灯。

四、操作步骤

（1）在无菌室内或在接种箱内打开紫外线灯开关，照射30min，将开关关闭。

（2）将牛肉膏蛋白胨平板盖打开15min，然后盖上皿盖。置37℃培养24h，共做三组。

（3）检查每个平板上生长的菌落数。如果不超过4个，说明灭菌效果良好，否则，需延长照射时间或同时加强其他措施。

五、思考题

（1）紫外线灯管是用什么玻璃制作的？为什么不用普通灯用玻璃？

（2）在紫外灯下观察实验结果时，为什么要隔一块普通玻璃？

化学药剂对微生物生长的影响

一、目的要求

（1）了解化学药剂对微生物生长的影响。

（2）掌握检测化学药剂对微生物生长影响的方法。

二、基本原理

抑制或杀死微生物的化学因素种类极多，用途广泛，性质各异。其中表面消毒剂和化学药剂最为常见。表面消毒剂在极低浓度时，常常表现为对微生物细胞的刺激作用，随着浓度的逐渐增加，就相继出现抑菌和杀菌作用，对一切活细胞都表现活性。化学药剂主要包括一些抗代谢物，例如抗生素等。

三、材料及器材

（1）菌种　大肠杆菌、枯草芽孢杆菌、金黄色葡萄球菌。

（2）培养基　牛肉膏蛋白胨培养基、葡萄糖蛋白胨培养基、豆芽汁葡萄糖培养基、察氏培养基。

（3）药品　土霉素、新洁尔灭、复方新诺明、汞溴红液（红药水）、结晶紫液（紫药水）。

（4）器具　培养皿、无菌圆滤纸片、镊子、无菌水、无菌滴管、水浴锅、振荡器、游标尺。

四、操作步骤

1. 配制菌悬液

取培养18～20h的大肠杆菌、枯草芽孢杆菌和金黄色葡萄球菌斜面各1支，分别加入4mL无菌水，用接种环将菌苔轻轻刮下、振荡，制成均匀的菌悬液，菌悬液浓度大约为10^6cfu/mL。

2. 滴加菌样

首先取3个无菌培养皿，每种试验菌一皿，在皿底写明菌名及测试药品名称。然后分别用无菌滴管加菌4滴（或0.2mL）菌液于相应的无菌培养皿中。

3. 制含菌平板

将熔化并冷却至45～50℃的牛肉膏蛋白胨培养基倾入皿中约12～15mL，迅速与菌液混匀，冷凝备用。

4. 化学药剂处理

用镊子取分别浸泡在土霉素、复方新诺明、新洁尔灭、汞溴红和结晶紫药品溶液中的圆滤纸片各一张，置于同一含菌平板上。

5. 培养

片刻后，将平板倒置于37℃温箱中，培养24h。

6. 观察结果

观察抑菌圈，并记录抑菌圈的直径。

五、思考题

上述多个试验中，为什么选用大肠杆菌、金黄色葡萄球菌和枯草芽孢杆菌作为试验菌？

知识四　微生物的生长

微生物生长是细胞物质有规律的、不可逆地增加，导致细胞体积扩大的生物学过程，这是个体生长的定义。繁殖是微生物生长到一定阶段，由于细胞结构的复制与重建并通过特定方式产生新的生命个体，即引起生命个体数量增加的生物学过程。可以看出微生物的生长与繁殖是两个不同，但又相互联系的概念。生长是一个逐步发生的量变过程，繁殖是一个产生新的生命个体的质变过程。在高等生物里这两个过程可以明显分开，但在低等特别是在单细胞的生物里，由于个体微小，这两个过程是紧密联系很难划分的过程。因此在讨论微生物生长时，往往将这两个过程放在一起讨论，这样微生物生长又可以定义为在一定时间和条件下细胞数量的增加，这是微生物群体生长的定义。

一、接种技术

将微生物接到适于它生长繁殖的人工培养基上或活的生物体内的过程称作接种。

1. 接种工具和方法

微生物的接种
技术

在实验室或工厂实践中，用得最多的接种工具是接种环、接种针。由于接种要求或方法的不同，接种针的针尖部常做成不同的形状，有刀形、耙形等之分（图3-9）。有时滴管、吸管也可作为接种工具进行液体接种。在固体培养基表面要将菌液均匀涂布时，需要用到涂布棒。

常用的接种方法有以下几种。

（1）划线接种　这是最常用的接种方法。即在固体培养基表面作来回直

图3-9　接种和分离工具

1—接种针　2—接种环　3—接种钩　4，5—玻璃涂棒
6—接种圈　7—接种锄　8—小解剖刀

线形的移动，就可达到接种的作用。常用的接种工具有接种环、接种针等。在斜面接种和平板划线中就常用此法（图3-10）。

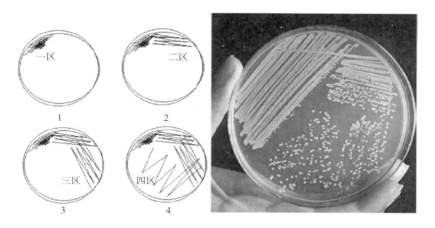

图3-10　划线接种

（2）三点接种　在研究霉菌形态时常用此法。此法即把少量的微生物接种在平板表面上，成等边三角形的三点，让它各自独立形成菌落后，来观察、研究它们的形态。除三点外，也有一点或多点进行接种的（图3-11）。

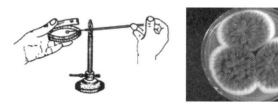

图3-11　三点接种法操作图及菌苔生长情况

（3）穿刺接种　在保藏厌氧菌种或研究微生物的动力时常采用此法。做穿刺接种时，用的接种工具是接种针。用的培养基一般是半固体培养基。它的做法是：用接种针蘸取少量的菌种，沿半固体培养基中心向管底作直线穿刺，如某细菌具有鞭毛而能运动，则在穿刺线周围能够生长（图3-12）。

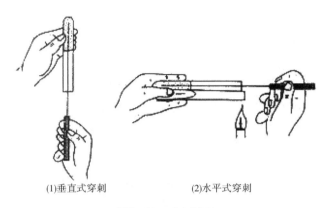

(1)垂直式穿刺　　　　(2)水平式穿刺

图3-12　穿刺接种

（4）浇混法接种　该法是将待接的微生物先放入培养皿中，然后再倒入冷却至45℃左右的固体培养基，迅速轻轻摇匀，这样菌液就达到稀释的目的。待平板凝固之后，置合适温度下培养，就可长出单个的微生物菌落（图3-13）。

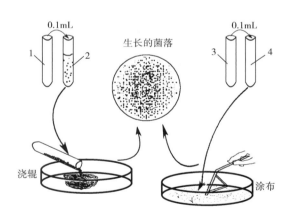

图3-13　浇混法和涂布法示意图

（5）涂布法接种　与浇混法接种略有不同，就是先倒好平板，让其凝固，然后再将菌液倒入平板上面，迅速用涂布棒在表面作来回左右的涂布，让菌液均匀分布，就可长出单个的微生物的菌落（图3-13）。

（6）液体接种　从固体培养基中将菌洗下，倒入液体培养基中，或者从液体培养物中，用移液管将菌液接至液体培养基中，或从液体培养物中将菌液移至固体培养基中，都可称为液体接种。

2. 无菌操作

培养基经高压灭菌后，用经过灭菌的工具（如接种针和吸管等）在无菌条件下接种含菌材料（如样品、菌苔或菌悬液等）于培养基上，这个过程称作无菌接种操作。在实验室检验中的各种接种必须是无菌操作。

实验台面不论是什么材料，一律要求光滑、水平。光滑是便于用消毒剂擦洗；水平是倒琼脂培养基时利于培养皿内平板的厚度保持一致。在实验台上方，空气流动应缓慢，杂菌应尽量减少，其周围杂菌也应越少越好。为此，必须清扫室内，关闭实验室的门窗，并用消毒剂进行空气消毒处理，尽可能地减少杂菌的数量。

空气中的杂菌在气流小的情况下，随着灰尘落下，所以接种时，打开培养皿的时间应尽量短。用于接种的器具必须经干热或火焰等灭菌。接种环的火焰灭菌方法：通常接种环在火焰上充分烧红（接种柄一边转动一边慢慢地来回通过火焰三次），冷却，先接触一下培养基，待接种环冷却到室温后，方可用它来挑取含菌材料或菌体，迅速地接种到新的培养基上（图3-14）。然后，将接种环从柄部至环端逐渐通过火焰灭菌，复原。不要直接烧环，以免残留在接种环上的菌体爆溅而污染空间。平板接种时，通常把平板的面倾斜，把培养皿的盖打开一小部分进行接种。在向培养皿内倒培养基或接种时，试管口或瓶壁外面不要接触底皿边，试管或瓶口应倾斜一下在火焰上通过。

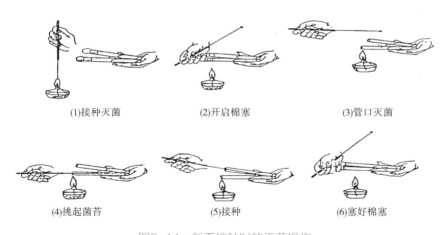

(1)接种灭菌　　　　(2)开启棉塞　　　　(3)管口灭菌

(4)挑起菌苔　　　　(5)接种　　　　(6)塞好棉塞

图3-14　斜面接种时的无菌操作

二、影响微生物生长的主要因素

生长是微生物与外界环境因素共同作用的结果。环境条件的改变，在一定限度内，可引起微生物形态、生理、生长、繁殖等特征的改变；或者抵抗、适应环境条件的某些改变；当环境条件的变化超过一定极限，则导致微生物的死亡。

（一）温度

温度是有机体生长与存活的最重要的因素之一。一方面随着温度的上升，细胞中的生物化学反应速率和生长速率加快；另一方面，机体的重要组成如蛋白质、核酸等对温度都较敏感，随着温度的升高可能遭受不可逆的破坏。每一种微生物都有它最低生长温度、最适生长温度、最高生长温度和致死温度。微生物的生长温度类型见表3-10。

表3-10 微生物的生长温度类型

微生物类型		生长温度范围/℃			分布的主要处所
		最低	最适	最高	
低温型	专性嗜冷	-12	5~15	15~20	两极地区
	兼性嗜冷	-5~0	10~20	25~30	海水及冷藏食品上
中温型	室温		20~35		腐生菌
		10~20		40~45	
	体温		35~40		寄生菌
高温型		25~45	50~60	70~95	温泉、堆肥堆、热水加热器等

最低生长温度是指微生物能进行生长繁殖的最低温度界限，如果低于此温度则生长可完全停止。

最适生长温度是使微生物分裂时代时最短或生长速率最高时的培养温度。

最高生长温度是指微生物生长繁殖的最高温度界限。在此温度下，微生物细胞容易衰老和死亡。

（二）氧气

按照微生物与氧的关系，可把它们分成好氧菌和厌氧菌两大类，并可继续细分为五类。

（1）专性好氧菌 必须在有分子氧的条件下才能生长，有完整的呼吸链，以分子氧作为最终氢受体，细胞含超氧化物歧化酶（SOD）和过氧化氢酶。绝大多数真菌和许多细菌都是专性好氧菌。

（2）兼性厌氧菌 在有氧或无氧条件下均能生长，但在有氧情况下生长得更好；在有氧时靠呼吸产能，无氧时借发酵或无氧呼吸产能；细胞含SOD和过氧化氢酶。许多酵母菌和许多细菌都是兼性厌氧菌。

（3）微好氧菌 只能在较低的氧分压（1~3kPa，而正常大气中的氧分压为20kPa）下才能正常生长的微生物，也通过呼吸链并以氧为最终氢受体而产能。如霍乱弧菌、一些氢单胞菌属以及少数拟杆菌等。

（4）耐氧菌 一类可在分子氧存在下进行厌氧生活的厌氧菌，即它们的生长不需要氧，分子氧对它也无害。它们不具有呼吸链，仅依靠专性发酵获得能量。细胞内存在超氧化物歧化酶和过氧化物酶，但缺乏过氧化氢酶。一般的乳酸菌多数是耐氧菌。

（5）厌氧菌 厌氧菌有以下几个特点：分子氧对它们有毒，即使短期接触空气，也会抑制其生长甚至死亡；在空气或含10% CO_2的空气中，它们在固体或半固体培养基的表面上不能生长，只有在其深层的无氧或低氧化还原势的环境下才能生长；其生命活动所需能量是通过发酵、无氧呼吸、循环光合磷酸化或甲烷发酵等提供；细胞内SOD和细胞色素氧化酶，大多数还缺乏过氧化氢酶。

在微生物世界中，绝大多数种类都是好氧菌或兼性厌氧菌。厌氧菌的种类相对较少。但近年来已找到越来越多的厌氧菌。

（三）氢离子浓度（pH）

微生物作为一个总体来说，其生长的pH范围很广（pH为2~8），有少数种类还可超出这一范围，事实上，绝大多数种类都生长在pH5~9。每种微生物都有其最适pH和一定的pH范围。在最适范围内酶活力最高，如果其他条件适合，微生物的生长速率也最高。大多数细菌、藻类和原生动物的最适pH为6.5~7.5，在pH4~10也可生长；放线菌一般在微碱性即pH7.5~8最合适；酵母菌、霉菌则适合于pH5~6的酸性环境，但生存范围在pH1.5~10。

虽然微生物的外环境中的pH变化很大，但其内环境的pH却相当稳定，一般都接近中性。

微生物在生命活动过程中，会改变外界环境的pH，这就是通常遇到的培养基的原始pH在培养微生物过程中时时发生改变的原因。既然在微生物培养过程中培养基的pH会发生变化，而对发酵来说，这种变化往往对生产不利，因此，在微生物培养过程中，如何及时调节合适的pH就成了发酵生产中的一项重要措施。调节pH的措施分"治标"和"治本"两大类。"治标"是在培养基pH发生变酸或变碱后，用相应的碱或酸进行调节；"治本"是在过酸时增加氮源和提高通气量的方式进行调节，培养基过碱时用增加适当碳源和降低通气量的方式进行调节。

三、微生物的生长规律

在纯培养条件下，一次培养或分批培养，且将微生物置于一定容积的培养基中所进行的培养，微生物生长的一般规律是：开始缓慢，逐渐加快，到达最

微生物生长的
规律

高阶段后，又逐步下降，直至衰老死亡。在适应的条件下培养，定时取样，测定其菌数，以菌数的对数为纵坐标，以生长时间为横坐标绘制而成的曲线，称为细菌的生长曲线。细菌的生长曲线一般可以分为四个时期（图3-15）。

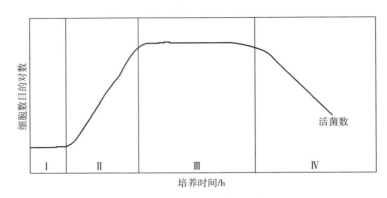

图3-15 微生物生长曲线图

Ⅰ—延迟期 Ⅱ—对数期 Ⅲ—稳定期 Ⅳ—衰亡期

（1）延迟期 也称缓慢期，少量菌种接种到液体培养基中，在开始一段时间内，细菌总数不增加，生长速度近乎零，称延迟期。这一阶段菌体虽不分裂，但细胞生理活性很活跃，菌体体积增长很快，对外界不利因素较为敏感，产生延迟期的原因是在新环境中，细胞合成一些新的酶或产生一些中间代谢产物，需要一个调整代谢活动的时期。延迟期的长短与菌种特性、接种量、菌龄和培养基成分有关。为了缩短延迟期，生产上常采用加大接种量，在种子培养基中加入发酵培养基中的某些成分和最适龄接种等措施。

（2）对数期 又称指数期，该时期的菌休数目按几何级数增加。每次分裂的间隔时间（世代时间）缩到最短。此期菌体较小，整齐，健壮，染色均匀，细胞生理活性旺盛。碳源消耗也最快，需供应足够的碳源和氮源。用对数期的微生物作种用，可以大大缩短延迟期。

（3）稳定期 也称平衡期，培养液中的营养物质大量被消耗，不利的代谢产物如CO_2、有机物等逐渐积累，一些离子、pH等条件的变化，妨碍了细菌正常生长，生活力开始衰退，分裂速度减慢，死亡率增加，繁殖率与死亡率逐渐出现平衡，活细胞总数维持在最高水平，曲线停止上升，称为平衡期。这个时期细胞体内积累的代谢产物逐渐增多，是发酵产物生成的重要时期，如果能通过补料，调节pH等措施，使平衡期延长，可以积累更多的代谢产生。

（4）衰亡期 环境条件变得不适应细胞生长，生长速度越来越慢，死亡细胞大量增加，曲线急剧下降，所以称为衰亡期，衰亡期细胞出现不规则或畸形。

知识拓展

微生物之最

微生物对外界各种恶劣环境的抵抗能力，可算是生物界的"绝对冠军"了。

细菌有很强的抗热性。可在90℃的温泉中生长。例如，有人从美国黄石公园温泉中分离到一株高温芽孢杆菌，可在当地水温93℃下生活，如果把它培养在恒温器内升温，到100℃还能生长，同时加压再加温，升至105℃还能生长，真是生命的奇迹。

细菌有很强的抗寒性。有些嗜冷菌可在−12℃低温下生活，在南极−50℃低温还有低等藻类生活。一般说低温对微生物仅起"催眠"作用，多数不会冻死，所以在干冰造成的−70℃或液态氮造成的−196℃都冻不死，甚至在−253℃还不能杀死某些细菌呢。

细菌还能抗压力。在6000米的深海中，可以找到小球菌、芽孢杆菌、弧菌等。在10000米的深海，1140个大气压，还可找到嗜压菌。微生物能在短时间内耐高压是普遍现象，如各种细菌、酵母菌、病毒在数分钟的短时间内耐12000个大气压还不会死亡。

微生物的足迹，除了活火山中心外，可以说遍布全球，这里再举几个最近了解到的情况，可以说明其分布之广和深了。

最近发现在东太平洋加拉帕戈斯群岛东部深达10000米的海底温泉中，有一个不依赖太阳能的独特生态系统：其中生产者是硫细菌，每毫升海水中含100万~100亿个，它们以地壳中逸出的硫化氢气体为能源，二氧化碳为碳源，在厌氧条件下营自养生活，这些细菌还养活了附过海底独有的蠕虫、蛤、贝和蟹等。有人在南极洲的罗斯岛和泰罗尔盆地128米和427米的沉积岩心中找到了活细菌。

技能训练十二　　微生物的接种技术

一、目的要求

（1）掌握微生物的几种接种技术。

（2）建立无菌操作的概念，掌握无菌操作的基本环节。

二、基本原理

将微生物的培养物或含有微生物的样品移植到培养基上的操作技术称之为接种。接种是微生物实验及科学研究中的一项最基本的操作技术。接种的关键是要严格的进行无菌操作，如操作不慎引起污染，则实验结果就不可靠，影响下一步工作的进行。

三、材料与器材

（1）器具　酒精灯、玻璃铅笔、火柴、试管架、接种环、接种针、接种钩、滴管、移液管、三角形接种棒等接种工具。

（2）菌种和培养基

①菌种：大肠杆菌、金黄色葡萄球菌。

②培养基：普通琼脂斜面和平板、营养肉汤、普通琼脂高层（直立柱）。

四、操作步骤

1. 斜面接种法

通常先从平板培养基上挑取分离的单个菌落，或挑取斜面，肉汤中的纯培养物接种到斜面培基上。操作应在无菌室、接种柜或超净工作台上进行，先点燃酒精灯。

将菌种斜面培养基（简称菌种管）与待接种的新鲜斜面培养基（简称接种管）持在左手拇指、食指、中指及无名指之间，菌种管在前，接种管在后，斜面向上管口对齐，应斜持试管呈0～45°角，并能清楚地看到两个试管的斜面，注意不要持成水平，以免管底凝集水浸湿培养基表面。以右手在火焰旁转动两管棉塞，使其松动，以便接种时易于取出。

右手持接种环柄，将接种环垂直放在火焰上灼烧。镍铬丝部分（环和丝）必须烧红，以达到灭菌目的，然后将除手柄部分的金属杆全用火焰灼烧一遍，尤其是接镍铬丝的螺口部分，要彻底灼烧以免灭菌不彻底。用右手的小指和手掌之间及无名指和小指之间拨出试管棉塞，将试管口在火焰上通过，以杀灭可能沾污的微生物。棉塞应始终夹在手中，如掉落应更换无菌棉塞。

将灼烧灭菌的接种环插入菌种管内，先接触无菌苔生长的培养基上，待冷却后再从斜面上刮取少许菌苔取出，接种环不能通过火焰，应在火焰旁迅速插入接种管。在试管中由下往上作S形划线。接种完毕，接种环应通过火焰抽出管口，并迅速塞上棉塞。再重新仔细灼烧接种环后，放回原处，并塞紧棉塞。将接种管贴好标签或用玻璃铅笔画好标记后再放入试管架，即可进行培养。

2. 液体接种法

多用于增菌液进行增菌培养，也可用纯培养菌接种液体培养基进行生化试验，其操作方法和注意事项与斜面接种法基本相同，仅将不同点介绍如下。

由斜面培养物接种至液体培养基：用接种环从斜面上沾取少许菌苔，接至液体培养基时应在管内靠近液面试管壁上将菌苔轻轻研磨并轻轻振荡，或将接种环在液体内振摇几次即可。如接种霉菌菌种时，若用接种环不易挑起培养物时，可用接种钩或接种铲进行。

由液体培养物接种液体培养基时，可用接种环或接种针沾取少许液体移至新液体培养基即可。也可根据需要用吸管、滴管或注射器吸取培养液移至新液体培养基即可。

接种液体培养物时应特别注意勿使菌液溅在工作台上或其他器皿上，以免造成污染。如有溅污，可用酒精棉球灼烧灭菌后，再用消毒液擦净。凡吸过菌液的吸管或滴管，应立即放入盛有消毒液的容器内。

3. 固体接种法

普通斜面和平板接种均属于固体接种，斜面接种法已介绍过，不再赘述。固体接种的另一种形式是接种固体曲料，进行固体发酵。按所用菌种或种子菌来源不同可分为以下两种。

（1）用菌液接种固体料　包括用菌苔刮洗制成的菌悬液和直接用种子培养的发酵液。接种时按无菌操作将菌液直接倒入固体料中，搅拌均匀。但要注意接种所用水容量要计算在固体料总加水量之内，否则会使接种后含水量加大，影响培养效果。

（2）用固体种子接种固体料　包括用孢子粉、菌丝孢子混合种子菌或其他固体培养的种子菌。将种子菌于无菌条件下直接倒入无菌的固体料中即可，但必须充分搅拌使之混合均匀。一般是先把种子菌和少部分固体料混匀后再拌大堆料。

4. 穿刺接种法

此法多用于半固体、醋酸铅、三糖铁琼脂与明胶培养基的接种，操作方法和注意事项与斜面接种法基本相同。但必须使用笔直的接种针，而不能使用接种环。

接种柱状高层或半高层斜面培养管时，应向培养基中心穿刺，一直插到接近管底，再沿原路抽出接种针。注意勿使接种针在培养基内左右移动，以使穿刺线整齐，便于观察生长结果。

五、思考题

（1）分别记录并描绘平板划线、斜面和半固体接种的微生物生长情况和培养特征。

（2）如何确定平板上某单个菌落是否为纯培养？请写出实验的主要步骤。

知识五　微生物的代谢

一、微生物的新陈代谢

代谢是细胞内发生的各种化学反应的总称，它主要由分解代谢（同化作用）和合成代谢（异化作用）两个过程组成。

分解代谢（同化作用）是指细胞将大分子物质降解成小分子物质，并在这个过程中产生能量。

合成代谢（异化作用）是指细胞利用简单的小分子物质合成复杂大分子的过程，在这个过程中要消耗能量。

分解代谢是指细胞将大分子物质降解成小分子物质，并在这个过程中产生能量。一般可将分解代谢分为三个阶段（图3-16）。

第一阶段是将蛋白质、多糖及脂类等大分子营养物质降解成氨基酸、单糖及脂肪酸等小分子物质。

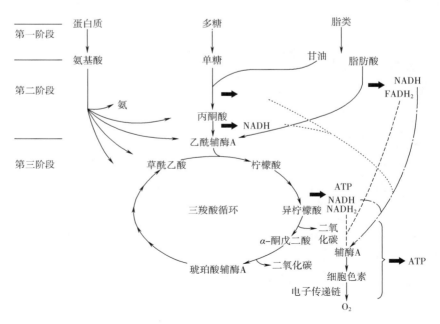

图3-16　分解代谢的三个阶段

第二阶段是将第一阶段产物进一步降解成更为简单的乙酰辅酶A、丙酮酸以及能进入三羧酸循环的某些中间产物，在这个阶段会产生一些ATP、NADH及$FADH_2$。

第三阶段是通过三羧酸循环将第二阶段产物完全降解生成CO_2，并产生ATP、NADH及$FADH_2$。第二和第三阶段产生的ATP、NADH及$FADH_2$通过电子传递链被氧化，可产生大量的ATP。

合成代谢是指细胞利用简单的小分子物质合成复杂大分子的过程，在这个过程中要消耗能量。合成代谢所利用的小分子物质来源于分解代谢过程中产生的中间产物或环境中的小分子营养物质。

二、微生物的产能代谢

1. 生物氧化

分解代谢实际上是物质在生物体内经过一系列连续的氧化还原反应，逐步分解并释放能量的过程，这个过程也称为生物氧化，是一个产能代谢过程。

2. 异养微生物的生物氧化

根据氧化还原反应中电子受体的不同，可将微生物细胞内发生的生物氧化反应分成发酵和呼吸作用两种类型，而呼吸作用又可分为有氧呼吸和厌氧呼吸两种方式。

（1）发酵　发酵是指微生物细胞将有机物氧化释放的电子直接交给底物本身未完全氧化的某种中间产物，同时释放能量并产生各种不同的代谢产物。

不同的细菌进行乙醇发酵时，其发酵途径也各不相同。许多细菌能利用葡萄糖产生乳酸，这类细菌称为乳酸细菌。

（2）呼吸作用　微生物在降解底物的过程中，将释放出的电子交给NAD（P）$^+$、FAD或FMN等电子载体，再经电子传递系统传给外源电子受体，从而生成水或其他还原型产物并释放出能量的过程，称为呼吸作用。

其中，以分子氧作为最终电子受体的称为有氧呼吸，以氧化型化合物作为最终电子受体的称为无氧呼吸。

呼吸作用与发酵作用的根本区别在于：电子载体不是将电子直接传递给底物降解的中间产物，而是交给电子传递系统，逐步释放出能量后再交给最终电子受体。

①有氧呼吸：葡萄糖经过糖酵解作用形成丙酮酸，在有氧条件下，丙酮酸进入三羧酸循环，简称TCA循环，被彻底氧化生成CO_2和水，同时释放大量能量（图3-17）。

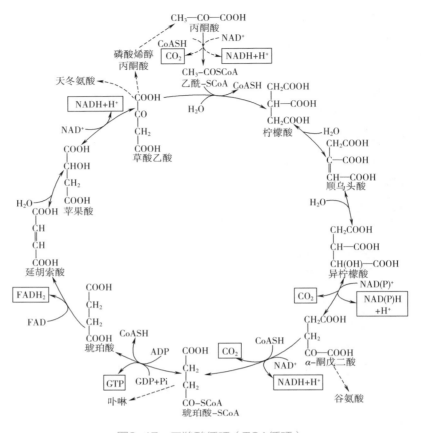

图3-17 三羧酸循环（TCA循环）

②无氧呼吸：某些厌氧和兼性厌氧微生物在无氧条件下进行无氧呼吸。无氧呼吸的最终电子受体不是氧，而是像NO_3^-、NO_2^-、SO_4^{2-}、CO_2等这类外源受体。无氧呼吸也需要细胞色素等电子传递体，并在能量分级释放过程中伴随有磷酸化作用，也能产生较多的能量用于生命活动。但由于部分能量随电子转移传给最终电子受体，所以生成的能量不如有氧呼吸产生的多。

3. 自养微生物的生物氧化

（1）氨的氧化　NH_3同亚硝酸（NO_2^-）是可以用作能源的最普通的无机氮化合物，能被硝化细菌所氧化，硝化细菌可分为两个亚群：亚硝化细菌和硝化细菌。氨氧化为硝酸的过程可分为两个阶段，先由亚硝化细菌将氨氧化为亚硝酸，再由硝化细菌将亚硝酸氧化为硝酸。

（2）硫的氧化　硫杆菌能够利用一种或多种还原态或部分还原态的硫化合物（包括硫化物、元素硫、硫代硫酸盐、多硫酸盐和亚硫酸盐）作能源。

（3）铁的氧化　从亚铁到高铁状态的铁的氧化，对于少数细菌来说也是一种产能反应，但从这种氧化中只有少量的能量可以被利用。

（4）氢的氧化　氢细菌都是一些呈革兰阴性的兼性化能自养菌。它们能利用分子氢氧化产生的能量同化CO_2，也能利用其他有机物生长。

4. 能量转换

（1）底物水平磷酸化　物质在生物氧化过程中，常生成一些含有高能键的化合物，而这些化合物可直接偶联ATP或GTP的合成，这种产生ATP等高能分子的方式称为底物水平磷酸化。底物水平磷酸化既存在于发酵过程中，也存在于呼吸作用过程中。例如，在EMP途径中，1,3-二磷酸甘油酸转变为3-磷酸甘油酸以及磷酸烯醇式丙酮酸转变为丙酮酸的过程中都分别偶联着一分子ATP的形成；在三羧酸循环过程中，琥珀酰辅酶A转变为琥珀酸时偶联着一分子GTP的形成。

（2）氧化磷酸化　物质在生物氧化过程中形成的NADH和$FADH_2$，可通过位于线粒体内膜和细菌质膜上的电子传递系统将电子传递给氧或其他氧化型物质，在这个过程中偶联着ATP的合成，这种产生ATP的方式称为氧化磷酸化。一分子NADH和$FADH_2$可分别产生3个和2个ATP。

（3）光合磷酸化

光合细菌主要通过环式光合磷酸化作用产生ATP，这类细菌主要包括紫色硫细菌、绿色硫细菌、紫色非硫细菌和绿色非硫细菌。在光合细菌中，吸收光量子而被激活的细菌叶绿素释放出高能电子，于是这个细菌叶绿素分子即带有正电荷。所释放出来的高能电子顺序通过铁氧还原蛋白、辅酶Q、细胞色素b和c，再返回到带正电荷的细菌叶绿素分子。在辅酶Q将电子传递给细胞色素c的过程中，造成了质子的跨膜移动，为ATP的合成提供了能量。在这个电子循环传递过程中，光能转变为化学能，故称环式光合磷酸化。环式光合磷酸化可在厌氧条件下进行，产物只有ATP，无NADP（H），也不产生分子氧。

三、微生物的代谢调节

1. 酶活力调节

酶活力调节的方式主要有两种：变构调节和酶分子的修饰调节。

（1）变构调节　在一个由多步反应组成的代谢途径中，末端产物通常会反馈抑制该途径的第一个酶，这种酶通常被称为变构酶。

（2）修饰调节　修饰调节是通过共价调节酶来实现的。共价调节酶通过修饰酶催化其多肽链上某些基团进行可逆的共价修饰，使之处于活性和非活性的互变状态，从而导致调节酶的活化或抑制，以控制代谢的速度和方向。

2. 调节酶的合成量

（1）同工酶　同工酶是指能催化同一种化学反应，但其酶蛋白本身的分子结构组成却有所不同的一组酶。其特点是：在分支途径中的第一个酶有几种结构不同的一组同工酶，每一种代谢终产物只对一种同工酶具有反馈抑制作用，只有当几种终产物同时过量时，才能完全阻止反应的进行。

（2）协同反馈抑制　在分支代谢途径中，几种末端产物同时都过量，才对途径中的第一个酶具有抑制作用。若某一末端产物单独过量则对途径中的第一个酶无抑制作用。

（3）累积反馈抑制　在分支代谢途径中，任何一种末端产物过量时都能对共同途径中的第一个酶起抑制作用，而且各种末端产物的抑制作用互不干扰。当各种末端产物同时过量时，它们的抑制作用是累加的。

（4）顺序反馈抑制　分支代谢途径中的两个末端产物，不能直接抑制代谢途径中的第一个酶，而是分别抑制分支点后的反应步骤，造成分支点上中间产物的积累，这种高浓度的中间产物再反馈抑制第一个酶的活性。因此，只有当两个末端产物都过量时，才能对途径中的第一个酶起到抑制作用。

 知识拓展

生态系统中的清道夫——分解者

在日常生活中，我们每个人都有这样的经历或体会，放置的水果、食物、衣物、木材等经过或长或短的时间，都要变质、发霉、腐烂，这就是微生物分解作用的结果。微生物的这种作用虽然会造成人类生存资源的损失，但对于生态系统乃至全球的生物的生存、延续和发展却是不可缺少的。

生态系统中的每一种生物在其生命活动过程中都要从周围的环境中吸收水分、能量和营养物质；在其生长、繁育等生命活动中又会不断向周围环境释放和排泄各种物质，死亡后的生物残体也要复归环境。生态系统中的每一种生物，其营养要求不尽相同，甚至是完全不同。地球上的生物可以分为三大类：植物、动物和微生物。绿色植物（包括光合作用微生物）以土壤中的无机化合物（如氨或硝酸盐、磷酸盐及其他无机矿物）、空气中的二氧化碳和氧气以及水等为营养，利用太阳光能固定二氧化碳合成自身，为动物提供食物，是生态系统中的生产者（producer）；动物以植物或其它动物为食物，通过消化食物为自身提供能量和营养，是生态系统中的消费者（consumer）；微生物则通过分解动、植物的残体或腐殖质获得能量和营养来合成自身，同时将有机物分解成可供植物利用的无机化合物，是生态系统中的分解者（digester）。微生物可以把地球上死亡的动植物残体清扫得干干净净，将有机体分解成生产者生长所需要的元素，所以微生物被看成是生态系统中的"清道夫"。我们

可以设想，如果没有微生物的分解作用，地球上的动、植物残体和有机物将得不到分解，那么至今为止几十亿年来生命活动的结果，将是把地球上所有的生命构成元素以动植物残体的形式堆积起来，植物生长的营养将会枯竭，生产者将不能生产，消费者将得不到食物，地球上的生命也就无法维持了。因此，微生物的分解作用是地球上生命波浪式发展、螺旋式进化的原动力之一。

知识六　微生物的培养方法

目前工业规模的发酵罐容积已达到几十立方米或几百立方米。如按10%左右的种子量计算，就要投入几立方米或几十立方米的种子。要从保藏在试管中的微生物菌种逐级扩大为生产用种子是一个由实验室制备到车间生产的过程。其生产方法与条件随不同的生产品种和菌种种类而异，如细菌、酵母菌、放线菌或霉菌生长的快慢，产孢子能力的大小，及对营养、温度、需氧等条件的要求均有所不同。因此，种子扩大培养应根据菌种的生理特性，选择合适的培养条件来获得代谢旺盛、数量足够的种子。这种种子接入发酵罐后，将使发酵生产周期缩短，设备利用率提高。种子液质量的优劣对发酵生产起着关键性的作用。

种子扩大培养是指将保存在沙土管、冷冻干燥管中处于休眠状态的生产菌种接入试管斜面活化后，再经过扁瓶或摇瓶及种子罐逐级放大培养而获得一定数量和质量的纯种过程。这些纯种培养物称为种子。

发酵工业生产过程中的种子的必须满足以下条件：

（1）菌种细胞的生长活力强，移种至发酵罐后能迅速生长，迟缓期短。

（2）生理形状稳定。

（3）菌体总量及浓度能满足大容量发酵罐的要求。

（4）无杂菌污染。

（5）保持稳定的生产能力。

在发酵生产过程中，种子制备的过程大致可分为两个阶段：①实验室种子制备阶段；②生产车间种子制备阶段。

一、实验室的微生物培养法

实验室种子的制备一般采用两种方式：对于产孢子能力强的及孢子发芽、生长繁殖快的菌种可以采用固体培养基培养孢子，孢子可直接作为种子罐的种子，这样操作简便，不易污染杂菌。对于产孢子能力不强或孢子发芽慢的菌种，可以用液体培养法。

（一）孢子的制备

1. 细菌孢子的制备

细菌的斜面培养基多采用碳源限量而氮源丰富的配方。培养温度一般为37℃。细菌菌体培养时间一般为1~2d，产芽孢的细菌培养则需要5~10d。

2. 霉菌孢子的制备

霉菌孢子的培养一般以大米、小米、玉米、麸皮、麦粒等天然农产品为培养基。培养的温度一般为25~28℃，培养时间一般为4~14d。

3. 放线菌孢子的制备

放线菌的孢子培养一般采用琼脂斜面培养基，培养基中含有一些适合产孢子的营养成分，如麸皮、豌豆浸汁、蛋白胨和一些无机盐等。培养温度一般为28℃，培养时间为5~14d。

（二）液体种子制备

1. 好氧培养

对于产孢子能力不强或孢子发芽慢的菌种，如产链霉素的灰色链霉菌、产卡那霉素的卡那链霉菌可以用摇瓶液体培养法。将孢子接入含液体培养基的摇瓶中，于摇床上恒温振荡培养，获得菌丝体，作为种子，其过程如下：

试管→三角瓶→摇床→种子罐

2. 厌氧培养

对于酵母菌（啤酒、葡萄酒、清酒等），其种子的制备过程如下：

试管→三角瓶→卡式罐→种子罐

二、生产实践中的微生物培养法

实验室制备的孢子或液体种子移种至种子罐扩大培养，种子罐的培养基虽因不同菌种而异，但其原则为采用易被菌利用的成分如葡萄糖、玉米浆、磷酸盐等，如果是需氧菌，同时还需供给足够的无菌空气，并不断搅拌，使菌（丝）体在培养液中均匀分布，获得相同的培养条件。

1. 种子罐的作用

主要是使孢子发芽，生长繁殖成菌（丝）体，接入发酵罐能迅速生长，达到一定的菌体量，以利于产物的合成。

2. 种子罐级数的确定

种子罐级数是指制备种子需逐级扩大培养的次数，取决于菌种生长特性、孢子发芽及菌体繁殖速度、所采用发酵罐的容积。

（1）细菌　生长快，种子用量比例少，级数也较少，二级发酵：茄子瓶→种子罐→发酵罐。

（2）霉菌　生长较慢，如青霉菌，三级发酵：孢子悬浮液→一级种子罐

（27℃，40h孢子发芽，产生菌丝　）→二级种子罐（27℃，10~24h，菌体迅速繁殖，粗壮菌丝体）→发酵罐。

（3）放线菌　生长更慢，采用四级发酵。

（4）酵母　比细菌慢，比霉菌、放线菌快，通常用一级种子。

3.确定种子罐级数需注意的问题

（1）种子级数越少越好，可简化工艺和控制，减少染菌机会。

（2）种子级数太少，接种量小，发酵时间延长，降低发酵罐的生产率，增加染菌机会。

（3）虽然种子罐级数随产物的品种及生产规模而定。但也与所选用工艺条件有关。如改变种子罐的培养条件，加速了孢子发芽及菌体的繁殖，也可相应地减少种子罐的级数。

 知识拓展

啤酒酵母种子的扩大培养方法

生产啤酒的酵母菌一般保存在麦芽汁琼脂或MYPG培养基（培养基配制：3g麦芽浸出物，3g酵母浸出物，5g蛋白胨，10g葡萄糖和20g琼脂于1L水中）的斜面上，于4℃冰箱内保藏。每年移种3～4次。将保存的酵母菌种接入含10mL麦芽汁的50～100mL三角瓶中，再于25℃培养2～3d后，再扩大至含有250～500mL麦芽汁的500～1000mL三角瓶中，再于25℃培养2d后，移种至含有5～10L麦芽汁的卡氏培养罐中，于15～20℃培养3～5d即可作100L麦芽汁的发酵罐种子。从三角瓶到卡氏培养罐培养期间，均需定时摇动或通气，使酵母菌液与空气接触，以有利于酵母菌的增殖。

— 小结 —

微生物的营养物质包括C源、N源、矿质营养、生长因子和水分。可分为光能自养型、光能异养型、化能自养型、化能异养型四种营养类型。营养物质进入微生物细胞的方式有扩散、促进扩散和主动送输。

培养基必须满足微生物生长所必须的营养，pH、渗透压和氧化还原电位值，并要注意营养中的C/N。按用途分基本培养基、加富培养基、选择培养基、鉴别培养基。按其物质状态分为半固体培养基、液体培养基和固体培养基三类；按其来源分为合成培养基和天然培养基。

不同的微生物有不同的最适生长温度。常用121℃、30min的工艺条件进行培养基和器皿的灭菌。常用62～63℃、30min的巴氏消毒法延长食品的保质期。好氧微生物生长必须供给氧气。厌氧菌除了无氧生存空间外，还要加入

还原性物质。X射线、γ射线和阳光中的紫外线都可以杀死微生物。超声波也可使微生物细胞破坏而导致微生物死亡。化学药剂可以杀死或者抑制微生物生长。重金属、氧化剂、许多有机化合物、磺胺和多种抗生素都对微生物有杀伤或抑制作用。

根据最适生长温度，可划为低温型微生物（嗜冷微生物）、中温型微生物（嗜温微生物）、高温型微生物（嗜热微生物）。微生物与氧的关系可分为专性好氧菌、微好氧菌、兼性厌氧菌、耐氧菌、厌氧菌。大多数细菌、藻类和原生动物的最适pH为6.5~7.5，pH4~10也可生长；放线菌最适合一般在pH7.5~8最适合；酵母菌、霉菌在pH5~6的酸性环境最适合，生存范围在pH1.5~10。细菌的纯培养生长曲线可分延迟期、对数期、稳定期和衰亡期。异养微生物根据氧化还原反应中电子受体的不同可分成发酵和呼吸作用两种类型。自养微生物的生物氧化主要包括氨、硫、铁、氢的氧化等。能量转换的方式有底物水平磷酸化、氧化磷酸化和光合磷酸化。微生物代谢的调节一种是酶合成的调节，即酶活力调节和调节酶的合成量。

对于产孢子能力强的及孢子发芽、生长繁殖快的菌种可以采用固体培养基培养孢子，孢子可直接作为种子罐的种子。对于产孢子能力不强或孢子发芽慢的菌种，可以用液体培养法。

 思考与练习

1. 配制培养基有哪几个步骤？在操作过程中应注意些什么问题？为什么？
2. 培养基配制完成后，为什么必须立即灭菌？如何进行无菌检查？
3. 灭菌前为什么要进行包扎？
4. 干燥的主要方法有哪些？
5. 湿热灭菌与干热灭菌有何不同？
6. 配制培养基的原则和方法是什么？
7. 简述无氧呼吸的特征。
8. 何谓化能自型养微生物？它们是如何合成细胞物质的？
9. 试绘图说明单细胞微生物的生长曲线，并指明各期的特点。

微生物的生长表现在微生物个体的生长和群体生长两个水平上。对于单细胞微生物，个体的生长表现为细胞基本成分的协调合成和细胞体积的增加；而多细胞微生物的生长，则反映在个体的细胞数目和每个细胞内物质含量的增加。

在实际工作中，由于绝大多数微生物个体微小，个体质量和体积变化不易观察，所以常常以微生物的群体作为研究对象，以微生物细胞的数量或微生物群体细胞质量的增加作为生长的指标。

知识一　微生物细胞数目的测定技术

在微生物生长测定的各种方法中，最常用的方法是统计群体细胞的数目。

它包括直接计数法和间接计数法。直接计数法快速简便，但不能区别死活菌体，测得的是总菌数；间接计数法测得的是活菌数，依据的原理是活菌在液体培养基中使培养基浑浊或在固体培养基上形成菌落，这类方法所得的数值往往比直接计数法测得的数值小。

一、显微镜直接计数法

取定量稀释的单细胞培养物悬液放置在血球计数板（适用于细胞个体形态较大的单细胞微生物，如酵母菌等）或细菌计数板（适用于细胞个体形态较小的细菌）上，在显微镜下计数一定体积中的平均细胞数，再换算出待测样品的细胞数。悬液的稀释浓度以计数室中的小格含有4~5个细胞为宜。

显微镜直接计数法操作简便、快速，适用于单细胞微生物测定。该方法若需鉴别出死活菌，则可用美蓝染色剂把菌体染色，活菌为无色，死菌为蓝色。

二、平板菌落计数法

平板菌落计数法是将待测样品按10倍递增做一系列稀释，然后选择其中某连续三个稀释度的菌液作涂布平板或倾注平板，在一定的条件下培养，那么分散的每一个细胞都将发育成一个菌落，再对平皿中菌落计数，就可推算出原始样液中的活菌数。

平板菌落计数法可分为两种方法：一种是涂布法，另一种是倾注法。涂布平板法是将样品稀释后取一定量涂布于平板表面，经培养后计数。倾注法是将经过灭菌冷却至40~45℃的琼脂培养基与稀释后一定量的样品在平皿中混匀，凝固后进行培养，然后进行计数。

采用平板菌落计数法一般使用9cm的培养皿，每个稀释度做3个平皿培养，取它们的平均值，通常每个平板长出30~300个菌落为宜（如图4-1所示，

微生物平板菌落计数

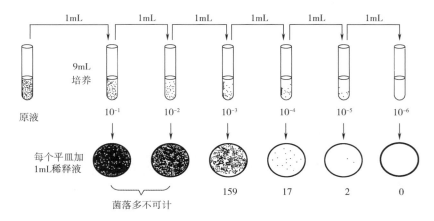

图4-1 菌落计数法的操作示意图

应选取长出159个菌落的平板进行统计报告）。由菌落数乘以稀释倍数即可得到每毫升原液中的菌体个数。

平板菌落计数法是教学、科研、食品检验中最常用的一种活菌计数法，它适用于水、土壤、食品、化妆品及其他材料的活菌测定。

三、最大可能数计数法

最大可能数计数法也称最大概率数法。将待测样液按10倍递增做一系列稀释，一直稀释到某一稀释度，将一定量的（如1mL）稀释液接种到新鲜合适的培养基上以后不出现生长繁殖为止（可先根据样品凭借经验估计最高稀释度）。再选择这一稀释度之前的三个连续稀释度作试管培养，根据出现生长的管数，查找已编好的MPN表（最大概率表），就可以计算出单位体积样品中细胞数的近似数，如图4-2所示。

本方法特别适合于测定土壤微生物中特定生理群的数量与检测污水、牛乳及其他食品中特殊微生物类群的数量。

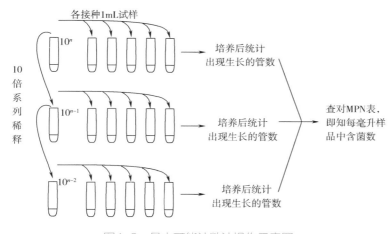

图4-2　最大可能计数法操作示意图

四、光电比浊计数法

光电比浊计数法的原理是当光线通过微生物菌悬液时，由于菌体的散射和吸收使透光量减少。因此细胞浓度与浑浊度成正比，与透光度成反比。细胞越多，浊度越大，透光量越少。测定菌悬液的光密度（或透光度）或浊度可以反映细胞的浓度。将未知细胞数的菌悬液与已知细胞数的菌悬液相比，求出未知菌悬液所含的细胞数。浊度计、分光光度仪是测定菌悬液细胞浓度的常用仪器。

光电比浊计数法简便快捷，可以连续测定，适用于发酵生产过程监测菌体生长情况，但不适宜颜色太深，混杂有其他物质的菌悬液。

五、薄膜计数法

测定水与空气中的活菌数量时，由于含菌浓度低，可先将待测样品（一定体积的水或空气）通过微孔薄膜如硝酸纤维薄膜，过滤浓缩，然后把滤膜放在适当的固体培养基上培养，长出菌落后即可计数。

知识拓展

检测细胞数目的方法还有细胞分析仪检测法，如电阻抗法细胞计数。此法是通过测定一个小孔中液体的电阻来进行的。小孔仅能通过一个细胞，当细胞通过这个小孔时，电阻增高，形成脉冲信号。脉冲振幅越高，细胞体积越大；脉冲数量越多，细胞数量越多，由此得出悬液中的细胞数量和体积值。

目前，一种技术先进、检测快速、省时省力的细胞检测手段已经开始应用，这就是全自动细胞计数分析仪的使用。利用全自动细胞计数分析仪，可进行细胞大小测定、细胞计数以及细胞存活率分析，对于真核细胞和昆虫细胞都可检测，全自动操作，可避免人为误差。

知识拓展

啤酒酵母是啤酒发酵的灵魂。啤酒厂一直沿用血球计数板计数的方法进行酵母细胞计数，从而控制发酵。这种方法虽然简便，但人为因素多，误差较大。酵母旺盛的发酵能力是保证啤酒品质稳定的前提，所以在检测细胞数的同时还需检测细胞活性。可采用细胞分析仪检测法，了解啤酒发酵过程中酵母细胞活性的变化趋势。

技能训练十三 显微镜直接计数法

一、目的要求

（1）了解血球计数板计数的原理。

（2）掌握测定酵母细胞总数、出芽率和死亡率的技术。

二、基本原理

用血球计数板在显微镜下直接计数是一种常用的微生物计数方法。血球计数板是一块特制的加厚载玻片，其上由4条槽构成3个平台，中间较宽的平台又被一短横槽隔成两半，每一边的平台上各刻有1个方格网，每个方格网共分为9个大方格，中间的大方格即为计数室。计数室的刻度一般有两种规格，一种是一个大方格分成16个中方格，每个中方格又分成25个小格（即16格×25格）；另一种是一个大方格分成25个中方格，每个中方格又分成16个小方格（即25格×16格），但无论是哪一种规格的计数板，每一个大方格中的小方格都是400个（图4-3）。每一个大方格边长为1mm，则每一个大方格的面积为1mm²，盖上盖玻片后，盖玻片与载玻片之间的高度为0.1mm，所以计数室的体积为0.1mm³。

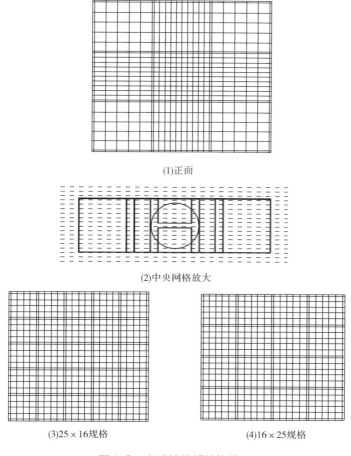

(1)正面

(2)中央网格放大

(3)25×16规格　　　　　　　　　　(4)16×25规格

图4-3　血球计数板的构造

　　计数时，如果使用16格×25格的计数板，要按对角线方位取左上、左下、右上、右下上述4个中方格进行计数（即计数100个小方格中的酵母细胞数）；如果使用25格×16格规格的计数板，除了计数上述4个中方格外，还要计数中央的1个中方格，即计数80个小方格中的酵母细胞数。可分别按下述公式计算出酵母细胞数。

（1）16×25格的血球计数板计算公式

$$1mL酵母细胞数 = \frac{100小格内酵母细胞数}{100} \times 400 \times 10^4 \times 稀释倍数$$

（2）25×16格的血球计数板计算公式

$$1mL酵母细胞数 = \frac{80小格内酵母细胞数}{100} \times 400 \times 10^4 \times 稀释倍数$$

三、材料与器材

啤酒酵母菌悬液、显微镜、血球计数板、载玻片、电吹风、盖玻片、接种环、0.1％吕氏美蓝染液。

四、操作步骤

1. 菌悬液的制备

为便于计数，对样品进行适当的稀释，稀释程度以每小格内含5~10个酵母为宜，可采用10倍系列稀释法。

2. 镜检计数室

在加样前，先对计数板的计数室进行镜检。若有污物，则需清洗，用电吹风吹干后才能进行计数。

3. 加样品

将清洁干燥的血球计数板盖上盖玻片，再用无菌的毛细滴管将摇匀的菌悬液由盖玻片边缘让菌液沿缝隙靠毛细渗透作用自动进入计数室，用吸水纸吸去多余水液。样品要均匀充满计数室，不可有气泡。

4. 显微镜计数

加样后静止5min，然后将血球计数板置于显微镜载物台上，先用低倍镜找到计数室所在位置，然后换成高倍镜进行计数。显微镜视野中的光线要暗一些，否则，不容易看清计数室的方格线。计数时，对位于线上的酵母菌，可采用只计数两条边的办法，即遵循查上不查下，查左不查右的原则。当酵母菌芽体达到母细胞大小1/2时，即可计作两个细胞。

5. 出芽率的测定

按前法，测定出酵母菌芽体数（小于母细胞1/2的），计算出单位体积内测得酵母细胞的芽体占总数的百分率，即为酵母的出芽率。

$$出芽率 = \frac{芽体数}{细胞总数} \times 100\%$$

6. 酵母死亡率的测定

滴一滴0.1％吕氏美蓝液于载玻片中央，再加菌悬液少许，与美蓝液混匀，加盖玻片，立即在显微镜下检查，计数在一个视野中，已变蓝（死）和未变蓝（活）的细胞数。依法再计数2~3个视野中的细胞数。

$$死亡率 = \frac{死细胞数}{死活细胞总数} \times 100\%$$

死亡率是单位体积内死亡的细胞数占总细胞数的百分率。

7. 清洗计数板

计数完毕，将计数板在水龙头下冲洗干净，切勿用硬物洗刷，洗完后自行晾干或用电吹风吹干。

五、实验数据及处理结果

所得数据填入表4-1与表4-2。

表4-1 酵母细胞数及出芽率

次数	1					2					平均值
中方格序号	1	2	3	4	5	1	2	3	4	5	
细胞数											
芽体数											
细胞数/mL											
芽体数/mL											
出芽率											

表4-2 酵母死亡率

	1	2	平均值	死亡率
死细胞数				
细胞总数				

六、思考题

（1）根据你的实验体会，说明用血球计数板进行微生物计数时，其误差来自哪些方面？如何避免？

（2）某单位要求知道一种干酵母粉中的活菌存活率，请设计1~2种可行的检测方法。

技能训练十四 | 平板菌落计数法

一、目的要求

掌握用平板菌落计数法来测定一定数量样品中微生物细胞数目的方法。

二、基本原理

平板菌落计数法是将待测样品制成一系列不同的稀释液，使样品中微生物个体分散成单个细胞状态。再取一定稀释度、一定量的稀释液接种到平板中，使其均匀分布于平板中的培养基内。经过培养后，统计菌落数目，一般认为每一个菌落是由单个细胞增殖后形成的，所以可计算出样品中的含菌量。

三、材料与器材

（1）样品、无菌水。

（2）普通营养琼脂培养基。

（3）培养皿、恒温培养箱等。

四、操作步骤

（一）样品处理

（1）在无菌的条件下，准确称取待测固体样品10g或量取10 mL液体样品。

（2）将10g固体样品迅速倒入已灭菌的装有玻璃珠和90mL无菌水的三角瓶中，充分振荡15~30min，制成稀释10倍的菌悬液（若是液体可直接稀释）。

（3）用一支吸管吸取1mL稀释10倍的菌液，加入第一支有9mL无菌水的试管中，摇匀后得稀释100倍的菌液。换用一支试管，依次稀释到10^3、10^4……稀释程度以样品中可能含有的活菌数多少而定。通常测定细菌菌剂含菌数时，采用10^{-7}、10^{-8}、10^{-9}稀释度；测定土壤细菌数量时，采用10^{-4}、10^{-5}、10^{-6}稀释度；测定放线菌数量时，采用10^{-3}、10^{-4}、10^{-5}稀释度；测定真菌数量时，采用10^{-2}、10^{-3}、10^{-4}稀释度，见图4-4所示。

（二）制平板

1.混合平板培养技术法

将无菌平皿编上稀释度的号码，每一号码设置3个重复，用无菌吸管按无菌操作要求吸取每一稀释度的稀释液各1mL放入对应号的平皿中，再迅速倒入约15mL已经融化并冷却至50℃左右的琼脂培养基，按顺、逆时针方向轻轻转动平板，使菌液与培养基混合均匀，冷凝后倒置，在被测微生物最适温度下

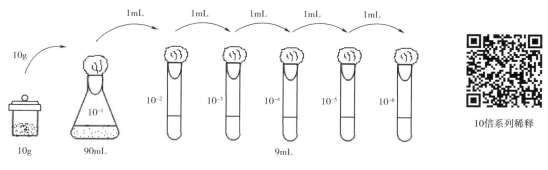

图4-4 样品系列稀释示意图

培养，当菌落长出后即可计数。

2. 涂抹平板培养技术法

先将熔化并冷却至50℃左右的琼脂培养基约15mL倒入已灭菌的培养皿中。放平冷却凝固后，将不同稀释度的样品液0.2mL于培养皿中央，并用玻璃耙均匀地涂抹在平板表面。同一浓度可用一个玻璃耙连续涂抹，否则，需灭菌后再用。涂抹后的培养皿，暂放20~30min，待稀释液中的水分干后将培养皿倒置保温培养，菌落长出后，计数。

五、实验数据及处理结果

1. 实验记录填入表4-3。

表4-3 平板菌落计数法实验记录表

稀释度	10^{-7}				10^{-8}				10^{-9}			
	1	2	3	平均	1	2	3	平均	1	2	3	平均
菌落数												
1g样品活菌数												

注：此表是按测定细菌数量而制，若测定其他微生物，将稀释度改动即可。

2. 计算

混合平板培养计算公式：

$$每克样品菌数 = 同一稀释度几次重复的菌落平均数 \times 稀释倍数$$

涂抹平板培养计算公式：

$$每克样品菌数 = 同一稀释度几次重复的菌落平均数 \times 稀释倍数 \times 5$$

六、思考题

平板计数法的优缺点是什么？

技能训练十五 | 比浊法测定大肠杆菌的生长曲线

一、目的要求

了解大肠杆菌生长曲线的基本特征，从而认识微生物在一定条件下生长、繁殖的规律。

二、基本原理

一定量的微生物，接种在适合的新鲜液体培养基中，在适宜的温度下培养，以菌数的对数作纵坐标，生长时间作横坐标，做出的曲线称为生长曲线。一般可分为延迟期、对数期、稳定期和衰亡期四个时期。不同的微生物有不同的生长曲线，同一种微生物在不同的培养条件下，其生长曲线也不一样。因此，测定微生物的生长曲线对于了解和掌握微生物的生长规律是很有帮助的。

测定微生物生长曲线的方法很多，有血球计数法、平板菌落计数法、称重法、比浊法等。本实验采用比浊法测定，由于细菌悬液的浓度与浑浊度成正比，因此，可利用光电比色计测定菌悬液的光密度来推知菌液的浓度，并将所测得的光密度值（OD值）与其对应的培养时间作图，即可绘出该菌在一定条件下的生长曲线。现已有直接用试管就可以测定OD值的光电比色计，只要接种一支试管，定期用它测定，便可做出该菌的生长曲线。

三、材料与器材

培养18~20h的大肠杆菌培养液，盛有5mL牛肉膏蛋白胨液体培养基的大试管12支；721型或722型分光光度计，自控水浴振荡器或摇床，无菌吸管等。

四、操作步骤

1. 编号

取11支盛有牛肉膏蛋白胨液体培养基的大试管，用记号笔标明培养时间，即0、1.5、3、4、6、8、10、12、14、16、20h。

2. 接种

用1mL无菌吸管，每次准确地吸取0.2mL大肠杆菌培养液，分别接种到已编号的11支牛肉膏蛋白胨液体培养基大试管中，接种后振荡，使菌体混匀。

3. 培养

将接种后的11支试管置于自控水浴振荡器或摇床上，37℃振荡培养。分别在0、1.5、3、4、6、8、10、12、14、16、20h将编号为对应时间的试管取出，立即放冰箱中贮存，最后一同比浊测定光密度值。

4. 比浊测定

以未接种的肉膏蛋白胨培养基作空白对照，选用540~560nm波长进行光电比浊测定。从最稀浓度的菌悬液开始依次进行测定，对浓度大的菌悬液用未接种的肉膏蛋白胨液体培养基适当稀释后测定，使其光密度值在0.1~0.65，记录OD值时，注意乘上所稀释的倍数。

五、实验数据及处理结果

1. 将测定的OD值填入表4-4。

表4-4　比浊法测定大肠杆菌生长曲线记录

时间/h	对照	0	1.5	3	4	6	8	10	12	14	16	20
光密度值（OD）												

2. 绘制大肠杆菌的生长曲线。

六、思考题

（1）为什么说用比浊法测定的细菌生长只是表示细菌的相对生长状况？

（2）在生长曲线中为什么会出现稳定期和衰亡期？在生产实践中怎样缩短延迟期？怎样延长对数期及稳定期？怎样控制衰亡期？试举例说明。

> 知识拓展

1g肥沃的土壤中微生物的数目大约有十几亿~几十亿个。一个流感病人一声咳嗽，可散播约10万个病菌；一个喷嚏约含有100万个病菌。手皮肤平均每平方厘米大致会有4万个左右的微生物。

大多数细菌的繁殖速度都很快，大肠杆菌在适宜条件下，每20min左右便可分裂一次，如果始终保持这样的繁殖速度，一个细菌在48h内，其子代群体将达到无法想象的数量。然而，实际情况并非如此。微生物的生长遵循一定的规律——生长曲线。生长曲线代表了微生物在新的适宜的环境中生长繁殖直至衰老死亡全过程的动态变化。

技能训练十六　空气中微生物的测定

一、目的要求

（1）了解空气中微生物的分布状况，学习测定空气中微生物的原理和测定意义。

（2）学习和掌握空气中微生物的检测方法。

二、基本原理

空气是疾病传播的主要媒介之一，测定空气中微生物的数量与种类对于保证食品安全性及预防某些传染病尤为重要。检验方法通常采用测定1m³空气中的细菌数量和空气污染的标志菌——溶血性链球菌。空气体积较大，菌数相对稀少，并且由于气流、日光照射、温度和湿度的差异以及人和动物的活动等因素，使得细菌在空气中的分布和数量不稳定。即使在同一室内，分布也不均匀，故导致检验结果不精确。只有使用特殊仪器，收集定量的空气样品，才能获得有意义的结果。空气采样的方法有三种：直接沉降法、过滤法、气流撞击法，其中气流撞击法比较准确反映空气中细菌的真实数量。

（1）直接沉降法　使营养琼脂平板暴露于空气中一定的时间，空气中有各种微生物，在培养基平板上沉降。经过37℃培养48h，长出菌落。根据长出的菌落数，计算得到每立方米空气中的含菌数。可用来检测空气中的微生物污染情况。

（2）过滤法　其原理是使定量的空气通过吸收剂，然后将吸收剂培养，计算出菌落数。

此方法是使空气通过盛有无菌生理盐水及玻璃球的三角烧瓶。液体能阻挡空气中的尘粒通过，并吸收附着其上的细菌，通过空气时须振荡玻璃瓶数次，使得细菌充分分散于液体中，然后将此生理盐水1mL接种至琼脂培养基上，在37℃培养48h，计算菌落数。此法用于检测一定体积空气中所含的细菌数量。

（3）气流撞击法　采用撞击式空气微生物采样器采样，通过抽气动力作用，使空气通过狭缝或小孔而产生高速气流，从而使悬浮在空气中的带菌粒子撞击到营养琼脂平板上，经37℃培养48h后，计算每立方米空气中所含的细菌菌落数的采样测定方法。用该法采集空气中的浮游菌，比自然沉降法更为科学，特别适用于高洁度环境采样和化验室的空气微生物采样。

本实验采用直接沉降法。

三、材料与器材

（1）检样　微生物实验室空气或食品车间空间内的空气。

（2）培养基　牛肉膏蛋白胨培养基或营养琼脂培养基、察氏培养基、淀粉琼脂培养基（高氏Ⅰ号）。

（3）器材　无菌平皿、高压蒸汽灭菌锅、酒精灯、培养箱等。

四、操作步骤

1. 倒平板

将灭过菌的营养琼脂培养基、察氏培养基、淀粉琼脂培养基（高氏Ⅰ号）熔化后，3种培养基各倒15个平板，冷凝。

2. 检测

在普通实验室选取采样地点的四角和中央共5点，每种培养基每个点放置3个平板，揭开皿盖并将其口向下扣放，防止皿盖人为污染而影响检查效果。采样高度为1.2~1.5m。采样点应离墙壁1m以上，并避开空调、门窗等空气流通处。放置30或60min后盖上盖子，并标记时间、地点、位置及采样时环境条件（温度、湿度等）。营养琼脂培养基培养细菌，置于37℃恒温培养箱培养24h。察氏培养基、淀粉琼脂培养基（高氏Ⅰ号）分别培养霉菌和放线菌，置于28℃恒温培养箱中培养24~48h。

3. 观察统计

培养结束，观察各种微生物的菌落形态、颜色，统计它们的菌落数。将空气中微生物的种类和数量记录在表4-5中。

表4-5　空气中微生物的测定结果

环境		菌落数		
		细菌	霉菌	放线菌
室内	30min			
	60min			

4. 计算

按下列公式计算1m³空气中微生物的含量。

$$1m^3空气中微生物含量 = \frac{1000 \times 50N}{A \times t}$$

式中　A——所用平皿面积，cm^2；

　　t——平皿暴露于空气中的时间，min；

　　N——培养后平皿上的菌落数，个。

五、实验数据及处理结果

记录所得空气中的微生物的量（个/m³）。

━━━ **知识拓展** ━━━

不同地点微生物的分布情况不同：在北极（北纬80°），微生物数量为0~1个/m³空气；海洋上空的微生物数量为1~2个/m³空气；市区公园内，微生物数量为200个/m³空气；在城市街道，微生物数量为5000个/m³空气；在集体宿舍内，微生物数量为20000个/m³空气；畜舍内的微生物数量为1000000~2000000个/m³空气。

知识二　微生物生长量的测定技术

微生物的生长除了以细胞数量的增加作为生长的指标以外，还可以群体细胞质量的增加作为测量指标，常用的方法有以下几种。

一、测体积法

将菌悬液装入毛细沉淀管内，在一定条件下离心，根据堆积体积计算含菌量，也可以将菌液直接装入常用的刻度离心管内，用一定转速与时间进行离心，用所得的沉淀体积推算出细胞的质量。此法快速、简便，但培养液不能有其他的固体，否则误差较大。图4-5为测定堆积体积的离心管。

图4-5　测定堆积体积的离心管

二、质量法

质量法即测定单位体积的培养物中菌体的干质量。取一定量的菌液，用离心或过滤的方法将菌体分离出来，用清水洗涤多次，以除去培养基成分。然后置于干燥箱中100~105℃烘干或置于真空干燥箱中60~80℃，恒重后称重。一般细胞干重为湿重的10%~20%。该法适用于菌体浓度较高且培养物中没有固体颗粒杂质，对单细胞及多细胞均适用，尤其对测定菌丝体为常用的方法。

三、生理指标法

微生物新陈代谢的结果必然要消耗或产生一定量的物质。因此可以用某物质的消耗量或某产物的形成量来表示微生物的生长量。例如微生物对氧的吸收、发酵糖产酸量或CO_2的释放量等。根据微生物在生长过程中伴随出现的这些指标，样品中的微生物数量多或生长旺盛，指标值就越明显。但这类测定方法影响因素较多，误差较大，仅在特定条件下如分析微生物生理活性等作比较分析时使用。

知识拓展

含氮量测定法：一般来说，微生物细胞的含氮量较稳定，故可用凯氏定氮法等测其总氮量，再乘以6.25即为微生物的粗蛋白含量。粗蛋白含量越高，说明菌体数和细胞物质量越高。

DNA含量测定法：微生物细胞DNA的含量较稳定，故可采用适当的荧光指示剂或染色剂与菌体DNA作用，利用荧光比色法或分光光度计法测得微生物细胞的DNA含量。

其他生理指标法：例如测定微生物的RNA、ATP和DAP（二氨基庚二酸）等的含量。此外，产酸、产气、耗氧、黏度和产热等指标有时也应用于微生物生长量的测定。

四、丝状微生物菌丝长度的测定

该法主要是对丝状真菌生长长度的测定，一般是在固体培养基上进行。最简单的方法是将真菌接种在平皿的中央，定时测定菌落的直径或面积。对生长快的真菌，每隔24h测定一次，对生长缓慢的真菌，可数天测定一次，直到菌落覆盖整个平皿为止，由此可绘制出生长曲线。该法的缺点是没有反映菌丝的纵向生长，即没有对菌落的厚度和深入培养基内的菌丝长度进行测定，另外接种量也会影响结果（即未能反映菌丝的总量）。

另一个计算真菌生长速度的方法是U形管培养法，见图4-6所示。在U形管的底部铺设一层培养基，将被测菌接种在U形管的一端，按一定的间隔时间测定菌丝的长度。这种方法的优点是方法简便，生长较快的菌丝可以有足够的时间进行测量，不易污染，缺点是通气不良。

图4-6　计算丝状真菌的U形管图

—— 小结 ——

　　微生物的生长表现在微生物个体的生长和群体生长两个水平上。微生物的生长测定最常用的方法是统计群体细胞的数目，包括直接计数法和间接计数法。显微镜直接计数法操作简便、快速，适用于单细胞微生物测定；平板菌落计数法是将待测样品稀释后，作涂布平板或倾注平板，培养、计数，就可推算出原始样液中的活菌数；最大可能数计数法也属于间接计数法；光电比浊计数法是通过菌悬液的光密度或浊度来反映细胞的浓度，将未知细胞数的菌悬液与已知细胞数的菌悬液相比，求出未知菌悬液所含的细胞数；薄膜计数法也属于间接计数法。

　　微生物的生长测定常用有：测体积法、质量法、生理指标法，丝状微生物菌丝长度的测定是将真菌接种在平皿的中央，定时测定菌落的直径或面积，由此绘制出生长曲线。

 思考与练习

1. 购买酸奶的时候，我们见到许多酸奶品牌在产品包装的显著位置标明有一定单位内的活性益生菌数量。如"光明e+益生菌发酵乳"每千克含40亿个益生菌，"蒙牛冠益乳"每千克含100亿个BB冠菌，"光明畅优发酵乳"每千克含300亿个独特的B+畅通™益生菌……这些酸奶中是否真的含有这些菌，数量是多少，该做怎样的检测？

2. 根据你的实验体会，说明用血球计数板进行微生物计数时，其误差来自哪些方面？如何避免？

3. 某单位要求知道一种干酵母粉中的活菌存活率，请设计1～2种可行的检测方法。

4. 平板计数法的优缺点是什么？

5. 为什么说用比浊法测定的细菌生长只是表示细菌的相对生长状况？

6. 在生长曲线中为什么会出现稳定期和衰亡期？在生产实践中怎样缩短延迟期？怎样延长对数期及稳定期？怎样控制衰亡期？试举例说明。

7. 什么是微生物的生长？如何测定微生物的生长？

8. 混合平板法与涂布平板法哪种对培养基的温度要求严格？为什么？

9. 菌液如何进行10倍系列稀释？

10. 鲜啤、酸奶等含有一定量的微生物，能否很准确地检测出细胞数目？

1. 了解微生物纯培养的意义。

2. 熟悉划线法分离纯化原理。

3. 熟悉稀释平板法分离纯化原理。

4. 了解涂布法分离纯化原理。

5. 了解稀释摇管法分离纯化原理。

6. 理解单细胞挑取法、选择培养基分离法分离纯化原理。

7. 了解小滴分离法分离纯化原理。

能力目标

1. 掌握平板划线法的基本技能。

2. 掌握稀释涂布法的基本技能。

　　在微生物学中，在人为规定的条件下培养、繁殖得到的微生物群体称为培养物，而只有一种微生物的培养物称为纯培养物。由于在通常情况下纯培养物能较好地被研究、利用和重复结果，因此把特定的微生物从自然界混杂存在的状态中分离、纯化出来的纯培养技术是进行微生物学研究的基础。

　　不同微生物在特定培养基上生长形成的菌落或菌苔一般都具有稳定的特征，可以成为对该微生物进行分类、鉴定的重要依据。大多数细菌、酵母菌，以及许多真菌和单细胞藻类能在固体培养基上形成孤立的菌落，采用适宜的平板分离法很容易得到纯培养物。平板分离法将单个微生物分离和固定在固体培养基表面或里面。固体培养基是用琼脂或其他凝胶物质固化的培养基，每个孤立的活微生物生长、繁殖形成菌落，形成的菌落便于移植。最常用的分离、培养微生物的固体培养基是琼脂固体培养基平板。这种由Koch建立的采用平板分离微生物纯培养的技术简便易行，100多年来一直是各种菌种分离的最常用手段。

一、划线法

用接种环以无菌操作沾取少许待分离的材料，在无菌平板表面进行平行划线、扇形划线或其他形式的连续划线，微生物细胞数量将随着划线次数的增加而减少，并逐步分散开来，如果划线适宜的话，微生物能一一分散，经培养后，可在平板表面得到单菌落。

二、稀释平板法

先将待分离的材料用无菌水作一系列的稀释（如1∶10、1∶100、1∶1000、1∶10000等），然后分别取不同稀释液少许，与已熔化并冷却至50℃左右的琼脂培养基混合，摇匀后，倾入灭过菌的培养皿（平板）中，待琼脂凝固后，制成可能含菌的琼脂平板，保温培养一定时间即可出现菌落。如果稀释得当，在板表面或琼脂培养基中就可出现分散的单个菌落，这个菌落可能就是由一个细菌细胞繁殖形成的。随后挑取该单个菌落，或重复以上操作数次，便可得到纯培养物。

三、涂布平板法

由于将含菌材料先加到还较烫的培养基中再倒平板易造成某些热敏感菌的死亡，而且采用稀释倒平板法也会使一些严格好氧菌因被固定在琼脂中间缺乏氧气而影响其生长，因此在微生物学研究中更常用的纯种分离方法是涂布平板法。其做法是先将已熔化的培养基倒入无菌平板，冷却凝固后，将一定量的某一稀释度的样品悬液滴加在平板表面，再用无菌玻璃涂棒将菌液均匀分散至整个平板表面，经培养后挑取单个菌落。

四、稀释摇管法

用固体培养基分离严格厌氧菌有它特殊的地方。如果该微生物暴露于空气中不会立即死亡，可以采用通常的方法制备平板，然后置放在封闭的容器中培养，容器中的氧气可采用化学、物理或生物的方法清除。对于那些对氧气更为敏感的厌氧性微生物，纯培养的分离则可采用稀释摇管培养法进行，它是稀释倒平板法的一种变通形式。先将一系列盛无菌琼脂培养基的试管加热使琼脂熔化后冷却并保持在50℃左右，将待分离的材料用这些试管进行梯度稀释，试管迅速摇动均匀，冷凝后，在琼脂柱表面倾倒一层灭菌液体石蜡和固体石蜡的混合物，将培养基和空气隔开。培养后，菌落在琼脂柱的中间形成。进行单菌落的挑取和移植，需先用一只灭菌针将液体石蜡-石蜡盖取出，再用一只毛细管插入琼脂和管壁之间，吹入无菌无氧气体，将琼脂柱吸出，置于培养皿中，用无菌刀将琼脂柱切成薄片进行观察和菌落的移植。

五、单细胞分离法

稀释法有一个重要缺点，它只能分离出混杂微生物群体中占数量优势的种类，而在自然界，很多微生物在混杂群体中都是少数。这时，可以采取显微分离法从混杂群体中直接分离单个细胞或单个个体进行培养以获得纯培养物，称为单细胞（单孢子）分离法。单细胞分离法的难度与细胞或个体的大小成反比，较大的微生物如藻类、原生动物较容易，个体很小的细菌则较难。

对于较大的微生物，可采用毛细管提取单个个体，并在大量的灭菌培养基中转移清洗几次，除去较小微生物的污染。这项操作可在低倍显微镜，如解剖显微镜下进行。对于个体相对较小的微生物，需采用显微操作仪，在显微镜下进行。目前，市场上有售的显微操作仪种类很多，一般是通过机械、空气或油压传动装置来减小手的动作幅度，在显微镜下用毛细管或显微针、钩、环等挑取单个微生物细胞或孢子以获得纯培养物。在没有显微操作仪时，也可采用一些变通的方法在显微镜下进行单细胞分离，例如将经适当稀释后的样品制备成小液滴在显微镜下观察，选取只含一个细胞的液滴来进行纯培养物的分离。单细胞分离法对操作技术有比较高的要求，多限于高度专业化的科学研究中采用。

六、选择培养基分离法

没有一种培养基或一种培养条件能够满足自然界中一切生物生长的要求，在一定程度上所有的培养基都是选择性的。在一种培养基上接种多种微生物，只有能生长的才生长，其他被抑制。如果某种微生物的生长需要是已知的，也可以设计一套特定环境使之特别适合这种微生物的生长，因而能够从自然界混杂的微生物群体中把这种微生物选择培养出来，即使在混杂的微生物群体中这种微生物可能只占少数。这种通过选择培养进行微生物纯培养分离的技术称为选择培养分离，该技术对于从自然界中分离、寻找有用的微生物是十分重要的。在自然界中，除了极特殊的情况外，在大多数场合下微生物群落是由多种微生物组成的。因此，要从中分离出所需的特定微生物是十分困难的，尤其当某一种微生物所存在的数量与其他微生物相比非常少时，单独采用一般的平板稀释方法几乎是不可能分离到该种微生物的。例如，若某处的土壤中的微生物数量在10^8时，必须稀释到10^{-6}才有可能在平板上分离到单菌落，而如果所需的微生物的数量仅为$10^2 \sim 10^3$，显然不可能在一般通用的平板上得到该微生物的单菌落。要分离这种微生物，必须根据该微生物的特点，包括营养、生理、生长条件等，采用选择培养分离的方法。或抑制使大多数微生物不能生长，或造成有利于该菌生长的环境，经过一定时间培养后使该菌在群落中的数量上升，再通过平板稀释等方法对它进行纯培养分离。

1. 利用选择培养基进行直接分离

主要根据待分离微生物的特点选择不同的培养条件，有多种方法可以采用。例如在从土壤中筛选蛋白酶产生菌时，可以在培养基中添加牛乳或酪素制备培养基平板，微生物生长时若产生蛋白酶则会水解牛乳或酪素，在平板上形成透明的蛋白质水解圈。通过菌株培养时产生的蛋白质水解圈对产酶菌株进行筛选，可以减少工作量，将那些大量的非产蛋白酶菌株淘汰；再如，要分离高温菌，可在高温条件进行培养；要分离某种抗生素抗性菌株，可在加有抗生素的平板上进行分离；有些微生物如螺旋体、黏细菌、蓝细菌等能在琼脂平板表面或里面滑行，可以利用它们的滑动特点进行分离纯化，因为滑行能使它们自己和其他不能移动的微生物分开，可将微生物群落点种到平板上，让微生物滑行，从滑行前沿挑取接种物接种，反复进行，得到纯培养物。

2. 富集培养

主要是指利用不同微生物间生命活动特点的不同，制定特定的环境条件，使仅适应于该条件的微生物旺盛生长，从而使其在群落中的数量大大增加，人们能够更容易地从自然界中分离到所需的特定微生物。富集条件可根据所需分离的微生物的特点从物理、化学、生物及综合多个方面进行选择，如温度、pH、紫外线、高压、光照、氧气、营养等许多方面。例如，采用富集方法从土壤中分离能降解酚类化合物对羟基苯甲酸的微生物的实验过程：首先配制以对羟基苯甲酸为唯一碳源的液体培养基并分装于烧瓶中，灭菌后将少量的土壤样品接种于该液体培养基中，培养一定时间，原来透明的培养液会变得浑浊，说明已有大量微生物生长。取少量上述培养液转移至新鲜培养液中重新培养，该过程经数次重复后能利用对羟基苯甲酸的微生物的比例在培养物中大大提高，将培养液涂布于以对羟基苯甲酸为唯一碳源的琼脂平板，得到的微生物菌落中的大部分都是能降解对羟基苯甲酸的微生物。挑取一部分单菌落分别接种到含有及缺乏对羟基苯甲酸的液体培养基进行培养，其中大部分在含有对羟基苯甲酸的培养基中生长，而在没有对羟基苯甲酸的培养基中表现为没有生长，说明通过该富集程序的确得到了欲分离的目标微生物。

通过富集培养使原本在自然环境中占少数的微生物的数量大大提高后，可以再通过稀释倒平板或平板划线等操作得到纯培养物。

富集培养是微生物学家最强有力的技术手段之一。营养和生理条件的几乎无穷尽的组合形式可应用于从自然界选择出特定微生物的需要。富集培养方法提供了按照意愿从自然界分离出特定已知微生物种类的有力手段，只要掌握这种微生物的特殊要求就行。富集培养法也可用来分离培养出由科学家设计的特定环境中能生长的微生物，尽管我们并不知道什么微生物能在这种特定的环境中生长。

七、小滴分离法

将准备分离培养的酵母菌或发酵液，移植到已灭菌的麦芽汁培养基中，经过多次稀释至每一滴麦汁仅含一个细胞。

在无菌室中用铂金针取稀释液滴在盖玻片上，或凹型载玻片孔内，一般可以点3～5排，每排3～5个小点。将盖玻片翻过来，使有小滴的一面面向凹型载玻片的孔穴，穴内加一滴无菌水，盖玻片和载玻片之间用凡士林密封好。在显微镜下检查每个小滴，把只有一个细胞的小滴位置记下。上述制好的检片置于25～27℃培养箱中培养2～3d，每天检查酵母菌的生长情况。

小滴培养每次应做三个以上的检片，经过培养后加以选择。用灭菌的三角形滤纸将发育正常的菌落挑出，移植到已灭菌的麦芽汁中进行培养，再经生理特性鉴定后供生产使用。

技能训练十七　微生物的分离纯化

一、目的要求

（1）学习、掌握酵母菌稀释分离技术。

（2）学习从样品中分离、纯化所需菌株的方法。

（3）学习并掌握平板涂布法和划线法分离纯化技术。

（4）学习平板菌落计数法。

二、材料与器材

（1）菌源　选定采土果园后，铲去表土层2~3cm，取3~10cm深层土壤10g，装入已灭过菌的牛皮纸袋内，封好袋口，并记录取样地点、环境及日期。土样采集后应及时分离，凡不能立即分离的样品，应保存在低温、干燥条件下，尽量减少其中菌系的变化。

（2）培养基　麦芽汁琼脂培养基。

（3）无菌水或无菌生理盐水。

（4）其他物品　无菌培养基、无菌移液管、无菌玻璃涂棒（刮刀）、称量纸、药勺、橡皮头、酒精灯、无菌牛皮纸袋、接种针、培养皿、三角瓶、试管等。

三、操作步骤

1. 稀释分离法

平板分离菌种方法有倾注法和涂布法两种。本实验分离酵母菌采用涂布法。

（1）制备菌悬液　称取果园土样1g，加入到一个盛有99mL无菌水或无菌生理盐水并装有玻璃珠的锥形瓶中，振荡20min，即成10^{-2}的土样稀释液。

（2）涂布法分离　向无菌培养皿中倾倒已熔化并冷却至45~50℃的麦芽汁琼脂培养基，待平板冷凝后，用无菌移液管分别吸取按照上述菌悬液制备方法制成的10^{-6}、10^{-5}、10^{-4}三个稀释度菌悬液0.1mL，依次滴加于相应编号

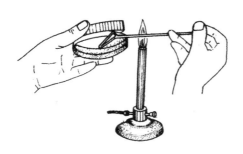

已制备好的麦芽汁琼脂培养基平板上，右手持无菌玻璃涂棒，左手拿培养皿，并用拇指将培养皿盖打开一缝，在火焰旁右手持玻璃涂棒与培养皿平板表面将菌液自平板中央均匀向四周涂布扩散，切忌用力过猛将菌液直接推向平板边缘或将培养基划破（图5-1）。

图5-1　涂布操作过程示意图

（3）培养　接种后，将平板倒置于30℃恒温箱中，培养2~3d观察结果。

2. 划线分离法

菌种被其他杂菌污染时或混合菌悬液常用划线法进行纯种分离。此法是借助将蘸有混合菌悬液的接种环在平板表面多方向连续划线，使混杂的微生物细胞在平板表面分散，经培养得到分散成由单个微生物细胞繁殖而成的菌落，从而达到纯化目的。划线分离的培养基必须事先倒好，需充分冷凝待平板稍干后放可适用；为方便划线，一般培养基不宜太薄，每个培养皿约倾倒20mL培养基，培养基应厚薄均匀，平板表面光滑。划线分离主要有连续划线法和分区划线法两种［见图5-2（1）、（2）］。连续划线法是从平板边缘一点开始，连续做波浪式划线直到平板的另一端为止，当中不需灼烧接种环上的菌；另一种是将平板分四区，故又称四分区划线法。划线时每次将平板转动60°~70°划线，每换一次角度，应将接种环上的菌烧死后，再通过上次划线处划线。

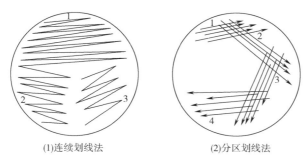

(1)连续划线法   (2)分区划线法

图5-2 划线分离方式

（1）连续划线法 以无菌操作用接种环直接取平板上待分离纯化的菌落，将菌种点种在平板边缘一处，取出接种环，烧去多余菌体。将接种环再次通过稍打开培养皿盖的缝隙伸入平板，在平板边缘空白处接触一下使接种环冷却，然后用接种有菌的部位在平板表面轻巧滑动划线，接种环不要嵌入培养基内划破培养基，线条要平行密集，充分利用平板表面积，注意勿使前后两条线重叠（图5-3），划线完毕，关上培养皿盖。灼烧接种环，待冷却后放置接种架上。培养皿倒置于适温的恒温箱内培养（以免培养过程培养皿盖冷凝水滴下，冲散已分离的菌落）。培养后在划线平板上观察沿划线处长出的菌落形态，图片镜检后再接种斜面。

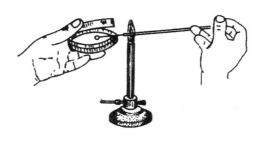

图5-3 划线分离示意图

（2）分区划线法 取菌、接种、培养方法与"连续划线法"相似。分区划线法分离时平板分四个区，故又称四分区划线法。其中第4区是单菌落的主要分布区，故其划线面积应最大。为防止第4区内划线与1、2、3区线条相接触，应使4区线条与1区线条相平行，这样区与区间线条夹角最好保持120°左右。先将接种环沾取少量菌在平板1区划3~5条平行线，取出接种环，左手关上平板盖，将平板转动60°~70°，右手把接种环上多余菌体烧死，将烧红的接种环在平板边缘冷却，再按以上方法以1区划线的菌体为菌源，由1区向2区作第2次平行划线。第2次划线完毕，同时再把平板转动约60°~70°，同样依次在3、4区划线。划线完毕，灼烧接种环，关上平板盖，同上法培养，在划线区观察单菌落。

本次实验在分离酵母菌的平板上选取单菌落，于肉膏蛋白胨平板上再次划线分离，使菌进一步纯化。划线接种后的平板，倒置于30℃恒温箱中培养24h后观察结果。

四、注意事项

（1）实验课前需对实验内容进行预习，设计好实验方案。

（2）实验过程中要注意无菌操作。

（3）注意观察及记录实验现象。

五、实验数据与处理结果

（1）简述分离微生物纯种的原则及列出分离操作过程的关键无菌操作技术。

（2）记录所分离的微生物平板菌落计数结果。

（3）记录所分离样品中菌落的培养条件及菌苔特征。

六、思考题

（1）划线分离时为什么每次都要将接种环上多余菌体烧掉？划线时为何不能重叠？

（2）在恒温箱中培养微生物时为何培养皿需倒置？

（3）分离某类微生物时培养皿中出现其他类微生物，请说明原因？应该如何进一步分离和纯化？经过一次分离的菌种是否皆为纯种？若不纯，应采用哪种分离方法最合适？

（4）如果欲分离啤酒发酵液中的啤酒酵母应如何进行操作？

—— 小结 ————————————————————————

　　大多数细菌、酵母菌，以及许多真菌和单细胞藻类能在固体培养基上形成孤立的菌落，采用适宜的平板分离法很容易得到纯培养。所谓平板，即培养平板（culture plate）的简称，它是指熔化的固体培养基倒入无菌平皿，冷却凝固后，盛有固体培养基的平皿。这方法包括将单个微生物分离和固定在固体培养基表面或里面。固体培养基是用琼脂或其他凝胶物质固化的培养基，每个孤立的话微生物体生长、繁殖形成菌落，形成的菌落便于移植。最常用的分离、培养微生物的固体培养基是琼脂固体培养基平板。常用固体培养基分离纯培养：平板划线分离法、稀释倒平板法、涂布平板法、稀释摇管法，其他有单细胞分离法、选择培养基分离法和小滴分离法等。

 思考与练习

1. 何谓微生物的分离纯化？

2. 微生物分离纯化的方法有哪些？

3. 如何选择适宜的微生物分离纯化方法？

4. 划线分离时为什么每次都要将接种环上多余菌体烧掉？划线时为何不能重叠？

5. 在恒温箱中培养微生物时为何培养皿需倒置？

6. 分离某类微生物时培养皿中出现其他类微生物，请说明原因？应该如何进一步分离和纯化？经过一次分离的菌种是否皆为纯种？若不纯，应采用哪种分离方法最合适？

7. 如果欲分离啤酒发酵液中的啤酒酵母应如何进行操作？

模块六　　微生物选育技术

知识一　微生物的遗传变异

一、微生物遗传变异的基本概念

在自然界，各种生物都存在遗传和变异的现象，微生物也是如此。遗传和变异是生物体最本质的属性之一。遗传是指亲代生物传递给子代与自身性状相同的遗传信息，从而表现为与亲代相同的性状，形成为稳定的物种。物种是生物分类的基本单位，位于生物分类法中最后一级，在属之下。一般是指一群与其他群体形态不同，并能够交配繁殖的相关的生物群体。对于生物来说，保证物种的延续性是出于本能。但这种遗传性是相对的。变异是生物体在某种外因或内因作用下引起的遗传物质水平上发生了改变从而引起某些相对应的性状改变的特性，这种变异性是绝对的。遗传和变异是相互对立又并存的矛盾统一体。遗传为生物物种特性的稳定提供了可能性，变异为生物物种的进化提供了可能性。遗传是相对的，变异是绝对的；遗传中有变异，变异中有遗传，从而使微生物能够适应不断变化的环境，得以进化。

二、遗传变异的物质基础

在生物体中，遗传变异有无物质基础以及何种物质是遗传物质曾是生物学中的重大问题。直到1944年后，由于连续利用微生物这一有利的实验对象进行了肺炎双球菌的转化、噬菌体的感染、植物病毒的拆开和重建三个著名的证实核酸是遗传变异物质基本的经典实验发表后，终于证明了核酸才是遗传变异的真正物质基础，至此科学界取得了承认核酸是遗传物质的一致意见。

知识二 微生物的育种技术

一、基因突变

正常情况下，遗传物质的核苷酸序列能够严格的碱基配对的条件下保证遗传的稳定性。但如果在碱基配对过程中出现了错误，那么就会发生遗传物质的改变。这种遗传物质的变化就是突变。突变是指生物体内的遗传物质——核酸（DNA或RNA病毒中RNA）中的核苷酸顺序突然发生了稳定的可遗传的变化。突变的概率一般在$10^{-6} \sim 10^{-9}$范围内。

知识拓展

镰刀型细胞贫血症是一种遗传病。正常人的红细胞是中央微凹的圆饼状，而镰刀型细胞贫血患者的红细胞却是弯曲的镰刀状。这样的红细胞容易破裂，使人患溶血性贫血，严重时将导致死亡。对这种患者的红细胞的血红蛋白分子进行研究发现，在组成血红蛋白分子的多肽链上，谷氨酸被换成了缬氨酸，从而导致了红细胞性状的改变（图6-1）。由此可见，碱基的改变可导致基因的改变，从而引起所编码的蛋白质的改变，造成了性状的改变。

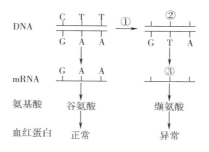

图6-1 镰刀型细胞贫血症的病因图解

突变包括基因突变和染色体畸变两类，其中以基因突变为最常见。基因突变是由于DNA链上的一对或少数几对碱基发生改变而引起的突变，是在基因内的突变，又可分为点突变和移码突变。点突变是DNA链上碱基对的置换。移码突变是DNA链上增加或缺失一对或几对碱基，使得这个位置以后的一系列编码发生移位错误的突变。由于发生了一系列的碱基序列改变，使合成的蛋白质与正常的不同，这种蛋白质很可能是无意义的或有害的蛋白质。和染色体畸变相比，基因突变是属于DNA分子的微小损伤。而染色体畸变则是DNA的大段变化（损伤），表现为染色体的添加（即插入）、缺失、重复、易位和倒位。由于重组或附加体等外源遗传物质的整合而引起的DNA改变，则不属突变的范围。

在微生物遗传过程中，突变是经常发生的。研究突变的规律，不但有助于对基因定位和基因功能等基本理论问题的了解，而且还为诱变育种或医疗保健工作中有效地消灭病原微生物等问题提供了必要的理论基础。

（一）基因突变的原因

突变的原因是多种多样的，可以是自发的或诱变的，诱变又可分为点突变和畸变。自然界中所自然产生的，如果蝇中的白眼病都是自发突变。

1. 自发突变的机制

自发突变是指微生物在没有人工参与下所发生的突变。称它为"自发突变"决不意味着这种突变是没有原因的，而只是说明人们对它们还没有很好的认识而已。通过对诱变机制的研究，启发了人们对自发突变机制的了解。下面讨论几种自发突变的可能机制。

（1）背景辐射和环境因素的诱变　不少"自发突变"实质上是由于一些原因不详的低剂量诱变因素长期的综合效应。例如充满宇宙空间的各种短波辐射、高温的诱变效应以及自然输送中普遍存在的一些低浓度的诱变物质（在微环境中有时也可能是高浓度）的作用等。

（2）微生物自身代谢产物的诱变　过氧化氢是微生物的一种正常代谢产物，过氧化氢可能是自发突变中的一种内源诱变剂。如过氧化氢对脉孢菌具有诱变作用，它可因同时加入过氧化氢酶而降低突变率。

（3）经变异构效应　它的作用是由于发生酮式至烯醇式的互变异构效应而引起的。因为A、T、G、C四种在DNA双链结构中一般总是以A：T和G：C碱基配对地形式出现。可是，在偶然情况下T也会以稀有的烯醇式形式出现，因此在DNA复制到达这一位置的一瞬间，通过DNA聚合酶的作用，它的相对位置上就不再出现常规的A，而是出现G；同样，如果C以稀有的亚氨基形式出现在DNA复制到达这一位置的一刹那，则在新合成DNA单链的与C相应的位置上就将是A，而不是往常的G。这或许就是发生相应的自发突变的原因。

（4）环出效应　在DNA复制过程中，如果其中一单链上偶尔产生一小环，则会因其上的基因越过复制而发生遗传缺失，从而造成自发突变。

2. 诱发突变的机制

诱发突变是指在人为的条件下，有目的的通过使用一些诱变因素来提高突变概率的措施。常采用的方法有使用化学诱变剂和使用物理诱变剂如紫外线、射线等。

按照作用方式的不同，化学诱变剂分为三大类：碱基类似物、改变DNA结构的化合物和吖啶类化合物。

（1）碱基类似物　5-溴尿嘧啶和2-氨基嘌呤分别是胸腺嘧啶和腺嘌呤的碱基类似物，通过DNA复制，掺入到DNA分子中，从而引起了DNA分子中基因序列的改变。

（2）改变DNA结构的化合物　能改变DNA结构的化合物是一些直接与DNA碱基发生化学变化的诱变剂，如亚硝酸、羟胺及各种烷化剂如硫酸二乙酯和氮芥等。

（3）吖啶类化合物　吖啶类化合物都有一个平面三环结构，见图6-2所示。其分子大小和DNA链上一个嘌呤-嘧啶碱基对差不多。当这类化合物插入DNA两相邻的碱基对之间的时候，会使DNA正常复制出现错误，造成移码突变。

对于物理诱变剂来说，常用的是紫外线、X射线和γ射线。其中对原核生物来说紫外线是最常用的诱变剂。紫外线是一种非电离射线，不产生电离辐射。其主要作用是使DNA分子内或分子间交联形成胸腺嘧啶二聚体，结果阻碍了碱基的正常配对，影响了DNA的正常复制和转录发生的突变。严重时甚至会导致微生物死亡。

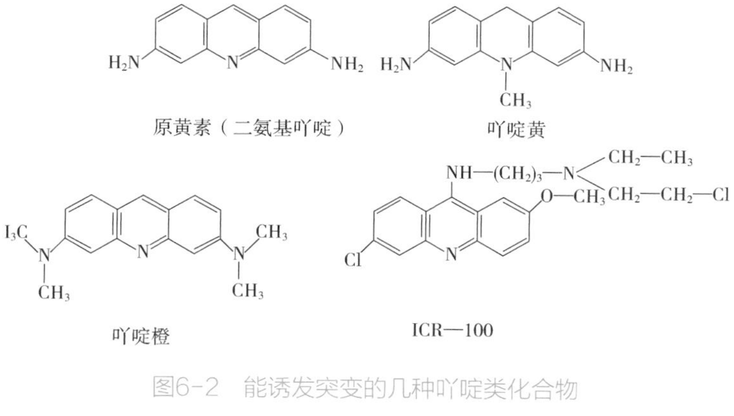

图6-2　能诱发突变的几种吖啶类化合物

（二）基因突变的特点

整个生物界，由于它们的遗传物质基础是相同的，所以显示在遗传变异的本质上也都遵循着相同的规律，这在基因突变的水平上尤为明显。首先由于DNA碱基组成的改变是随机的、不确定的，所以基因突变的特点也遵循这个规律。一般来说，基因突变有以下几个特点。

1. 不对应性

这是突变的一个重要特点，也是容易引起争论的问题。即突变的性状与引起突变的原因间无直接的对应关系。例如，细菌在有青霉素的环境下，出现了抗青霉素的突变体；在紫外线的作用下，出现了抗紫外线的突变体；在较高的培养温度下，出现了耐高温的突变体等。表面上看来，会认为正是由于青霉素、紫外线或高温的"诱变"，才产生了相对应的突变性状。事实恰恰相反，这类性状都可通过自发的或其他任何诱变因子诱发而产生。这里的青霉素、紫外线或高温仅是起着淘汰原有非突变型（敏感型）个体的作用。如果说它有诱变作用（例如其中的紫外线），也可以诱发任何性状的变异，而不是专一地诱发抗紫外线的一种变异。也就是说基因突变的方向与环境无关。

2. 自发性

各种性状的突变，可以在没有人为的诱变因素处理下自发地发生。

3. 稀有性

自发突变虽可随时发生，但突变的频率是较低和稳定的，一般在$10^{-6} \sim 10^{-9}$间。所谓突变率，一般指每一细胞在每一世代中发生某一性状突变的概率，也有用每单位群体在繁殖一代过程中所形成突变体的数目来表示的。

4. 独立性

突变的发生一般是独立的，即在某一群体中，既可发生抗青霉素的突变型，也可发生抗链霉素或任何其他药物的抗药性，而且还可发生其他不属抗药性的任何突变。某一基因的突变，既不提高也不降低其他基因的突变率。例如，巨大芽孢杆菌（*Bac.megaterium*）抗异烟肼的突变率是5×10^{-5}，而抗氨基水杨的突变率是1×10^{-6}，对两者具有双重抗性的突变率是8×10^{-10}，正好近乎两者的乘积。这就指出两基因突变是独立的，即说明突变不仅对某一细胞是随机的，且对某一基因也是随机的。

5. 诱变性

通过诱变剂的作用，可提高自发突变的频率，一般可提高$10 \sim 10^5$倍。不论是自发突变或诱发突变（诱变）得到的突变型，它们间并无本质上的差别，因为诱变剂仅起着提高突变率的作用。

6. 稳定性

由于突变的根源是遗传物质结构上发生了稳定的变化，所以产生的新性状也是稳定的、可遗传的。

7. 可逆性

由原始的野生型基因变异为突变型基因的过程，称为正向突变，相反的过程则称为回复突变或回变。实验证明，任何性状既有正向突变，也可发生回复突变。回复突变是指突变后的某性状回复到原有性状的现象。回复现象的存在说明基因突变的方向是可逆的。

（三）基因突变的意义

由于基因突变是随机的、不定向的，所以基因突变的结果对物种可能是有益的，也可能是有害的。最终要由环境来决定。凡是能适应环境的突变对物种的存活是有益的，反之就会被环境所淘汰。在自然状态下，自然突变的频率虽然低，却是大量存在的。这为物种适应环境的变化提供了可能性，也是生物变异的根本来源。

二、基因重组

凡把两个不同性状个体内的遗传基因转移到一起，经过遗传分子的重新组合后，形成新遗传型个体的方式，称为基因重组或遗传重组。重组可使生物体在未发生突变的情况下，也能产生新遗传型的个体。

（一）原核微生物的基因重组

在原核微生物中，基因重组的方式主要有转化、转导、接合和原生质体融合几种形式。

1. 转化

受体菌直接吸收了来自供体菌的DNA片段，通过交换，把它组合到自己的基因组中，从而获得了供体菌的部分遗传性状的现象，称转化。转化作用的实现需要具备的条件是供体DNA、受体细胞和适宜的转化条件。用于转化的供体DNA必须是高分子质量的双链核酸片段。转化后的受体菌，就称转化子。在原核生物中，转化虽是一个较普遍的现象，但目前还只在部分细菌种、属中发现，例如肺炎双球菌、嗜血杆菌属、芽孢杆菌属、奈氏球菌属、根瘤菌属、链球菌属、葡萄球菌属、假单胞杆菌属和黄单胞杆菌属等。在若干放线菌和蓝细菌，以及少数真核微生物如酵母、粗糙脉孢菌和黑曲霉中，也有转化的报道。在细菌中，肠杆菌科的一些菌很难进行转化。

两个菌种或菌株间能否发生转化，与它们在进化过程中的亲缘关系有着密切的联系。但即使在转化率极高的那些种中，其不同菌株间也不一定都可发生转化。能进行转化的细胞必须是感受态的。能接受供体DNA并且实现转化作用的细胞称感受态细胞，处于感受态的细胞接受供体DNA的能力比一般细胞大很多，有时可比一般细胞大一千倍。感受态的出现固然与受体菌的自身有关，也与受体菌的生理状态和所处环境有关。

如果把噬菌体或其他病毒的DNA（或RNA）抽提出来，用它去感染感受态的宿主细胞，并进而产生正常的噬菌体或病毒，这种特殊的"转化"，称为转染。

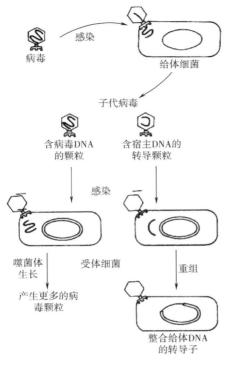

图6-3 普遍转导

2.转导

通过完全缺陷或部分缺陷噬菌体的媒介，把供体细胞的DNA片段携带到受体细胞中，从而使后者获得了前者部分遗传性状的现象，称为转导。获得新遗传性状的受体细胞，成为转导子。

转导现象最早（1952年）是在鼠伤寒沙门杆菌中发现的。以后在许多原核微生物中都陆续发现了转导，如大肠杆菌、芽孢杆菌属、变形杆菌属、假单胞杆菌属、志贺杆菌属和葡萄球菌属等。转导现象在自然界中比较普遍，在低等生物的进化过程中，很可能是一种产生新基因组合的重要方式。

（1）普遍转导 噬菌体可误包供体菌中的任何基因（包括质粒），并使受体菌实现各种性状的转导，称为普遍转导（图6-3）。

普遍转导又可分以下两种。

①完全普遍转导：简称完全转导。在鼠伤寒沙门菌的完全普遍转导实验中，曾以其野生型菌株作供体菌，营养缺陷型为受体菌，P22噬菌体作为转导媒介。当P22在供体菌内发育时，宿主的染色体组断裂，待噬菌体成熟之际，极少数噬菌体的衣壳将与噬菌体头部DNA芯子相仿的供体菌DNA片段误包入其中，因此，形成了完全不含噬菌体身DNA的假噬菌体（一种完全缺陷的噬菌体）。当供体菌裂解时，如把少量裂解物与大量的受体菌群相混，这种误包着供体菌基因的特殊噬菌体就将这一外源DNA片段导入受体菌内。由于一个细胞只感染了一个完全缺陷的假噬菌体（转导噬菌体），故受体细胞不会发生溶源化，更不会裂解；还由于导入的供体DNA片段可与受体染色体组上的同源区段配对，再通过双交换而重组到受体菌染色体上，所以就形成了遗传性稳定的转导子。

②流产普遍转导：在许多获得供体菌DNA片段的受体菌内，如果转导DNA不能进行重组和复制，其上的基因仅经过转录而得到了表达，就称流产转导（图6-4）。

（2）特异转导 转导噬菌体只限于转导供体菌个别特定的基因，当这种

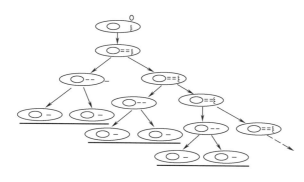

图6-4　流产转导

噬菌体感染受体菌时，使受体菌获得这一特定的遗传性状的现象，称为特异转导。特异转导最初于1954年在大肠杆菌K_{12}菌株中发现。在该菌株中产生了一种特殊的噬菌体–缺陷噬菌体：它们除含大部分自身的DNA外，缺失的基因被几个原来位于前噬菌体整合位点附近的宿主基因取代，因此，它们没有正常噬菌体的溶源性和增殖能力。根据转导频率的高低又可分为低频转导和高频转导两种。

还有一种与转导相似但本质又不同的现象，称作溶源转变。当温和噬菌体感染其宿主而使之发生溶源化时，因噬菌体的基因整合到宿主的基因组上，而使后者获得了除免疫性以外的新性状的现象，称为溶源转变。当宿主丧失这一噬菌体时，通过溶源转变而获得的性状也同时消失。溶源转变与转导有本质上的不同，首先是它的温和噬菌体不携带任何供体菌的基因；其次，这种噬菌体是完整的，而不是缺陷的。

3. 接合

通过供体菌和受体菌完整细胞间的直接接触而传递大段DNA的过程，称为接合。在细菌和放线菌中都存在着接合现象，在细菌中，以革兰阴性细菌如大肠杆菌以及沙门菌、志贺菌、赛氏杆菌、弧菌、固氮菌、克氏杆菌、假单胞杆菌等属生活在动物肠道内的一些种最为常见；在放线菌中，研究得最多的是链霉菌属和诺卡菌属等，凡有F因子的菌株，其细胞表面就会产生1～4条中空而细长的丝状物，称为性毛。它的功能是在接合过程中转移DNA。

4. 原生质体融合

通过人为方法，使遗传性状不同的两细胞的原生质体发生融合，并产生重组子的过程，称为原生质体融合或细胞融合。能进行原生质体融合的细胞不仅有原核生物中的细菌、放线菌，而且还有真核微生物中的酵母菌、霉菌以及高等动、植物细胞。

有关原生质体融合的机制还有待研究。细胞融合现象的发现，为一些还未发现转化、转导或接合的原核生物的遗传学研究和育种技术的提高创造了有利的条件，这使得种间、属间、科间甚至更远的微生物或高等生物细胞间有可能融合，从而为人们得到生产性状极其优良的新物种的出现带来了可能性。

三、真核微生物的基因重组

在真核微生物中，基因重组主要有有性杂交、准性杂交、原生质体融合和转化等形式。这里主要介绍前两种。

（一）有性杂交

杂交是在细胞水平上发生的一种遗传重组方式。有性杂交，一般指性细胞间的接合和随之发生染色体重组，并产生新遗传型后的一种方式。凡能产生有性孢子的酵母菌或霉菌，原则上都可应用与高等动、植物杂交育种相似的有性杂交方法进行育种。

这使得两个亲体的不同性的单倍体细胞集中在一起，就有更多机会出现种种双倍体的杂交后代变成了可能，就可以进一步从中筛选出优良性状的个体。

生产实践中利用有性杂交培养优良品种的例子很多。例如，用于酒精发酵的酵母和用于面包发酵的酵母虽属同一种酿酒酵母，但两者是不同的菌株，表现在前者产酒精率高而对麦芽糖和葡萄糖的发酵力弱，后者则产酒精率低而对麦芽糖和葡萄糖的发酵力强。两者通过杂交，就得到了既能产酒精，又能将其残余的菌体综合利用作为面包厂和家用发面酵母的优良菌种。

（二）准性生殖

准性生殖是一种类似于有性生殖但比它更为原始的一种生殖方式，它可使同一生物的两个不同来源的体细胞经融合后，不通过减数分裂而导致低频率的基因重组。准性生殖常见于某些真菌，尤其是半知菌中。

四、微生物的菌种选育

（一）自发突变与育种

1. 从生产中选育

在日常的大生产过程中，微生物也会以一定频率发生自发突变。人们可以利用这类机会来选育优良的生产菌种。例如，从污染噬菌体的发酵液中有可能分离到抗噬菌体的再生菌。

2. 定向培育优良菌种

希望自己能在最短的时间内培育出比较理想的菌株是每个育种工作者的梦想。因此，定向培育微生物的工作与微生物的应用是分不开的。

定向培育一般是指用某一特定环境长期某一微生物，同时不能对它们进行传代，以达到积累和选择合适的自发突变体的一种古老的育种方法。由于自发突变的频率较低，变异程度较轻微，所以培育新种的过程一般十分缓慢，往往要坚持相当长的时间才能有效。

（二）诱变育种

诱变育种就是利用物理或化学诱变剂处理分散的微生物细胞群，促进其突变频率大幅度提高，然后设法采用简便、快速和高效的筛选方法，从中挑选少数符合育种目的的突变株以供生产实践或科学实验之用。在诱变与筛选两个主要环节中，筛选的重要性更为突出。诱变育种具有十分重要的实践意义，发酵工业中所使用的高产菌株，几乎都是通过诱变育种提高其生产性能的。它具有简便易行、速度快、效果好的优点。

1. 诱变育种的基本环节

诱变育种的具体操作环节很多，主要包括出发菌株的选择、诱变菌株的培养、诱变菌悬液的制备、诱变处理、后培养、突变株的分离与筛选等。虽然常因工作目的、育种对象和操作者的安排而有所差异，但其中最基本的环节却是相似的。

2. 诱变育种工作中的几个原则

（1）选择简便有效的诱变剂　诱变剂主要有两大类，即物理诱变剂和化学诱变剂。物理诱变剂如紫外线、X射线、γ射线和快中子等；化学诱变剂主要有碱基类似物、改变DNA结构的化合物和吖啶类化合物。

（2）挑选优良的出发菌株　出发菌株就是用于育种的原始菌株。选用合适的出发菌株，就有可能提高育种工作的效率。

（3）处理单孢子（或单细胞）液　在诱变育种中，所处理的细胞必须是单细胞的、均匀的悬液状态。这是因为，一方面分散状态的细胞可以均匀地接触诱变剂；另一方面又可避免长出不纯菌落。

（4）选用最适剂量　在育种实践中，常采用杀菌率作各处诱变剂的相对剂量。由于诱变剂的作用是提高突变的频率、扩大产量变异的幅度、使产量变异朝正变（即提高产量的变异）或负变（即降低产量的变异）的方向移动，因此凡在高诱变率的基础上既能扩大变异幅度，又能促使变异移向正变范围的剂量，就是合适的剂量。

（5）利用复合处理的协同效应　诱变剂的复合处理常常呈现一定的协同效应，这对育种实践是很有参考价值的。复合处理有几类：一类是两种或多种诱变剂的先后使用；第二类是同一种诱变剂的重复使用；第三类则是两种或多种诱变剂的同时使用。如果能从前面讨论过的不同作用机制的诱变剂作复合处理，可能会取得更好的诱变效果。

（6）设计和采用高效筛选方案和方法　通过诱变处理，在微生物群体中会出现种种突变型个体，但其中绝大多数是负变体，要在其中把极个别的产量提高较显著的正变体筛选到手，可能要比沙里淘金还要难。为了花费最少的工作量，又能在最短的时间内取得最大的成效，就要求努力设计和采用效率较高的科学筛选方案和具体的筛选方法。

关于筛选方法：一般可通过初筛与复筛两个阶段对突变株进行生产性能的测定。初筛既可在培养皿平板上进行，也可在摇瓶中进行，两者各有利弊。如在平板上进行，则快速简便，工作量小，结果直观性强（例如，变色圈、透明圈、生长圈、抑制圈或沉淀圈等生理效应的测定），缺点则是由于培养皿平板上的种种条件与摇瓶培养，尤其与发酵罐中进行液体深层培养时的条件有很大差别，所以两者结果常不一致。

对突变株的生产性能做比较精确的定量测定工作常称复筛。一般是将微生物接种在三角瓶内培养液中做振荡培养（摇瓶培养），然后再对培养液进行分析测定。在摇瓶培养中，微生物在培养液内分布均匀，既能满足丰富的营养，又能获得充足的氧气（对好氧微生物而言），因此与发酵罐的条件比较接近，所以测得的数据就更具有实际意义。此法的缺点是需要较多的劳力、设备和时间，故工作量难以大量增加。

知识拓展

1.肺炎双球菌的转化实验

肺炎双球菌的转化现象首先是由英国医生格里菲斯（F.Griffith，1877—1941）在1928年首次发现的。当时，格里菲斯以小白鼠为实验材料，试图研究肺炎双球菌（*Streptococcus pneumoniae*）如何使人患上肺炎。他设计的实验是用两种不同类型的肺炎双球菌去感染小鼠（图6-5）。一种是有毒的S

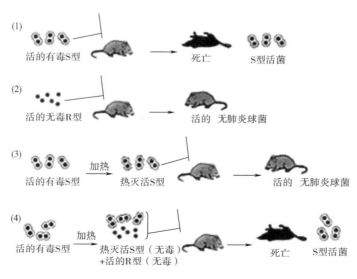

图6-5 肺炎双球菌的转化实验

型（有荚膜，菌落光滑），另一种是无毒的R型（无荚膜，菌落粗糙）。他把少量无毒、活的肺炎双球菌RⅡ型（无荚膜，菌落粗糙型）和大量加热杀死的有毒的SⅢ型（有荚膜，菌落光滑型）细胞混合注射到小白鼠体中，结果小白鼠病死，并且意外地在病死的小白鼠尸体内发现有活的SⅢ肺炎双球菌。若单独将加热杀死的SⅢ型注入小白鼠体内，小白鼠却不死。

1944年，美国科学家艾弗里（O.Avery，1877—1955）等人从热死的S型肺炎双球菌中提纯了可能作为转化因子的各种成分（DNA、蛋白质、荚膜多糖等），在离体条件下重复了这个转化实验（图6-6），并对转化现象的本质进行了一系列深入的研究。结果发现：只有加入S型细菌的DNA，R型细菌才能转化S型细菌，并且DNA的纯度越高，转化就越有效。虽然实验结果超出了预料，因为它违背了当时大多数科学家认为蛋白质是遗传物质的观点，但艾弗里还是坚持自己的实验所得出的结论：DNA才是R型细菌产生稳定遗传变化的遗传物质。

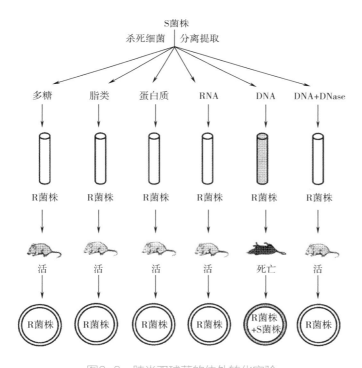

图6-6 肺炎双球菌的体外转化实验

2. 噬菌体的感染实验

虽然艾弗里的实验引起了人们的注意，但由于肺炎双球菌的RⅡ型菌株转变为SⅢ型时产生了新的荚膜多糖，而多糖是经过酶进行合成的，因此，有人仍坚持认为蛋白质是转化因子。所以，仍对实验结论表示怀疑。

1952年，候喜（A.D.Hershey）和蔡斯（M.Chase）利用放射性同位素标记的新技术，对大肠杆菌T2噬菌体的吸附、增殖和释放进行了一系列研究，完成了证明DNA是噬菌体的遗传物质的著名实验——噬菌体感染实验（图6-7）。

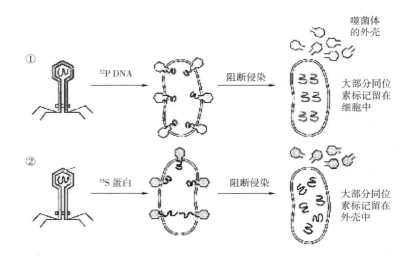

图6-7　噬菌体感染实验

大肠杆菌噬菌体T2（*Enterobacteria phage* T2）是一种致命性噬菌体，专门感染大肠杆菌。其病毒体内含DNA，外侧拥有由蛋白质组成的外壳。该病毒中唯一含有磷原子的分子是DNA。由于蛋白质分子含硫而不含磷。所以他们用含有^{35}S和^{32}P的培养基去标记大肠杆菌，然后再用T2噬菌体感染，即可分别得到标记有^{35}S和^{32}P的T2。实验时，把标记噬菌体与其宿主大肠杆菌混合，经短时间保温后，T2完成了吸附和侵入过程，然后，在组织捣碎器中剧烈搅拌，以使吸附在菌体外表的T2蛋白外壳脱离细胞并均匀分布，接着进行离心沉淀，再分别测定沉淀物和上清液中的同位素标记。结果发现，几乎全部的^{32}P都和细菌一起出现在沉淀物中，而几乎全部^{35}S都在上清液中。这意味着噬菌体的蛋白外壳经自然分离后仍留在细胞外部，只有DNA才进入宿主体内；同时，由于最终能释放出一群具有与亲代同样蛋白外壳的完整的子代噬菌体，所以说明只有DNA才是其真正的遗传物质。但该实验并没有证明遗传物质不是蛋白质。

3. 植物病毒的拆开和重建实验

为了证明核酸是遗传物质，弗朗克－康拉特（Fraenkel-Conrat）等（1956年）用含RNA的烟草花叶病毒（TMV）进行了在植物病毒领域中著名的重建实验（图6-8），即将TMV放在一定浓度的苯酚溶液中振荡，将蛋白质外壳与RNA分离。分离后的RNA在没有蛋白质外壳的情况下，依然感染了TMV，并且在病灶部位分离出了新的TMV，证明烟草花叶病毒（TMV）的主要感染成分是其核酸（这里为RNA，病毒不含DNA），而病毒外壳的主要作用只是保护其RNA核心。他们还选用了与TMV近缘的霍氏车前花叶病毒（HRV）与TMV互换核酸和蛋白质外壳进行感染的实验，令人信服地证实了核酸（这里的RNA）是TMV病毒的遗传物质基础。

至此，人们达成了一致的意见：核酸（DNA和RNA）是真正的遗传物质。

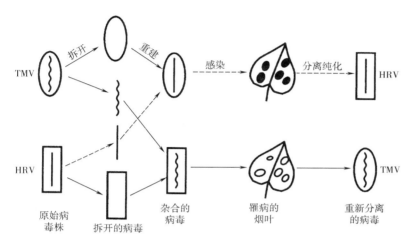

图6-8　植物拆开-重建示意图

技能训练十八　细菌 α-淀粉酶产生菌种筛选

一、目的要求

（1）掌握从环境中采集样品并从中分离纯化出某种微生物的操作方法。

（2）学习淀粉酶活力的测定方法。

二、基本原理

α-淀粉酶是一种液化型淀粉酶，它的产生菌芽孢杆菌，广泛分布于自然界，尤其是在含有淀粉类物质的土壤等样品中。从自然界筛选菌种的具体做法，大致可以分成以下四个步骤：采样、增殖培养、纯种分离和性能测定。

1.采样

采集含菌样品前应先了解打算筛选的微生物的分布情况。一般在土壤中几乎各种微生物都可以找到。在土壤中，数量最多的是细菌，其次是放线菌，然后是霉菌和酵母菌。

2. 增殖培养

增殖培养就是在所采集的土壤等含菌样品中加入某些物质或根据该微生物对生长环境的要求创造一些有利于其生长的条件，从而使该种微生物大量繁殖，便于从其中分离到这类微生物。

3. 纯种分离

通过增殖培养确立了待分离的微生物数量上的优势地位，提高了筛选的效率，然后进行该种微生物的分离。纯种分离的方法很多，主要有：平板划线分离法、稀释分离法、单孢子或单细胞分离法、菌丝尖端切割法等。

4. 性能测定

分离得到纯种这只是选种工作的第一步。所分得的纯种是否符合生产上所要求的性能，还必须要进行性能测定后才能确定。性能测定的方法分初筛和复筛两种。初筛一般在培养皿上根据选择性培养基的原理进行。复筛是在初筛的基础上做比较精细的测定。一般是将微生物培养在三角瓶中做摇瓶培养，然后对培养液进行分析测定。

配制以淀粉为唯一碳源的培养基，把斜面上各个菌株逐个点种在培养基表面，经过培养后测定透明圈与菌落直径的比值大小来衡量淀粉酶活力的高低。通过测定淀粉酶的活力，来筛选优良的生产菌种。

三、材料与器材

（1）小铁铲和无菌纸或袋、无菌水三角瓶（300mL的瓶装水至99mL，内有玻璃珠若干）、无菌吸管（1mL、5mL等）、无菌水试管（每支9mL水）、无菌培养皿。

（2）分离培养基

①淀粉琼脂培养基：蛋白胨1%；NaCl 0.5%；牛肉膏0.5%；可溶性淀粉0.2%；琼脂1.5%；pH7.2；水定容。

②麸曲培养基：麸皮7g；玉米面1g；$(NH_4)_2SO_4$ 0.04g［4%$(NH_4)_2SO_4$加1mL］；NaOH 0.08g（8% NaOH加1mL）；水10mL，混合均匀，装入250～300mL三角瓶中，0.1MPa灭菌30min。

注意：先将可溶性淀粉加少量蒸馏水调成糊状，再加到溶化好的培养基中，调匀。

（3）碘液

①Lugol氏碘液：碘1g，碘化钾2g，水300mL。

配制时先将碘化钾溶于5～10mL水中，再加入碘，溶解后定容。

②碘原液：碘2.2%，碘化钾0.4%，加水定容。

③标准稀碘液：取碘原液15mL，加碘化钾8g，水定容200mL。

④比色稀碘液：取碘原液2mL，加碘化钾20mg，定容至500mL。

（4）其他试剂

①0.2%可溶性淀粉液：称取0.2g可溶性淀粉，先以少许蒸馏水混合，再徐徐倾入煮沸蒸馏水中，继续煮沸2min，冷却，加水至100mL。

②磷酸氢二钠-柠檬酸缓冲液pH6.0：称取$Na_2HPO_4 \cdot 12H_2O$ 11.31g，柠檬酸2.02g，加水定容至250mL。

③标准糊精液：称取0.3g糊精，悬浮于少量水中，再倾入400mL沸水中，冷却后，加水稀释至500mL。冰箱存放。

四、操作步骤

1. 分离纯化

（1）采集土样。

（2）样品稀释　在无菌纸上称取样品1g，放入100mL无菌水的三角瓶中，振荡10min。用1mL无菌吸管吸取1mL注入9mL无菌水试管中进行梯度稀释，得到$10^{-1} \sim 10^{-6}$的各种稀释度的土壤溶液。

（3）分离　用稀释样品的同支吸管分别依次从10^{-6}、10^{-5}、10^{-4}样品稀释液中，吸取1mL，注入无菌培养皿中，然后倒入灭菌并熔化冷至50℃左右的固体淀粉培养基，小心摇动冷凝后，倒置于30℃温箱中培养48h。

（4）检查　培养48h后，取出平板，将皿中注入1滴Lugol氏碘液，观察菌落的透明圈，如菌落周围有无色圈，说明该菌能分解淀粉。

（5）纯化　从平板上选取淀粉水解圈直径与菌落直径之比较大的菌落，用接种环沾取少量培养物至斜面上，并进行2～3次划线分离，挑取单菌落至斜面上，培养后观察菌苔生长情况并镜检验证为纯培养。

2. 麸曲培养

取纯化菌落斜面中加入5mL无菌水制成菌悬液，取2mL接种至麸曲培养基中，搅匀后，36℃培养24h。

3. 酶活力测定

（1）制备酶液　在已成熟的麸曲三角瓶中，加水100mL，搅匀，置30℃水浴30min，用滤纸过滤，滤液即细菌α-淀粉酶液，待测。

（2）在三角瓶中，加入0.2%可溶性淀粉溶液2mL，缓冲液0.5mL，在60℃水浴中10min平衡温度，加入3mL酶液，充分混匀，即刻记时，定时取出一滴反应液于比色板穴中，穴中先盛有比色稀碘液，当由紫色逐渐变为棕橙色，与标准比色管颜色相同，即为反应终点，记录时间（t），单位为min。

（3）计算：

$$淀粉酶活力单位=（60/t）\times 2 \times 0.2\% \times f/3（f/t）$$

式中　f——酶的稀释倍数。

1g或1mL酶制剂或酶液于60℃，在1h内液化可溶性淀粉的克数表示淀粉酶的活力单位 [g/g（或min）·h]。

注意：淀粉液应当天配制使用，不能久贮。测定液化时间应控制在2~3min。

五、实验结果与讨论

（1）绘制淀粉酶产生菌的菌落形态图，说明菌落特征和α-淀粉酶能力的大小。

（2）经过一次分离的菌种是否为纯种？如何判断是否纯种，如果不纯怎么办？

技能训练十九　蛋白酶高产菌株的选育

一、目的要求

（1）掌握紫外线诱变育种的方法和原理。

（2）掌握微生物诱变育种的基本操作方法。

二、材料与器材

（1）米曲霉（*Aspergills oryzae*）斜面菌种；豆饼斜面培养基、酪素培养基、蒸馏水、0.5%酪蛋白。

（2）三角瓶（300mL、500mL）、试管、培养皿（9cm）、恒温摇床、恒温培养箱、紫外照射箱、磁力搅拌器、脱脂棉、无菌漏斗、玻璃珠、移液管、涂布器、酒精灯。

三、操作步骤

1. 出发菌株的选择

可直接选用生产酱油的米曲霉菌株。

2. 菌悬液制备

取出发菌株转接至豆饼斜面培养基中，30℃培养3~5d活化。然后孢子洗至装有1mL 0.1mol/L pH6.0的无菌磷酸缓冲液的三角瓶中（内装玻璃珠，装量以大致铺满瓶底为宜），30℃振荡30min，用垫有脱脂棉的灭菌漏斗过滤，制成孢子悬液，调其浓度为$10^6 \sim 10^8$个/mL，冷冻保藏备用。

3. 诱变处理

（1）紫外线处理　打开紫外灯（30W）预热20min。取5mL菌悬液放在无菌的培养皿（9cm）中，同时制作5份。逐一操作，将培养皿平放在离紫外灯30cm（垂直距离）处的磁力搅拌器上，照射1min后打开培养皿盖，开始照射，于照射处理开始的同时打开磁力搅拌器进行搅拌，即时计算时间，照射时间分别为15s、30s、1min、2min、5min。照射后，诱变菌液在黑暗冷冻中保存$1 \sim 2h$，然后在红灯下稀释涂菌，进行初筛。

（2）稀释菌悬液　按10倍稀释至10^{-6}，从10^{-5}和10^{-6}中各取出0.1mL加入到酪素培养基平板中（每个稀释度均做3个重复），然后涂菌并静置，待菌液渗入培养基后倒置，于30℃恒温培养$2 \sim 3d$。

4. 优良菌株的筛选

（1）初筛　首先观察在菌落周围出现的透明圈大小，并测量其菌落直径与透明圈直径之比，选择其比值大且菌落直径也大的菌落$40 \sim 50$个，作为复筛菌株。

（2）平板复筛　分别倒酪素培养基平板，在每个平皿的背面用红笔划线分区，从圆心划线至周边分成8等份，$1 \sim 7$份中点种初筛菌株，第8份点种原始菌株，作为对照。培养48h后即可见生长，若出现明显的透明圈，即可按初筛方法检测，获得数株二次优良菌株，进入摇瓶复筛阶段。

（3）摇瓶复筛　将初筛出的菌株，接入米曲霉复筛培养基中进行培养，其方法是，称取麸皮85g，豆饼粉（或面粉）15g，加水$95 \sim 110$mL（称为润水），水含量以手捏后指缝有水而不下滴为宜，于500mL三角瓶中装入$15 \sim 20$g（料厚为$1 \sim 1.5$cm），121℃湿热灭菌30min，然后分别接入以上初筛获得的优良菌株，30℃培养，24h后摇瓶一次并均匀铺开，再培养$24 \sim 48$h，共培养$3 \sim 5d$后检测蛋白酶活力。

5. 蛋白酶的测定方法

（1）取样　培养后随机称取以上摇瓶培养物1g，加蒸馏水100mL（或200mL），40℃水浴，浸酶1h，取上清浸液测定酶活性。另取1g培养物于105℃烘干测定含水量。

（2）酶活力测定　30℃ pH7.5条件下水解酪蛋白（底物为0.5%酪蛋白），每分钟产酪氨酸1μg为一个酶活力单位。计算公式为：

$$蛋白酶活力单位 = （A样品OD_{680nm}值 - A对照OD_{680nm}值）\times K \times V/t \times N$$

式中　K——标准曲线中光吸收为1时的酪氨酸的质量，μg；

　　　V——酶促反应的总体积，mL；

　　　t——酶促反应时间，min；

　　N——酶的稀释倍数。

6. 谷氨酸的检测

此项检测也是酱油优良菌株的重要指标之一。

检测培养基：豆饼粉∶麸夫=6∶4，润水75%，121℃湿热灭菌30min。

谷氨酸测定：于以上培养基中加入7%盐水，40~45℃水浴，水解9d后过滤，以滤液检测谷氨酸含量（测压法）。

四、注意事项

（1）紫外线照射时注意保护眼睛和皮肤。

（2）诱变过程及诱变后的稀释操作均在红灯下进行，并在黑暗中培养。

五、实验结果与讨论

（1）试列表说明高产蛋白酶菌株的筛选过程和结果。

（2）试述紫外线诱变的作用机理及其在具体操作中应注意的问题。

小结

　　生物通过杂交等方式将遗传物质传递给后代。遗传和变异是生物体最本质的属性之一。遗传是亲代生物传递给子代与自身性状相同的遗传信息，这种遗传性是相对的。变异是生物体在某种外因或内因作用下引起的遗传物质水平上发生了改变，变异是绝对的。变异为生物体的进化提供了可能性；遗传为生物特性的稳定提供了可能性。遗传中有变异，变异中有遗传，从而使微生物不断进化。核酸是遗传物质。突变是指生物体内的遗传物质——核酸（DNA或RNA病毒中RNA）中的核苷酸顺序突然发生了稳定的可遗传的变化。突变包括基因突变（又称点突变）和染色体畸变两类。基因突变有以下几个特点：不对应性异、自发性、稀有性、独立性、诱变性、稳定性、可逆性。基因突变没有方向，对物种无所谓好坏。凡是能适应环境的突变对物种的存活是有益的，反之就会被环境所淘汰。基因重组可以不通过突变而形成新型个体，进一步提供了自然选择的范围。在原核微生物中，基因重组的方式主要有转化、转导、接合和原生质体融合几种形式。在真核微生物中，基因重组主要有有性杂交、准性杂交、原生质体融合和转化等形式。

　　定向育种和诱变育种是常用的两种方式。发酵工业中所使用的高产菌株，几乎都是通过诱变育种提高其生产性能的。诱变育种主要包括出发菌株的选择、诱变菌株的培养、诱变菌悬液的制备、诱变处理、后培养、突变株的分离与筛选等。诱变育种工作是选择简便有效的诱变剂、挑选优良的出发菌株、处理单孢子（或单细胞）液、选用最适剂量、利用复合处理的协同效应、设计和采用高效筛选方案和方法。

思考与练习

1. 突变的机制有哪些？
2. 如何选育优良的菌种？

知识一　菌种的衰退与复壮

一、菌种的衰退

随着菌种保藏时间的延长或菌种的多次转接传代，菌种本身所具有的优良的遗传性状在再次培养过程中可能发生变异。遗传的变异是绝对的，稳定性是相对的。这种个别的变异通过自然选择可以保存和发展，从而成为进化的方向。在人为条件下，可以通过人工选择法去有意识地筛选有利于生产的变异。如果任其发展，大量的自发突变菌株就会泛滥，最后导致菌种的产量下降或者原有的典型性不明显，这就是衰退。

但是在生产实践中，必须将由于培养条件的改变导致菌种形态和生理上的变异与菌种退化区别开来。因为优良菌株的生产性能是和发酵工艺条件紧密相关的。如果培养条件发生变化，如培养基中缺乏某些元素，会导致产孢子数量减少，也会引起孢子颜色的改变；温度、pH的变化也会使发酵产量发生波动等。所有这些，只要条件恢复正常，菌种原有性能就能恢复正常，因此这些原因引起的菌种变化不能称为菌种退化。常见的菌种退化现象中，最易觉察到的是菌落形态、细胞形态和生理等多方面的改变，如菌落颜色的改变、畸形细胞的出现等；菌株生长变得缓慢，产孢子越来越少直至产孢子能力丧失，例如放线菌、霉菌在斜面上多次传代后产生"光秃"现象等，从而造成生产上用孢子接种的困难；还有菌种的代谢活动、代谢产物的生产能力或其对寄主的寄生能力明显下降，例如黑曲霉糖化能力的下降、抗生素发酵单位的减少、枯草杆菌产淀粉酶能力的衰退等。所有这些都对发酵生产均不利。因此，为了使菌种的优良性状持久延续下去，必须做好菌种的复壮工作，即在各菌种的优良性状没有退化之前，定期进行纯种分离和性能测定。

（一）菌种退化的原因

菌种退化的主要原因是有关基因的负突变。当控制产量的基因发生负突变，就会引起产量下降；当控制孢子生成的基因发生负突变，则使菌种产孢子性能下降。一般而言，菌种的退化是一个从量变到质变的逐步演变过程。开始时，在群体中只有个别细胞发生负突变，这时如不及时发现并采用有效措施而一味移种传代，就会造成群体中负突变个体的比例逐渐增高，最后占优势，从而使整个群体表现出严重的退化现象。因此，突变在数量上的表现依赖于传代，即菌株处于一定条件下，群体多次繁殖，可使退化细胞在数量上逐渐占优势，于是退化性状的表现就更加明显，逐渐成为一株退化了的菌体。

（二）防止退化的措施

1. 合理的育种

选育菌种时所处理的细胞应使用单核的，避免使用多核细胞；合理选择诱变剂的种类和剂量或增加突变位点，以减少分离回复；在诱变处理后进行充分的后培养及分离纯化，以保证保藏菌种纯粹。这些可有效地防止菌种的退化。

2. 创造良好的培养条件

在生产实践中，创造和发现一个适合原种生长的条件可以防止菌种退化，如低温、干燥、缺氧等。在栖土曲霉3.942的培养中，有人曾用改变培养温度的措施（从20～30℃提高到33～34℃）来防止它产孢子能力的退化。在赤霉菌产生菌（藤仓赤霉）的培养基中，加入糖蜜、天门冬素、谷氨酰胺、5-核苷酸或甘露醇等物质时，也有防止菌种退化的效果。

3. 控制传代次数

尽量避免不必要的移种和传代，把必要的传代降低到最低水平，以降低自发突发的概率，突变都是在繁殖过程中发生的，菌种传代次数越多，产生突变的概率就越高，因而菌种发生退化的机会就越多。所以，不论是在实验室还是在生产实践上，必须严格控制菌种的移种传代次数。

4. 利用不同类型的细胞进行移种传代

在有些微生物中，如放线菌和霉菌，由于其菌的细胞常含有几个核甚至是异核体，因此用菌丝接种就会出现不纯和衰退，而孢子一般是单核的，用它接种时，就没有这种现象发生。

5. 采取有效的菌种保藏方法

用于工业生产的一些微生物菌种，其主要性状都属于数量性状，而这类性状恰是最容易退化的。如同时采用斜面保藏和其他的保藏方式（真空冻干保藏、沙土管、液氮保藏等），就可以延长菌种保藏时间。

二、菌种的复壮

从已经退化得菌种群体中找出少数尚未退化的个体通过纯种分离和性能测定等方法来达到恢复菌种的原有典型性状复壮是一种消极的措施。而积极的复壮是在菌种的生产性能尚未退化前就经常有意识地进行纯种分离和生产性能的测定工作，以达到菌种的生产性能逐步提高。所以这实际上是一种利用自发突变不断从生产中进行选种的工作。具体的菌种复壮措施如下。

1. 纯种分离

通过纯种分离可以把退化菌种中仍保持原有典型优良性状的单细胞分离出来，经扩大培养恢复原菌株的典型优良性状。常用的分离纯化的方法有很多，一类可以达到"菌落纯"的水平，即从种的水平说是纯的，如平板划线分离法、稀释平板法或涂布法。另一类可以达到"菌株纯"的水平，是用显微镜操纵器将生长良好的单细胞或单孢子分离出来，经培养恢复原菌株性状。

2. 通过宿主体内生长进行复壮

寄生性微生物的退化菌株可以通过接种到相应寄主体内以提高菌株的活力。

3. 淘汰已经衰退的个体

对退化菌株还可用致死的方法（如低温处理）使其菌株大量死亡，结果在抗低温的存活个体中留下了未退化的强壮个体，从而达到了复壮的目的。

知识二　菌种的保藏

一、菌种保藏的目的和原理

菌种是一个国家拥有的重要生物资源，尤其在发酵工业中，具有良好性状的生产菌种的获得十分不容易，如何利用优良的微生物菌种保藏技术，使菌种经长期保藏后不但存活健在，而且保证高产突变株不改变表型和基因型，特别是不改变初级代谢产物和次级代谢产物生产的高产能力，对于菌种极为重要。

微生物菌种保藏方法很多，但原理却大同小异。首先要挑选优良纯种，最好采用它们的休眠体（如分生孢子、芽孢等）；其次，创造适合其长期休眠的环境条件，如低温、干燥、缺氧、缺乏营养、添加保护剂或酸度中和剂等方法。

二、菌种保藏的方法

水分对于生物体至关重要，因此干燥在保藏中占有至关重要的地位。低温是保藏中的另一重要条件。微生物生长的最低极限大约是$-30℃$，其原因是低温会使细胞内的水分形成冰晶，从而损伤细胞结构，尤其是细胞膜的损伤。一种良好的保藏方法，首先考虑能保持原菌的优良性状不变，其次也需要考虑方法的通用性和操作的方便性和经济性。常用的方法有很多，其原理和使用范围各有侧重，优缺点也有所差别。具体的方法有：蒸馏水悬浮或斜面传代保藏；干燥–载体保藏或冷冻干燥保藏；超低温或在液氮中冷冻保藏等方法。

1. 斜面保藏

斜面保藏是将菌种定期在新鲜琼脂斜面培养基上、液体培养基中或穿刺培养，然后在低温条件下保存。它可用于实验室中各类微生物的保藏，此法简单易行。但此方法易发生培养基干枯、菌体自溶、基因突变、菌种退化、菌株污染等不良现象。因此要求最好在基本培养基上传代，目的是能淘汰突变株，同时转接菌量应保持较低水平。斜面培养物应在密闭容器中于$5℃$保藏，以防止培养基脱水并降低代谢活性。常用于实验室菌种的短期保藏，一般保存时间为3~6个月。如放线菌于$4\sim6℃$保存，每3个月移接一次；酵母菌于$4\sim6℃$保存，每$4\sim6$个月移接一次；霉菌于$4\sim6℃$保存，每6个月移接一次。

2. 石蜡油中浸没保藏

此方法简便有效，可用于丝状真菌、酵母菌、细菌和放线菌的保藏。特别对难于冷冻干燥的丝状真菌和难以在固体培养基上形成孢子的担子菌等的保藏更为有效。方法是将琼脂斜面或液体培养物或穿刺培养物浸入石蜡油中于室温下或冰箱中保藏，操作要点是首先让待保藏菌种在适宜的培养基上生长，然后注入经$160℃$干热灭菌$1\sim2h$或湿热灭菌后$120℃$烘去水分的石蜡油，石蜡油的用量以高出培养物1cm为宜，并以橡皮塞代替棉塞封口，这样可使菌种保藏时间延长至$1\sim2$年。以液体石蜡作为保藏方法时，应对需保藏的菌株预先做试验，因为某些菌株如酵母、霉菌、细菌等能利用石蜡为碳源，还有些菌株对液体石蜡保藏敏感。所有这些菌株都不能用液体石蜡保藏，为了预防不测，一般保藏菌株2~3年也应做一次存活试验。

3. 沙土保藏

此法适用于产孢子或芽孢的微生物的保藏。沙土保藏是将菌种接种于适当的载体上，如河沙、土壤、硅胶、滤纸及麸皮等，以保藏菌种。以沙土保藏用得较多，制备方法为：将河沙经24目过筛后用10%~20%盐酸浸泡3~4h，以除去其中所含的有机物，用水漂洗至中性，烘干，然后装入高度约1cm的河沙于小试管中，121℃间歇灭菌3次。用无菌吸管将孢子悬液滴入沙粒小管中，经真空干燥8h，于常温或低温下保藏均可，保存期为1~10年。土壤法以土壤代替沙粒，不需酸洗，经风干、粉碎，然后同法过筛、灭菌即可。一般细菌芽孢常用沙管保藏，霉菌的孢子多用麸皮管保藏。

4. 冷冻保藏

冷冻保藏是指将菌种于-20℃以下的温度保藏，冷冻保藏为微生物菌种保藏非常有效的方法。通过冷冻，使微生物代谢活动停止。一般而言，冷冻温度愈低，效果愈好。为了保藏的结果更加令人满意，通常在培养物中加入一定的冷冻保护剂；同时还要认真掌握好冷冻速度和解冻速度。冷冻保藏的缺点是培养物运输较困难。

普通冷冻保藏技术（-20℃）：将菌种培养在小的试管或培养瓶斜面上，待生长适度后，将试管或瓶口用橡胶塞严格封好，于冰箱的冷藏室中贮藏，或于温度范围在-20~-5℃的普通冰箱中保存。或者将液体培养物从琼脂斜面培养物收获的细胞分别接到试管或指管内，严格密封后，同上置于冰箱中保存。用此方法可以维持若干微生物的活力1~2年。应注意的是经过一次解冻的菌株培养物不宜再用来保藏。这一方法虽简便易行，但不适宜多数微生物的长期保藏。

超低温冷冻保藏技术：要求长期保藏的微生物菌种，一般都应在-60℃以下的超低温冷藏柜中进行保藏。超低温冷冻保藏的一般方法是：先离心收获对数生长中期至后期的微生物细胞，再用新鲜培养基重新悬浮所收获的细胞，然后加入等体积的20%甘油或10%二甲亚砜冷冻保护剂，混匀后分装入冷冻指管或安瓿中，于-70℃超低温冰箱中保藏。超低温冰箱的冷冻速度一般控制在1~2℃/min。若干细菌和真菌菌种可通过此保藏方法保藏5年而活力不受影响。

液氮冷冻保藏技术：近年来，大量有特殊意义和特征的高等动、植物细胞能够在液氮中长期保藏，并发现在液氮中保藏的菌种的存活率远比其他保藏方法高且回复突变的发生率极低。液氮保藏已成为工业微生物菌种保藏的最好方法。具体方法是：把细胞悬浮于一定的分散剂中或是把在琼脂培养基上培养好的菌种直接进行液体冷冻，然后移至液氮（-196℃）或其蒸气相中（-156℃）保藏。进行液氮冷冻保藏时应严格控制致冷速度。液氮冷冻保藏微生物菌种的步骤是先制备冷冻保藏菌种的细胞悬液，分装0.5~1mL入玻璃安瓿或液氮冷藏专用塑料瓶，玻璃安瓿用酒精喷灯封口。然后以1.2℃/min的致冷速度降温，直到温度达到相对温度之上几度的细胞冻结点（通常为-30℃）。待细胞冻结后，将致冷速度降为1℃/min，直到温度达到-50℃，将安瓿迅速移入液氮罐中于液相（-196℃）或气相（-156℃）中保存。如果无控速冷冻机，则一般可用如下方法代替：将安瓿或液氮瓶置于-70℃冰箱中冷冻4h，然后迅速移入液氮罐中保存。在液氮冷冻保藏中，最常用的冷冻保护剂是二甲亚砜和甘油，使用浓度一般为甘油10%、二甲亚砜5%。所使用的甘油一般用高压蒸汽灭菌，而二甲亚砜最好是过滤灭菌。

5. 真空冻干保藏

真空冷冻干燥的基本方法是先将菌种培养到最大稳定期，一般培养放线菌和丝状真菌约需7～10d，培养细菌约需24～28h，培养酵母约需3d，然后混悬于含有保护剂的溶液中，保护剂常选用脱脂乳、蔗糖、动物血清、谷氨酸钠等，菌液浓度为10^9～10^{19}个/mL，取0.1～0.2mL菌悬液置于安瓿管中冷冻，再于减压条件下使冻结的细胞悬液中的水分升华至1%～5%，使培养物干燥。最后将管口熔封，保存在常温下或冰箱中。此法是微生物菌种长期保藏的最为有效的方法之一，大部分微生物菌种可以在冻干状态下保藏10年之久而不丧失活力。而且经冻干后的菌株无需进行冷冻保藏，便于运输。但操作过程复杂，并要求一定的设备条件。

三、菌种保藏的分工和机构

菌种是一个国家的重要生物资源，世界各国都对菌种极为重视，设立了各种专业性的保藏机构，主要的保藏机构如下。

（一）国外著名菌种保藏中心

（1）美国标准菌种收藏所（ATCC）：美国马里兰州，罗克维尔市。

（2）冷泉港研究室（CSH）：美国。

（3）国立卫生研究院（NIH）：美国，马里兰州，贝塞斯达。

（4）美国农业部北方开发利用研究部（NRRL）：美国，皮奥里亚市。

（5）威斯康辛大学，细菌学系（WB）：美国，威斯康新州马迪孙。

（6）国立标准菌种收藏所（NCTC）：英国，伦敦。

（7）英联邦真菌研究所（CMI）：英国，丘（园）。

（8）荷兰真菌中心收藏所（CBS）：荷兰，巴尔恩市。

（9）日本东京大学应用微生物研究所（IAM）：日本，东京。

（10）发酵研究所（IFO）：日本，大阪。

（11）日本北海道大学农业部（AHU）：日本，北海道札幌市。

（12）科研化学有限公司（KCC）：日本，东京。

（13）国立血清研究所（SSI）：丹麦。

（14）世界卫生组织（WHO）。

（二）中国微生物菌种保藏管理委员会组织系统

1979年7月，我国成立了中国微生物菌种保藏管理委员会（CCCCM），委托中国科学院负责全国菌种保藏管理业务，并确定了与普通、农业、工业、医学、抗生素和兽医等微生物学有关的六个菌种保藏管理中心。各保藏管理中心的主要职能是从事应用微生物各学科的微生物菌种的收集、保藏、管理、供应和交流。

（1）普通微生物菌种保藏管理中心（CCGMC）　中国科学院微生物研究所，北京（AS）：真菌、细菌；中国科学院武汉病毒研究所，武汉（AS—IV）：病毒。

（2）农业微生物菌种保藏管理中心（ACCC）　中国农业科学院土壤肥料研究所，北京（ISF）。

（3）工业微生物菌种保藏管理中心（CICC）　中国食品发酵工业科学研究所，北京（IFFI）。

（4）医学微生物菌种保藏管理中心（CMCC）　中国医学科学院皮肤病研究所，南京（ID）：真菌；卫生部药品生物制品鉴定所，北京（NICPBP）：细菌；中国医学科学院病毒研究所，北京（IV）：病毒。

（5）抗生素菌种保藏管理中心（CACC）　中国医学科学院抗菌素研究所，北京（IA）和四川抗菌素工业研究所，成都（SIA）：新抗生素菌种；华北制药厂抗菌素研究所，石家庄（IANP）：生产用抗生素菌种。

（6）兽医微生物菌种保藏管理中心（CVCC）　农业部兽医药品监察所，北京（CIVBP）。

技能训练二十　菌种保藏

一、目的要求

（1）掌握菌种保藏的基本原理。

（2）学习并掌握几种常用的微生物菌种保藏方法。

二、基本原理

保藏微生物菌种的目的不仅要保存菌株的生命本身，而且还必须要尽可能地使菌株的遗传性状保持不变，同时保证其在整个保存过程中不被他种微生物污染。

微生物菌种的保藏方法也有许多。但其基本原理都要求挑选优良的纯菌种并使其处于休眠状态（如分生孢子、芽孢等）的基础上，人为的创造一个有利于休眠的环境，如低温、干燥和缺氧等三个条件使其长期保存后仍能保持原有的优良性能。不同的菌采用不同的方法，同时也要注重方法本身的简便性和经济性。

三、材料与器材

（1）菌种　细菌、酵母菌、放线菌和霉菌斜面菌。

（2）培养基　牛肉膏蛋白胨培养基斜面（培养细菌），麦芽汁培养基斜面（培养酵母菌），高氏Ⅰ号培养基斜面（培养放线菌），马铃薯蔗糖培养基斜面（培养丝状真菌）。

（3）其他　无菌水、接种环、酒精灯液体石蜡、P_2O_5、脱脂乳粉、10% HCl、干冰、95%乙醇、食盐、河沙、瘦黄土（有机物含量少的黄土）；无菌试管、无菌吸管（1mL及5mL）、无菌滴管、接种环、40目及100目筛子、干燥器、安瓿管、冰箱、冷冻真空干燥装置、酒精喷灯、三角烧瓶（250mL）。

四、操作步骤

（一）斜面传代保藏法

1. 贴标签

取各种无菌斜面试管数支，将注有菌株名称和接种日期的标签贴上，贴在试管斜面的正上方，距试管口2～3cm处。

2. 斜面接种

将待保藏的菌种用接种环以无菌操作法移接至相应的试管斜面上，细菌和酵母菌宜采用对数生长期的细胞，而放线菌和丝状真菌宜采用成熟的孢子。

3. 培养

细菌37℃恒温培养18～24h，酵母菌于28～30℃培养36～60h，放线菌和丝状真菌置于28℃培养4～7d。

4. 保藏

斜面长好后，可直接放入4℃冰箱保藏。为防止棉塞受潮长杂菌，管口棉花应用牛皮纸包扎，或换上无菌胶塞，也可用熔化的固体石蜡熔封棉塞或胶塞。

保藏时间依微生物种类而不同，酵母菌、霉菌、放线菌及有芽孢的细菌可保存2～6个月，移种一次；而不产芽孢的细菌最好每月移种一次。此法的缺点是容易变异，污染杂菌的机会较多。

（二）液体石蜡保藏法

1. 液体石蜡灭菌

在250mL三角烧瓶中装入100mL液体石蜡，塞上棉塞，并用牛皮纸包扎，121℃湿热灭菌30min，然后于40℃温箱中放置14d（或置于105～110℃烘箱中1h），以除去石蜡中的水分，备用。

2. 接种培养

同斜面传代保藏法。

3. 加液体石蜡

用无菌滴管吸取液体石蜡以无菌操作加到已长好的菌种斜面上，加入量以高出斜面顶端约1cm为宜。

4. 保藏

棉塞外包牛皮纸，将试管直立放置于4℃冰箱中保存。

利用这种保藏方法，霉菌、放线菌、有芽孢细菌可保藏2年左右，酵母菌可保藏1～2年，一般无芽孢细菌也可保藏1年左右。

5. 恢复培养

用接种环从液体石蜡下挑取少量菌种，在试管壁上轻靠几下，尽量使油滴净，再接种于新鲜培养基中培养。由于菌体表面粘有液体石蜡，生长较慢且有黏性，故一般需转接2次才能获得良好菌种。

注意：从液体石蜡封藏的菌种管中挑菌后，接种环上带有油和菌，故接种环在火焰上灭菌时要先在火焰边烤干再直接灼烧，以免菌液四溅，引起污染。

（三）沙土管保藏法

1. 沙土处理

（1）沙处理　取河沙经40目过筛，去除大颗粒，加10%　HCl浸泡（用量以浸没沙面为宜）2～4h（或煮沸30min），以除去有机杂质，然后倒去盐酸，用清水冲洗至中性，烘干或晒干，备用。

（2）土处理　取非耕作层瘦黄土（不含有机质），加自来水浸泡洗涤数次，直至中性，然后烘干，粉碎，用100目过筛，去除粗颗粒后备用。

2. 装沙土管

将沙与土按2∶1，3∶1或4∶1（质量比）比例混合均匀装入试管中（10mm×100mm），装置约7cm高，加棉塞，并外包牛皮纸，121℃湿热灭菌30min，然后烘干。

3. 无菌试验

每10支沙土管任抽一支，取少许沙土接入牛肉膏蛋白胨或麦芽汁培养液中，在最适的温度下培养2～4d，确定无菌生长时才可使用。若发现有杂菌，经重新灭菌后，再做无菌试验，直到合格。

4. 制备菌液

用5mL无菌吸管分别吸取3mL无菌水至待保藏的菌种斜面上，用接种环轻轻搅动，制成悬液。

5. 加样

用1mL吸管吸取上述菌悬液0.1～0.5mL加入沙土管中，用接种环拌匀。加入菌液量以湿润沙土达2/3高度为宜。

6. 干燥

将含菌的沙土管放入干燥器中，干燥器内用培养皿盛P_2O_5作为干燥剂，可再用真空泵连续抽气3～4h，加速干燥。将沙土管轻轻一拍，沙土呈分散状即达到充分干燥。

7. 保藏

沙土管可选择下列方法之一来保藏。

（1）保存于干燥器中；

（2）用石蜡封住棉花塞后放入冰箱保存；

（3）将沙土管取出，管口用火焰熔封后放入冰箱保存；

（4）将沙土管装入有$CaCl_2$等干燥剂的大试管中，塞上橡皮塞或木塞，再用蜡封口，放入冰箱中或室温下保存。

8. 恢复培养

使用时挑取少量混有孢子的沙土，接种于斜面培养基上，或液体培养基内培养即可，原沙土管仍可继续保藏。

此法适用于保藏能产生芽孢的细菌及形成孢子的霉菌和放线菌，可保存2年左右。但不能用于保藏营养细胞。

五、实验结果与讨论

（1）试述各种菌种保藏方法的优、缺点。

（2）根据你自己的实验，谈谈如何选择菌种保藏的方法。

─── 小结 ───────────────────────────────────

随着菌种保藏时间的延长或菌种的多次转接传代，菌种本身所具有的优良的遗传性状在再次培养过程中可能发生变异，丧失自身的某种优越性。菌种退化的主要原因是有关基因的负突变。防止退化的措施有合理的育种，创造良好的培养条件，控制传代次数。

利用不同类型的细胞进行移种传代，采取有效的菌种保藏方法。菌种的复壮措施如下：纯种分离，通过宿主体内生长进行复壮，淘汰已经衰退的个体。

　　微生物菌种保藏方法很多。首先要挑选优良纯种，最好采用它们的休眠体（如分生孢子、芽孢等）；其次，创造适合其长期休眠的环境条件如低温、干燥、缺氧、缺乏营养、添加保护剂或酸度中和剂等方法。常用的保藏方法有斜面保藏；干燥−载体保藏或冷冻干燥保藏；超低温或在液氮中冷冻保藏等方法。

 思考与练习

1. 如何防止菌种退化？
2. 菌种保藏的目的、原理是什么？
3. 微生物菌种的保藏方法有哪些？

知识一　微生物在自然界中的分布

微生物种类繁多，繁殖迅速，适应能力强。它们在自然界的分布非常广泛，存在于土壤、水、空气、动植物和人体中，甚至一些极端环境也有微生物生存。

一、土壤中的微生物

1. 土壤是微生物的天然培养基

自然界中，土壤是微生物生活最适宜的环境，它具有微生物所需要的一切营养物质和微生物进行生长和繁殖及生命活动的各种条件。

（1）土壤有机质　大多数微生物不能进行光合作用，需要靠有机物来生活，进入土壤中的有机物为微生物提供了良好的碳源、氮源和能源。

（2）土壤中的矿物质　土壤可为微生物提供S、P、Fe、Mg、Ca、Zn、Mo等无机元素，其含量浓度也很适于微生物的生长。

（3）土壤湿度　土壤中的水分是土壤微生物所需水分的主要来源，土壤的水分活度（A_w）对土壤微生物的生长及分布有很大影响。

水分活度（A_w）：溶液中水的蒸气分压P与纯水蒸气压Q的比值，$A_w=P/Q$，等于用百分率表示的相对湿度。几类微生物生长最适A_w见表8-1。

表8-1　微生物生长最适A_w

微生物	一般细菌	一般霉菌	嗜盐细菌	嗜高渗酵母
A_w	0.88~0.91	0.8	0.76	0.6

（4）土壤pH　土壤的酸碱度接近中性，缓冲性较强，适合大多数微生物生长。

（5）土壤含氧量　土壤空隙中充满着空气和水分，为好氧和厌氧微生物的生长提供了良好的环境。

此外，土壤的保温性能好，与空气相比，昼夜温差和季节温差的变化不大。在地表土几毫米以下，微生物便可免于被阳光直射致死。这些都为微生物生长繁殖提供了有利的条件，所以土壤有"微生物天然培养基"之称，这里的微生物数量最大，类型最多，是人类最丰富的"菌种资源库"。

2. 土壤中的微生物分布

土壤中微生物的数量和种类都很多，包含细菌、放线菌、真菌、藻类和原生动物等类群。其中细菌最多，约占土壤微生物总量的70%~90%，放线菌、真菌次之，藻类和原生动物等较少。

土壤的营养状况、温度和pH等对微生物的分布影响较大（表8-2）。在有机质含量丰富的黑土、草甸土、磷质石灰土和植被茂盛的暗棕壤土中，微生物的数量较多；而在西北干旱地区的棕钙土，华中、华南地区的红壤土和砖红土，以及沿海地区的滨海盐土中，微生物的数量最少。

表8-2　不同地域土壤中的微生物分布　　　　　　　　　　　　　　单位：个/g

土壤类型	细菌	真菌	放线菌	土壤类型	细菌	真菌	放线菌
黑龙江黑土	2111	19	1204	吉林白浆土	1598	3	55
江苏滨海盐土	466	0.4	41	浙江红壤土	1103	4	123
宁夏棕钙土	140	4	11	广东砖红土	507	11	39

3. 土壤微生物的作用

土壤微生物通过其代谢活动可改变土壤的理化性质，进行物质转化。因此，土壤微生物是构成土壤肥力的重要因素。

二、水体中的微生物

水是一种良好的溶剂，水中溶解有或悬浮着多种无机和有机物质，能供给微生物营养而使其生长繁殖，水体是微生物栖息的第二天然场所。

1. 水体环境

（1）水体养分　一般的淡水资源如江河、湖泊和池塘内的营养较为丰富，海水和盐湖含有的盐分较高。

（2）水体温度　天然淡水水体温度为0～36℃，海水水体5℃以下，某些温泉的温度可达70℃以上。

（3）水体pH　淡水pH为3.7～10.5，大多数江河、湖泊和池塘pH为6.5～8.5。

（4）水体氧气含量　氧气在水中的溶解度较小，是微生物生存的重要限制因素。

2. 水体中的微生物

（1）淡水中微生物　淡水主要存在于陆地上的江河、湖泊、池塘、水库和小溪中，因此淡水中的微生物多来自于土壤、空气、污水或动植物尸体等。尤其是土壤中的微生物，常随同土壤被雨水冲刷进入江河、湖泊中。来自土壤中的微生物，一部分生活在营养稀薄的水中，一部分附着在悬浮于水体中的有机物上，一部分随着泥沙或较大的有机物残体沉淀到湖底淤泥中，成为水体中的栖息者。另外也有很多微生物因不能适应水体环境而死亡。因此水体中的微生物的种类和数量一般要比土壤中的少得多。

（2）海水中微生物　海水含有相当高的盐分，一般为3.2%～4%，含盐量越高，则渗透压越大。海洋微生物多为嗜盐菌，并能耐受高渗透压，如盐生盐杆菌。此外，在深海中的微生物还能耐受低温和很高的静水压，少数微生物可以在60.795MPa下生长，如水活微球菌和浮游植物弧菌。

水体中有机物含量越丰富，则含菌量越高。接近海岸和海底淤泥表层的海水中和淤泥上，菌数较多，离海岸越远，菌数越少。一般在河口、海湾的海水中，细菌数约有10^5个/mL，而远洋的海水中，只有10～250个/mL。许多海洋细菌能发光，称为发光细菌。这些菌在有氧存在时发光，对一些化学药剂与毒物较敏感，故可用于监测环境污染物。

■■■ 知识拓展 ■■■

水中微生物的含量和种类对该水源的饮用价值影响很大。在生活饮用水的微生物检验中，不仅要检查其总菌数，还要检查其中所含的病原菌数。由于水中病原菌数比较少，所以通常采用与其有相同来源的大肠菌群的数量作为指标，来判断水源被人、畜粪便污染的程度，从而间接推测其他病原菌存在的概率。根据我国有关部门所规定的饮用水标准，自来水细菌总数不可超过100个/mL，当超过500个/mL，即不可作为饮用水了，37℃培养24h，大肠菌群数不能超过3个/L。

三、空气中的微生物

1. 空气环境

空气中没有微生物生长繁殖所需要的营养物质和充足的水分，反而日光中的紫外线还有强烈的杀菌作用。因此空气不是微生物良好的生存场所，没有固定的微生物种类。空气中微生物的数量决定于所处环境和飞扬尘埃量。

2. 空气中的微生物

空气中的微生物种类以真菌和细菌为主。空气中的微生物来源于土壤、水体、各种腐烂的有机物以及人和动植物体上的微生物，它们可随着气流的运动被携带到空气中去。凡是尘埃越多、越贴近地面的空气微生物含量越高。一般在畜舍、公共场所、医院、宿舍、城市街道等的空气中，微生物数量最多，在海洋、高山、森林地带、终年积雪的山脉或高纬度地带的空气中，微生物数量则甚少（表8-3）。

表8-3　不同地域上空空气中的细菌数　　　　　　　　　　　　　单位：个/m³

地　域	空气中含菌数	地　域	空气中含菌数
畜舍	1000000～2000000	郊外公园	200
宿舍	20000	海面上	1～2
城市公园	5000	北极	0～1

四、工农业产品中的微生物

1. 农产品中的微生物

各种农产品上均有微生物生存，粮食尤为突出。在各种粮食和饲料上的微生物以曲霉属、青霉属和镰孢（霉）属的一些种为主，其中以曲霉为害最大，青霉次之。据统计，全世界每年因霉变而损失的粮食就占总产量的2%左右，这是一笔极大的浪费。

2. 食品中的微生物

食品是用营养丰富的动植物原料经过人工加工后的制成品，其种类繁多，如面包、糕点、消毒乳、豆制品等。由于在食品的加工、包装、运输和贮藏等过程中，都不可能进行严格的无菌操作，因此经常遭到细菌、霉菌、酵母菌等的污染，在适宜的温、湿度条件下，它们又会迅速繁殖。其中有的是病原微生物，有的能产生细菌毒素或真菌毒素，从而引起食物中毒或其他严重疾病的发生，所以食品的卫生工作就显得格外重要。

3. 引起工业产品霉腐的微生物

许多工业产品是部分或全部由有机物组成，因此易受环境中微生物的侵蚀，引起生霉、腐烂、腐蚀、老化、变形与破坏，即使是无机物如金属、玻璃也可因微生物活动而产生腐蚀与变质，使产品的品质、性能、精确度、可靠性下降，给国民经济带来巨大的损失，因此工业产品的防腐问题，日益受到人们的重视。

五、正常人体及动物体上的微生物

正常人体及动物体上都存在着许多微生物。生活在健康人体和动物体各部位、数量大、种类较稳定且一般是有益无害的微生物种群，称为正常菌群。例如，动物的皮毛上经常有葡萄球菌、链球菌和双球菌等，在肠道中存在着大量的拟杆菌、大肠杆菌、双歧杆菌、乳杆菌、粪链球菌、产气荚膜梭菌、腐败梭菌和纤维素分解菌等，它们都属于动物体上的正常菌群。

人体在健康的情况下与外界隔绝的组织和血流是不含菌的，而身体的皮肤、黏膜以及一切与外界相通的腔道中存在有许多正常的菌群。皮肤上最常见的细菌是某些革兰阴性球菌，其中以表皮葡萄球菌多见，有时也有金黄色葡萄球菌存在；鼻腔中常见的有葡萄球菌、类白喉分枝杆菌，口腔中经常存在着大量的球菌、乳杆菌属和拟杆菌属的成员。胃中含有盐酸，不适于微生物生活，除少数耐酸菌外，进入胃中的微生物很快被杀死。人体肠道呈中性（或弱碱性），且含有被消化的食物，适于微生物的生长繁殖，所以肠道特别是大肠中含有很多微生物。过去曾认为肠道菌群中主要种类是大肠杆菌和肠球菌。近代研究表明，肠道菌群中占优势的是拟杆菌、双歧杆菌等厌氧菌，它们比大肠杆菌和肠球菌多1000倍以上。几乎占所有被分离活菌的99%，而好氧菌（包括兼性厌氧菌在内）所占比例不超过1%。在一般情况下，正常菌群与人体保持着一个平衡状态，且菌群之间也互相制约，维持相对的平衡。它们与人体的关系一般表现为互生关系。

应该指出的是，所谓正常菌群，也是相对的、可变的和有条件的。当机体防御机能减弱时，如皮肤大面积烧伤、黏膜受损、机体受凉或过度疲劳时，一部分正常菌群会成为病原微生物。另一些正常菌群由于其生长部位发生改变也可导致急剧的发生。如因外伤或手术等原因，大肠杆菌进入腹腔或泌尿生殖系统，可引起腹膜炎、肾盂肾炎等炎症。还有一些正常菌群由于某种原因破坏了正常菌群内各种微生物之间的相互制约关系时，也能引起疾病。如长期服用广谱抗生素后，肠道内对药物敏感的细菌被抑制，而不敏感的白假丝酵母或耐药性葡萄球菌则大量繁殖，从而引起病变。这就是通常所说的菌群失调症。儿童患迁移性腹泻、消化不良，成人患胃肠炎时，都有好氧菌、肠杆菌数量增加，拟杆菌、双歧杆菌数量减少的倾向。痢疾病人除出现拟杆菌减少，肠杆菌增加外，还可检出痢疾杆菌等致病菌。因此在进行治疗时，除使用药物来抑制或杀灭致病菌外，还应考虑调整菌株恢复肠道正常菌群生态平衡的问题。

六、极端环境中的微生物

在自然界中，存在着一些可在绝大多数微生物所不能生长的高温、低温、高酸、高碱、高盐、高压或高辐射强度等极端环境下生活的微生物，被称为极端环境微生物或极端微生物。

1. 嗜热菌

嗜热菌广泛分布在草堆、厩肥、温泉、煤堆、火山地、地热区土壤及海底火山附近等。它们的最适生长温度一般在50～60℃，有的可以在更高的温度下生长，如热熔芽孢杆菌可在92～93℃下生长。专性嗜热菌的最适生长温度在65～70℃，超嗜热菌的最适生长温度在80～110℃。大部分超嗜热菌都是古生菌。

嗜热菌代谢快、酶促反应温度高、代时短等特点是嗜温菌所不及的，在发酵工业、城市和农业废物处理等方面均具有特殊的作用，但嗜热菌的良好抗热性也造成了食品保存上的困难。

2. 嗜冷菌

嗜冷微生物能在较低的温度下生长，可以分为专性和兼性两类，前者的最高生长温度不超过20℃，可以在0℃或低于0℃条件下生长；后者可在低温下生长，但也可以在20℃以上生长。嗜冷菌分布在南北极地区、冰窖、高山、深海等低温环境中。从这些环境中分离到的主要嗜冷微生物有针丝藻、黏球藻、假单胞菌等。

嗜冷菌是导致低温保藏食品腐败的根源，但其产生的酶在日常生活和工业生产上具有应用价值。如从嗜冷微生物中获得低温蛋白酶用于洗涤剂，不仅能节约能源，而且效果很好。

3. 嗜酸菌

嗜酸菌分布在工矿酸性水、酸性热泉和酸性土壤等处，极端嗜酸菌能生长在pH3以下。如氧化硫硫杆菌的生长pH范围为0.9～4.5，最适pH为2.5，在pH0.5以下仍能存活，能氧化硫产生硫酸（浓度可高达5%～10%）。氧化亚铁硫杆菌为专性自养嗜酸杆菌，能将还原态的硫化物和金属硫化物氧化产生硫酸，还能把亚铁氧化成高铁，并从中获得能量。这种菌已被广泛用于铜等金属的细菌沥滤中。

4. 嗜碱菌

在碱性和中性环境中均可分离到嗜碱菌，专性嗜碱菌可在pH11～12的条件下生长，而在中性条件下却不能生长，如巴氏芽孢杆菌在pH11时生长良好，最适pH为9.2，而低于pH9时生长困难；嗜碱芽孢杆菌在pH10时生长活跃，pH7时不生长。嗜碱菌产生的碱性酶可被用于洗涤剂或其他用途。

5. 嗜盐菌

嗜盐菌通常分布在晒盐场、腌制海产品、盐湖和著名的死海等处，如盐生盐杆菌和红皮盐杆菌等。其生长的最适盐浓度高达15%~20%，甚至还能生长在32%的饱和盐水中。嗜盐菌是一种古生菌，它的紫膜具有质子泵和排盐的作用，目前正设法利用这种机制来制造生物能电池和海水淡化装置。

6. 嗜压菌

嗜压菌仅分布在深海底部和深油井等少数地方。嗜压菌与耐压菌不同，它们必须生活在高静水压环境中，而不能在常压下生长。例如，从深海底部压力为101.325MPa处，分离到一种嗜压的假单胞菌；从深3500m、压强40.53MPa、温度60~105℃的油井中分离到嗜热性耐压的硫酸盐还原菌。有关嗜压菌和耐压菌的耐压机制目前还不太清楚。

7. 抗辐射菌

抗辐射微生物对辐射仅有抗性或耐受性，而不是"嗜好"。与微生物有关的辐射有可见光、紫外线、X射线和γ射线，其中生物接触最多、最频繁的是太阳光中的紫外线。生物具有多种防御机制，或能使它免受放射线的损伤，或能在损伤后加以修复。抗辐射的微生物就是这类防御机制很发达的生物，因此可作为生物抗辐射机制研究的极好材料。1956年，Anderson从射线照射的牛肉上分离到了耐放射异常球菌，此菌在一定的照射剂量范围内，虽已发生相当数量DNA链的切断损伤，但都可准确无误地被修复，使细胞几乎不发生突变，其存活率可达100%。

知识二 微生物与生物环境间的关系

自然界中微生物极少单独存在，总是较多种群聚集在一起，当微生物的不同种类或微生物与其他生物出现在一个限定的空间内，它们之间互为环境，相互影响，既有相互依赖又有相互排斥，表现出相互间复杂的关系。以下就其中最典型和重要的5种关系作一简单介绍。

一、互生

互生是指两种可以单独生活的生物，当它们在一起时，通过各自的代谢活动而有利于对方，或偏利于一方的生活方式。这是一种"可分可合，合比分好"的松散的相互关系。

土壤中好氧性自生固氮菌与纤维素分解菌生活在一起时，后者分解纤维素的产物有机酸可为前者提供固氮时的营养，而前者可将固定的有机氮化物提供给后者。两者相互为对方创造有利于各自增殖和扩展的条件。

根际微生物与高等植物之间也存在着互生关系。根系向周围土壤中分泌有机酸、糖类、氨基酸、维生素等物质，这些物质是根际微生物的重要营养来源和能量来源。另外根系的穿插，使根际的通气条件和水分状况比根际外的良好，温度也比根际外的略高一些。因此根际是一个对微生物生长有利的特殊生态环境。根际微生物的活动，不但加速了根际有机物质的分解，而且旺盛的固氮作用、菌体的自溶和产生的一些生长刺激物等，既为植物提供了养料，又能刺激植物的生长。有些根际微生物还能产生杀菌素，可以抑制植物病原菌的生长。

人体肠道正常菌群与宿主间的关系，主要是互生关系。人体为肠道微生物提供了良好的生态环境，使微生物能在肠道得以生长繁殖。而肠道内的正常菌群可以完成多种代谢反应，如多种核苷酶反应，固醇的氧化、酯化、还原、转化、合成蛋白质和维生素等作用，均对人体生长发育有重要意义。肠道微生物所完成的某些生化过程是人体本身无法完成的，如维生素K和维生素B_1、维生素B_2、维生素B_6、维生素B_{12}的合成等。此外，人体肠道中的正常菌群还可抑制或排斥外来肠道致病菌的侵入。

二、共生

共生是指两种生物共居在一起，相互分工合作、相依为命，甚至达到难分难解、合二为一的极其紧密的一种相互关系。

最典型的例子是由菌藻共生或菌菌共生的地衣（图8-1）。前者是真菌（一般为子囊菌）与绿藻共生，后者是真菌与蓝细菌共生。其中的绿藻或蓝细菌进行光合作用，为真菌提供有机养料，而真菌则以其产生的有机酸去分解岩石中的某些成分，为藻类或蓝细菌提供所必需的矿质元素。

另外，牛、羊、鹿、骆驼和长颈鹿等反刍动物与瘤胃微生物

图8-1　壳状地衣

之间也是共生的关系，牛羊等反刍动物，草是主要饲料，但它们本身没有分解纤维素的能力，而是靠瘤胃微生物帮助分解，使纤维素变成能被牛羊吸收的糖类。根瘤菌与豆科植物之间的关系都属于共生关系。

知识拓展

制造肥料的固氮菌

　　把豆类植物连根拔起，除了看到像胡须一样的根毛之外，还能看到根毛上长有许多的小圆疙瘩，这是由于一种微生物侵入植物根部后形成的"肿瘤"，叫根瘤（图8-2）。

图8-2　根瘤

　　利用显微镜来观察根瘤，会发现根瘤中住着一种叫根瘤菌的细菌，它们在侵入植物根部后能分泌一些物质刺激根毛的薄壁细胞，很快增殖就形成了"肿瘤"。根瘤菌是依赖于植物提供营养来生活的，同时，它们也把空气中游离的氮固定下来供给植物利用。一个小小的根瘤就像一个微型化肥厂一样，源源不断地把氮转变成氨，供给植物吸收，使它们枝繁叶茂，欣欣向荣。根瘤菌生产的氮肥不仅可满足豆科植物的需要，还能分出一些来帮助"远亲近邻"，我国人民很早就知道豆粮间作可提高产量，并且有种豆肥田的习惯。

三、寄生

　　寄生一般指一种小型生物生活在另一种较大型生物的体内（包括细胞内）或体表，从中夺取营养并进行生长繁殖，同时使后者蒙受损害甚至被杀死的一种相互关系。前者称为寄生物，后者称为寄主或宿主。

　　有些寄生物一旦离开寄主就不能生长繁殖，这类寄生物称为专性寄生物。有些寄生物在脱离寄主以后营腐生生活，这些寄生物称为兼性寄生物。

　　在微生物中，噬菌体寄生于宿主菌是常见的寄生现象。此外，细菌与真菌，真菌与真菌之间也存在着寄生关系。土壤中存在着一些溶真菌细菌，它们侵入真菌体内，生长繁殖，最终杀死寄主真菌，造成真菌菌丝溶解。真菌间的寄生现象比较普遍，如某些木霉寄生于丝核菌的菌丝内。蛭弧菌与寄主细菌属于细菌间的寄生关系。

　　寄生于动植物及人体的微生物也极其普遍，常引起各种病害。凡能引起动植物和人类发生病变的微生物都称为致病微生物。致病微生物在细菌、真菌、放线菌、病毒中都有。能引起植物病害的致病微生物主要是真菌。能引起人和动物致病的微生物很多，主要是细菌、真菌和病毒。微生物也能使害虫致病，利用昆虫病原微生物防治农林害虫已成为生物防治的重要方面。

四、拮抗

拮抗关系是指一种微生物在其生命活动过程中，产生某种代谢产物或改变环境条件，从而抑制其他微生物的生长繁殖，甚至杀死其他微生物的现象。根据拮抗作用的选择性，可将微生物间的拮抗关系分为非特异性拮抗关系和特异性的拮抗关系两类。

在制造泡菜、青贮饲料过程中，乳酸杆菌能产生大量乳酸导致环境的pH下降，从而抑制了其他微生物的生长发育，这是一种非特异拮抗关系，因为这种抑制作用没有特定专一性，对不耐酸的细菌均有抑制作用。

许多微生物在生命活动过程中，能产生某种抗生素，具有选择性地抑制或杀死别种微生物的作用，这是一种特异性拮抗关系。如青霉菌产生的青霉素抑制革兰阳性菌，链霉菌产生的制霉菌素抑制酵母菌和霉菌等。

微生物间的拮抗关系已被广泛应用于抗生素的筛选、食品保藏、医疗保健和动植物病害的防治等领域。

知识拓展

青霉素的发现

1928年的一天，弗莱明在他的一间简陋的实验室里研究导致人体发热的葡萄球菌。由于盖子没有盖好，他发觉培养细菌用的琼脂上附了一层青霉菌。这是从楼上的一位研究青霉菌的学者的窗口飘落进来的。使弗莱明感到惊讶的是，在青霉菌的近旁，葡萄球菌忽然不见了。这个偶然的发现深深吸引了他，他设法培养这种霉菌进行多次试验，证明青霉素可以在几小时内将葡萄球菌全部杀死。弗莱明据此发明了葡萄球菌的克星——青霉素。

五、捕食

捕食又称猎食，一般是指一种大型的生物直接捕捉、吞食另一种小型生物以满足其营养需要的相互关系。微生物间的捕食关系主要是原生动物捕食细菌和藻类，它是水体生态系统中食物链的基本环节，在污水净化中也有重要作用。另有一类是捕食性真菌例如少孢节丛孢菌等巧妙地捕食土壤线虫，它对生物防治具有一定的意义。

知识三　微生物与环境保护

　　环境污染是指生态系统的结构和机能受到外来有害物质的影响或破坏，超过了生态系统的自净能力，打破了正常的生态平衡，给人类造成严重危害。随着工业高度发展、人口急剧增长，在人类生活的环境中，大量的生活废弃物，工业生产形成的三废（废气、废渣和废水）及农业上使用化肥、农药的残留物等，特别是生活污水和工业废水，不经处理，大量排放入水体，使水资源、水环境、水生态遭到严重破坏。给人类生存环境造成严重污染。

　　微生物技术在环境污染治理中，具有效率高、成本低、无二次污染等显著优点。在深入推进环境污染防治，坚持精准治污、科学治污，深入打好蓝天、碧水、净土保卫战中起着巨大作用。

一、微生物对污染物的降解与转化

　　生物降解是微生物（也包括其他生物）对物质（特别是环境污染物）的分解作用。生物降解和传统的分解在本质上是一样的，但又有分解作用所没有的新的特征（如共代谢、降解性质粒等），因此可视为分解作用的扩展和延伸。生物降解是生态系统物质循环过程中的重要一环。

　　污染物的生物降解反应和其他生物反应本质上都是酶促反应，降解过程中大部分降解酶是由染色体编码的，但其中有些酶，特别是降解难降解化合物的酶类是由质粒控制的，这类质粒被称为降解性质粒。

　　发生在自然界的有机物的氧化分解过程也见于污染物的降解，主要包括氧化反应、还原反应、水解反应和聚合反应。化学结构是决定化合物生物降解性的主要因素，一般一种有机物其结构与自然物质越相似，就越易降解，结构差别越大，就越难降解。因此，部分具有不常见取代基和化学结构的化学农药难以生物降解而残留。塑料薄膜因分子体积过大而抗降解，造成白色污染。

二、重金属的转化

　　环境污染中所说的重金属一般指汞、镉、铬、铅、砷、银、硒、锡等。微生物特别是细菌、真菌在重金属的生物转化中起重要作用。微生物可以改变重金属在环境中的存在状态，会使化学物毒性增强，引起严重环境问题，还可以浓缩重金属，并通过食物链积累。另一方面微生物直接和间接的作用也可以去除环境中的重金属，有助于改善环境。

　　汞所造成的环境污染最早受到关注，汞的微生物转化及其环境意义具有代表性。汞的微生物转化包括三个方面：无机汞（Hg^{2+}）的甲基化；无机汞（Hg^{2+}）还原成Hg^0；甲基汞和其他有机汞化合物裂解并还原成Hg^0。包括梭菌、脉孢菌、假单胞菌等和许多真菌在内的微生物具有甲基化汞的能力。能使无机汞和有机汞转化为单质汞的微生物被称为抗汞微生物，包括铜绿假单胞菌、金黄色葡萄球菌、大肠杆菌等。微生物的抗汞功能是由质粒控制的。

微生物对其他重金属也具有转化能力，硒、铅、锡、镉、砷、铝、镁、钯、金、铊也可以甲基化转化。微生物虽然不能降解重金属，但通过对重金属的转化作用，控制其转化途径，可以达到减轻毒性的作用。日本的水俣病就是这样一个典型的例子，最初工厂排放的有机汞只有10^{-3}mg/L级别，而通过植物、小鱼、大鱼的富集，最终在大鱼体内可增加到20～30mg/L，当人吃了这种鱼后，即可中毒。

三、污染介质的微生物处理

人类生产和生活活动产生的废水、废气及固体废弃物都可以用生物方法进行处理。

1.污水处理

水源的污染是危害最大、最广的环境污染。污水的种类很多，包括生活污水、农牧业污水、工业有机废水和有毒污水等。这些污水必须先经处理，除去其杂质与污染物，待水质达到一定标准后，才能排入自然水体或直接供给生产和生活重复使用。

污水处理按程度可分为一级处理、二级处理和三级处理。一级处理也称为预处理，主要通过格栅等过滤器除去粗固体；二级处理称为常规处理，主要去除可溶性的有机物，方法包括生物方法、化学方法和物理方法；三级处理称为高级处理，主要是除氮、磷和其他无机物，还包括出水的氯化消毒。

污水处理的方法有物理法、化学法和生物法。各种方法都有其特点，可以相互配合、相互补充。目前应用最广的是生物学方法，其优点是效率高、费用低、简单方便。

生物处理根据其处理过程中氧的状况，可分为好氧处理系统与厌氧处理系统。

（1）好氧处理系统　微生物在有氧条件下，吸附环境中的有机物，并将其氧化分解成无机物，使污水得到净化，同时合成细胞物质。微生物在污水净化过程，以活性污泥和生物膜的主要成分等形式存在。

①活性污泥法：又称曝气法，是利用含有好氧微生物的活性污泥，在通气条件下，使污水净化的生物学方法。此法是现今处理有机废水的最主要的方法。

所谓活性污泥是指由菌胶团形成菌、原生动物、有机和无机胶体及悬浮物组成的絮状体。在污水处理过程中，它具有很强的吸附、氧化分解有机物或毒物的能力。在静止状态时，又具有良好沉降性能。活性污泥中的微生物主要是细菌，占微生物总数的90%～95%，并多以菌胶团的形式存在，具有很强的去除有机物的能力，原生动物起间接净化作用。

活性污泥法根据曝气方式不同，分多种方法，目前最常用的是完全混合曝气法，见图8-3。

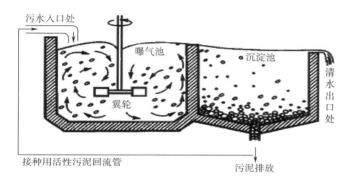

图8-3 完全混合曝气法处理污水的装置

污水进入曝气池后，活性污泥中的细菌等微生物大量繁殖，形成菌胶团絮状体，构成活性污泥骨架，原生动物附着其上，丝状细菌和真菌交织在一起，形成一个个颗粒状的活跃的微生物群体。曝气池内不断充气、搅拌，形成泥水混合液，当废水与活性污泥接触时，废水中的有机物在很短时间内被吸附到活性污泥上，可溶性物质直接进入细胞内。大分子有机物通过细胞产生的胞外酶将其降解成为小分子物质后再渗入细胞内。进入细胞内的营养物质在细胞内酶的作用下，经一系列生化反应，使有机物转化为CO_2、H_2O等简单无机物，同时产生能量。微生物利用呼吸放出的能量和氧化过程中产生的中间产物合成细胞物质，使菌体大量繁殖。微生物不断进行生物氧化，环境中有机物不断减少，使污水得到净化。当营养缺乏时，微生物氧化细胞内贮藏物质，并产生能量，这种现象叫自身氧化或内源呼吸。

曝气池中混合物以低BOD（生化需氧量）值流入沉淀池。活性污泥通过静止、凝集、沉淀和分离，上清液是处理好的水，排放到系统外。沉淀的活性污泥一部分回流曝气池与未处理的废水混合，重复上述过程，回流污泥可增加曝气池内微生物含量，加速生化反应过程。剩余污泥排放出去或进行其他处理后继续应用。

②生物膜法：该法是以生物膜为净化主体的生物处理法。生物膜是附着在载体表面，以菌胶团为主体所形成的黏膜状物。生物膜的功能和活性污泥法中

的活性污泥相同，其微生物的组成也类似。净化污水的主要原理是附着在载体
表面的生物膜对污水中有机物的吸附与氧化分解作用。生物膜法根据介质与水
接触方式不同，有生物转盘法（图8-4）、塔式生物滤池法等。

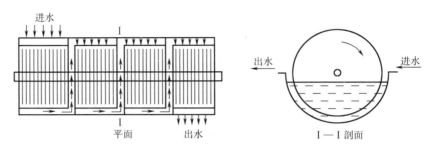

图8-4　生物转盘法构造示意图

（2）厌氧处理系统　在缺氧条件下，利用厌氧菌（包括兼性厌氧菌）分
解污水中有机污染物的方法，又称厌氧消化或厌氧发酵法。因为发酵产物产生
甲烷，又称甲烷发酵。此法既能消除环境污染，又能开发生物能源，所以备受
人们重视，厌氧消化器的一般构造如图8-5所示。

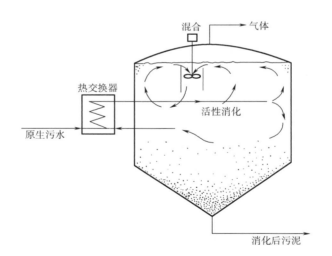

图8-5　厌氧消化器的构造图

污水厌氧发酵是一个极为复杂的生态系统，它涉及多种交替作用的菌群，
各要求不同的基质和条件，形成复杂的生态体系。甲烷发酵包括3个阶段：液
化阶段、产氢产乙酸阶段和产甲烷阶段（图8-6）。

此法主要用于处理农业和生活废弃物或污水厂的剩余污泥，也可用于处理
面粉厂、食品厂、造纸厂、制革厂、酒精厂、糖厂、油脂厂、农药厂或石油化
工等工厂废水。

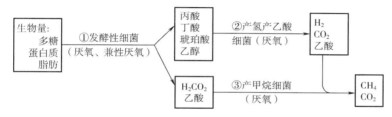

图8-6 甲烷发酵的3个阶段

污水处理中常见的名词

BOD（biochemical oxygen demand）即生化需氧量或生物需氧量，是水中有机物含量的一个间接指标。一般指在1L污水或待测水样中所含有的一部分易氧化的有机物，当微生物对其氧化、分解时，所消耗的水中的溶解氧毫克数（其单位为mg/L）。BOD的测定条件一般规定在20℃下5昼夜，故常用BOD_5符号表示。

COD（chemical oxygen demand）即化学需氧量，是表示水体中有机物含量的简便的间接指标，指1L污水中所含有的有机物在用强氧化剂将它氧化后，所消耗氧的毫克数（单位为mg/L）。常用的化学氧化剂有$K_2Cr_2O_7$或$KMnO_4$。其中常用$K_2Cr_2O_7$，由此测得的COD用"COD_{Cr}"表示。

2. 固体废弃物处理

固体废弃物是指被人们丢弃的固体状和泥状的污染物质。处理的方法有焚烧、填埋、综合利用、生物法等。其中生物法主要是利用微生物分解有机物，制作有机肥料和沼气，可分为好氧性堆肥法和厌氧发酵法两大类。

（1）好氧性堆肥法 该法的基本生物化学反应过程与污水生物处理相似，但堆肥处理只进行到腐熟阶段，并不需有机物的彻底氧化，这一点与污水处理是不同的。一般认为堆料中易降解有机物基本上被降解即达到腐熟。这个过程大致可分为嗜温好氧菌为主的产热阶段、嗜热菌占主导的高温阶段和嗜温菌（最适温度为中温，能耐受高温）为主的降温腐熟阶段。

（2）厌氧发酵法 该法包括厌氧堆肥法和沼气发酵。厌氧堆肥法是指在不通气条件下，微生物通过厌氧发酵将有机弃废物转化为有机肥料，使固体废物无害化的过程。堆制方式与好氧堆肥法基本相同。但此法不设通气系统、有机废弃物在堆内进行厌氧发酵，温度低，腐熟及无害化所需时间长。利用固体废弃物进行沼气发酵与污水的厌氧处理情况基本相似，也有3个相似的阶段，最后可产生甲烷、CO_2等产物。该技术在城市下水道污泥、农业固体废弃物

（农作物秸秆等）和粪便处理中得到广泛应用。

3. 气态污染物的生物处理

气态污染物的生物处理技术是生物降解污染物的新应用。生物处理气态污染物的原理与污水处理是一致的，本质上是对污染物的生物降解与转化。生物降解作用难于在气相中进行，所以废气的生物处理中，气态污染物首先要经历由气相转移到液相或固体表面液膜中的过程。降解与转化液化污染物的也是混合的微生物群体。处理过程在悬浮或附着系统的生物反应器中进行。提高净化效率需要增强传质过程（即污染物从气相转入液相）和创造有利于转化和降解的条件。

四、污染环境的生物修复

生物修复是微生物催化降解有机污染物，转化其他污染物从而消除污染的一个受控或自发进行的过程。生物修复基础是发生在生态环境中微生物对有机污染物的降解作用。由于自然的生物修复过程一般较慢，难于实际应用，生物修复技术则是工程化在人为促进条件下的生物修复；它是传统的生物处理方法的延伸，其创新之处在于它治理的对象是较大面积的污染。

目前生物修复技术主要用于土壤、水体（包括地下水）、海滩的污染（如原油的泄漏）治理以及固体废弃物的处理。主要的污染物是石油烃及各种有毒有害难降解的有机污染物。

生物修复的本质是生物降解，能否成功取决于生物降解速率，在生物修复中采取强化措施促进生物降解十分重要。这包括：①接种微生物。目的是增加降解微生物数量，提高降解能力，针对不同的污染物可以接种人工筛选分离的高效降解微生物或人工构建的遗传工程菌。②添加微生物营养物。微生物的生长繁殖和降解活动需要充足均衡的营养，为了提高降解速度，需要添加缺少的营养物。③提供电子受体。为使有机物的氧化降解途径畅通，要提供充足的电子受体，一般为好氧环境提供氧，为厌氧环境的降解提供硝酸盐。④提供共代谢底物。共代谢有助于难降解有机污染物的生物降解。⑤提高生物可利用性。低水溶性的疏水污染物难于被微生物所降解，利用表面活性剂、各种分散剂来提高污染物的溶解度，可提高生物可利用性。⑥添加生物降解促进剂。一般使用H_2O_2可以明显加快生物降解的速度。

近十余年来，人类在石油、农药、重金属汞等物质的微生物代谢、降解、转化方面取得了一定的进展。

五、环境污染的微生物监测

生态环境中的微生物是环境污染的直接承受者，环境状况的任何变化都对微生物群落结构和生态功能产生影响，因此可以用微生物指示环境污染。由于微生物易变异，抗性强，微生物作为环境污染的指示物在应用上不及动物和植物广泛而规范。但微生物的某些独有的特性使微生物在环境监测中有特殊作用。

1. 粪便污染指示菌

粪便污染指示菌的存在，是水体受过粪便污染的指标。根据对正常人粪便中微生物的分析测定结果，认为采用大肠菌群及粪链球菌作为指标较为合适，其中以前者较为广用。

大肠菌群是指一大群与大肠杆菌相似的需氧及兼性厌氧的革兰阴性无芽孢杆菌，它们能在48h内发酵乳糖产酸产气，包括埃希菌属、柠檬酸杆菌属、肠杆菌属、克列菌属等。测定大肠菌群的常用方法有发酵法和滤膜法两种。

大肠菌群数量的表示方法有两种，其一是"大肠菌群数"，也称"大肠菌群指数"，即1L水中含有的大肠菌群近似数。其二是"大肠菌群值"，指水样中可检出1个大肠菌群数的最小水样体积（mL），该值越大，表示水中大肠菌群数越小。我国生活饮用水卫生标准规定，1L水中总大肠菌群近似数不得超过3个，即大肠菌群值不得小于333mL。

2. 水体污染指示生物带

一般的生物多适宜于清洁的水体，但是有的生物则适宜于某种程度污染的水体。在各种不同污染程度的水体中，各有其一定的生物种类和组成。根据水域中的动植物和微生物区系，可推断该水域中的污染状况，污水生物带便是通过以上检测而确定的。通常把水体划分为多污带、中污带和寡污带。

3. 致突变物与致癌物的微生物检测

人们在生活过程中不断地与环境中的各种化学物质相接触，这些物质对人类影响与危害怎样，特别是致癌效应如何，是人们普遍关心的问题。据了解，80%~90%的人类癌症是由环境因素引起的，其中主要是化学因素。目前世界上常见的化学物质有7万多种，其中致癌性研究较充分的就占1/10，而每年又至少新增千余种新的化合物。采用传统的动物实验法和流行病学调查法已远远不能满足需要，至今世界上已发展了上百个快速测试法，其中以致突变试验应用最广，测试结果不仅可反映化学物质的致突变性，而且可以推测它的潜在致癌性。应用于致突变的微生物有鼠伤寒沙门菌、大肠埃希菌、枯草杆菌、脉孢菌、酿酒酵母、构巢曲霉等，目前以沙门菌致突变试验应用最广。

4. 发光细菌检测法

发光细菌发光是菌体生理代谢正常的一种表现，这类菌在生长对数期发光能力极强。当环境条件不良或有毒物质存在时，发光能力受到影响而减弱，其减弱程度与毒物的毒性大小和浓度成一定的比例关系。通过灵敏的光电测定装置，检查在毒物作用下发光菌的发光强度变化可以评价待测物的毒性。其中研究和应用最多的为明亮发光杆菌。

技能训练二十一　食品中细菌菌落总数的测定

菌落总数是指食品检样经过处理，在一定条件下（如需要情况、营养条件、pH、培养温度和时间等）培养后，所得每克（每毫升）检样中形成的微生物菌落总数。菌落总数的测定用来判定食品被细菌污染的程度及卫生质量，它反映食品在生产过程中是否符合卫生要求，以便对被检样品做出适当的卫生学评价。本实验根据GB 4789.2—2016《食品安全国家标准　食品微生物学检验　菌落总数测定》制定。

一、目的要求

（1）学习采样方法和细菌总数测定的方法。

（2）了解平板菌落计数原则。

二、基本原理

按照国家标准方法规定，即在需氧情况下，36℃±1℃培养48h±2h，能在普通营养琼脂平板上生长的细菌菌落总数，所有厌氧菌或微需氧菌、有特殊营养要求的以及非嗜中温的细菌，由于现有条件不能满足其生理需求，故难以繁殖生长。因此菌落总数并不表示实际样品中的所有细菌总数，只是一个近似值，所以有时被称为杂菌数、需氧菌数等。在一定程度上标志着食品卫生质量的优劣。

三、材料与器材

（1）除微生物实验室灭菌及培养设备外，其他设备和材料如下：恒温培养箱、冰箱、恒温水浴箱、均质器、玻璃珠、无菌吸管（1mL、10mL）、无菌锥形瓶、无菌培养皿、放大镜或菌落计数器等。

（2）培养基　平板计数琼脂（plate count agar，PCA）培养基

①成分：胰蛋白胨5.0g；酵母浸膏2.5g；葡萄糖1.0g；琼脂15.0g；蒸馏水1000mL　pH 7.0±0.2。

②制法：将上述成分加入蒸馏水中，煮沸溶解，调节pH至7.0±0.2。分装入试管或锥形瓶，121℃高压灭菌15min。

（3）磷酸盐缓冲液

①成分：磷酸二氢钾34.0g；蒸馏水500mL。

②制法：贮存液：称取34.0g的磷酸二氢钾溶于500mL蒸馏水中，用大约175mL 1mol/L氢氧化钠溶液调节pH至7.2，用蒸馏水稀释至1000mL后贮存于冰箱。

稀释液：取贮存液1.25mL，用蒸馏水稀释至1000mL，分装于适宜容器中，121℃高压灭菌15min。

（4）无菌生理盐水

①成分：氯化钠8.5g；蒸馏水1000mL。

②制法：称取8.5g氯化钠溶于1000mL蒸馏水中，121℃高压灭菌15min。

四、操作步骤

操作流程如图8-7所示。

1. 样品稀释

（1）固体和半固体样品 称取25g样品置盛有225mL磷酸盐缓冲液或生理盐水的无菌均质杯内，8000～10000r/min均质1～2min，或放入盛有225mL稀释液的无菌均质袋中，用拍击式均质器拍打1～2min，制成1：10的样品匀液。

（2）液体样品 以无菌吸管吸取25mL样品置盛有225mL磷酸盐缓冲液或生理盐水的无菌锥形瓶（瓶内预置适当数量的无菌玻璃珠）中，充分混匀，制成1：10的样品匀液。

（3）用1mL无菌吸管或微量移液器吸取1：10样品匀液1mL，沿管壁缓注于盛有9mL稀释液的无菌试管中（注意吸管或吸头尖端不要触及稀释液面），振摇试管或换用1支无菌吸管反复吹打使其混合均匀，制成1：100的样品匀液。

按上述操作程序，制备10倍系列稀释样品匀液。每递增稀释一次，换用1次1mL无菌吸管或吸头。

（4）根据对样品污染状况的估计，选择2～3个适宜稀释度的样品匀液（液体样品可包括原液），在进行10倍递增稀释时，吸取1mL样品匀液于无菌平皿内，每个稀释度做两个平皿。同时，分别吸取1mL空白稀释液加入两个无菌平皿内作空白对照。

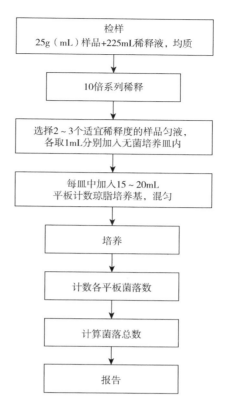

图8-7 食品中菌落总数测定流程图

（5）及时将15~20mL冷却至46℃的平板计数琼脂培养基（可放置于46℃±1℃恒温水浴箱中保温）倾注平皿，并转动平皿使其混合均匀。

2. 培养

（1）待琼脂凝固后，将平板翻转，36℃±1℃培养48h±2h。

（2）如果样品中可能含有在琼脂培养基表面弥漫生长的菌落时，可在凝固后的琼脂表面覆盖一薄层琼脂培养基（约4mL），凝固后翻转平板，按上述条件进行培养。

3. 菌落计数

菌落总数测定中
菌落的计数

可用肉眼观察，必要时用放大镜或菌落计数器，记录稀释倍数和相应的菌落数量。菌落计数以菌落形成单位（colony-forming units, CFU）表示。

（1）选取菌落数在30~300CFU、无蔓延菌落生长的平板计数菌落总数。低于30CFU的平板记录具体菌落数，大于300CFU的可记录为多不可计。每个稀释度的菌落数应采用两个平板的平均数。

（2）其中一个平板有较大片状菌落生长时，则不宜采用，而应以无片状菌落生长的平板作为该稀释度的菌落数；若片状菌落不到平板的一半，而其余一半中菌落分布又很均匀，即可计算半个平板后乘以2，代表一个平板菌落数。

（3）当平板上出现菌落间无明显界线的链状生长时，则将每条单链作为一个菌落计数。

五、实验数据与处理结果

1. 菌落总数的计算方法

（1）若只有一个稀释度平板上的菌落数在适宜计数范围内，计算两个平板菌落数的平均值，再将平均值乘以相应稀释倍数，作为每g（mL）样品中菌落总数结果。

（2）若有两个连续稀释度的平板菌落数在适宜计数范围内时，按如下公式计算：

$$N = \sum C / (n_1 + 0.1n_2) d$$

式中　N——样品中菌落数；

　　$\sum C$——平板（含适宜范围菌落数的平板）菌落数之和；

　　n_1——第一稀释度（低稀释倍数）平板个数；

　　n_2——第二稀释度（高稀释倍数）平板个数；

　　d——稀释因子（第一稀释度）。

（3）若所有稀释度的平板上菌落数均大于300CFU，则对稀释度最高的平板进行计数，其他平板可记录为多不可计，结果按平均菌落数乘以最高稀释倍数计算。

（4）若所有稀释度的平板菌落数均小于30CFU，则应按稀释度最低的平均菌落数乘以稀释倍数计算。

（5）若所有稀释度（包括液体样品原液）平板均无菌落生长，则以小于1乘以最低稀释倍数计算。

（6）若所有稀释度的平板菌落数均不在30~300CFU之间，其中一部分小于30CFU或大于300CFU时，则以最接近30CFU或300CFU的平均菌落数乘以稀释倍数计算。

2. 菌落总数的报告

（1）菌落数小于100CFU时，按"四舍五入"原则修约，以整数报告。

（2）菌落数大于或等于100CFU时，第3位数字采用"四舍五入"原则修约后，取前2位数字，后面用0代替位数；也可用10的指数形式来表示，按"四舍五入"原则修约后，采用两位有效数字。

（3）若所有平板上为蔓延菌落而无法计数，则报告菌落蔓延。

（4）若空白对照上有菌落生长，则此次检测结果无效。

（5）称重取样以CFU/g为单位报告，体积取样以CFU/mL为单位报告。

技能训练二十二　食品中大肠菌群的测定

食品中的大肠菌群

大肠菌群指一群能发酵乳糖，产酸产气，需氧和兼性厌氧的革兰阴性无芽孢杆菌。该菌主要来源于人畜粪便，故以此作为粪便污染指标来评价食品的卫生质量，并推断食品是否污染肠道致病菌。食品中大肠菌群数是指以100mL（或100g）检样中大肠菌群最可能数（MPN）来表示。本实验依据GB 4789.3—2016《食品安全国家标准　食品微生物学检验　大肠菌群计数》制定。

一、目的要求

（1）学习多管发酵法测定大肠菌群数。

（2）学会使用大肠菌群最可能数（MPN）检索表。

二、基本原理

MPN法是统计学和微生物结合的一种定量检测法。待测样品经系列吸收并培养后，根据其未生长的最低稀释度与生长的最高稀释度，应用统计学概率论推算出待测样品中大肠菌群的最大可能数。

三、材料与器材

（1）除微生物实验室灭菌及培养设备外，其他设备和材料如下：恒温培养箱、冰箱、恒温水浴箱、均质器、玻璃珠、无菌吸管（1mL、10mL）、无菌锥形瓶、无菌培养皿、放大镜或菌落计数器等。

（2）月桂基硫酸盐胰蛋白胨（Lauryl Sulfate Tryptose，LST）肉汤

①成分：胰蛋白胨或胰酪胨20.0g；氯化钠5.0g；乳糖5.0g；磷酸氢二钾（K_2HPO_4）2.75g；磷酸二氢钾（KH_2PO_4）2.75g；月桂基硫酸钠0.1g；蒸馏水1000mL。pH6.8±0.2。

②制法：将上述成分溶解于蒸馏水中，调节pH。分装到有玻璃小倒管的试管中，每管10mL。121℃高压灭菌15min。

（3）煌绿乳糖胆盐（Brilliant Green Lactose Bile，BGLB）肉汤

①成分：蛋白胨10.0g；乳糖10.0g；牛胆粉（oxgall或oxbile）溶液200mL；0.1%煌绿水溶液13.3mL；蒸馏水800mL。

②制法：将蛋白胨、乳糖溶于约500mL蒸馏水中，加入牛胆粉溶液200mL（将20.0g脱水牛胆粉溶于200mL蒸馏水中，调节pH至7.0～7.5），用蒸馏水稀释到975mL，调节pH7.2±0.1，再加入0.1%煌绿水溶液13.3mL，用蒸馏水补足到1000mL，用棉花过滤后，分装到有玻璃小倒管的试管中，每管10mL。121℃高压灭菌15min。

（4）磷酸盐缓冲液

①成分：磷酸二氢钾（KH_2PO_4）34.0g；蒸馏水500mL。

②制法：贮存液：称取34.0g的磷酸二氢钾溶于500mL蒸馏水中，用大约175mL 1mol/L氢氧化钠溶液调节pH至7.2±0.2，用蒸馏水稀释至1000mL后贮存于冰箱。

稀释液：取贮存液1.25mL，用蒸馏水稀释至1000mL，分装于适宜容器中，121℃高压灭菌15 min。

（5）无菌生理盐水

①成分：氯化钠8.5g；蒸馏水1000mL。

②制法：称取8.5g氯化钠溶于1000mL蒸馏水中，121℃高压灭菌15min。

（6）1mol/L氢氧化钠溶液

①成分：氢氧化钠40.0g；蒸馏水1000mL。

②制法：称取40.0g NaOH溶于1000mL无菌蒸馏水中。

（7）1mol/L盐酸溶液

①成分：盐酸90mL；蒸馏水1000mL。

②制法：移取浓盐酸90mL，用无菌蒸馏水稀释至1000mL。

四、操作步骤

操作流程如图8-8所示。

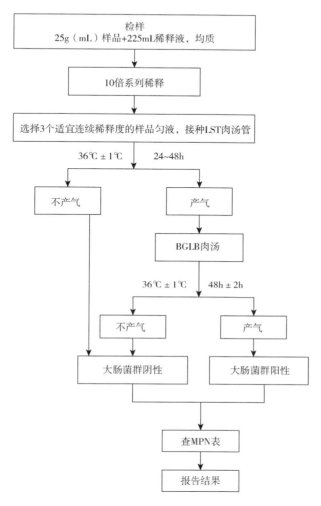

图8-8 食品中大肠菌群测定流程图

1.样品稀释

（1）固体和半固体样品 称取25g样品，放入盛有225mL磷酸盐缓冲液或生理盐水的无菌均质杯内，8000～10000r/min均质1~2min，或放入盛有225mL稀释液的无菌均质袋中，用拍击式均质器拍打1~2min，制成1∶10的样品匀液。

（2）液体样品 以无菌吸管吸取25mL样品置盛有225mL磷酸盐缓冲液或生理盐水的无菌锥形瓶（瓶内预置适当数量的无菌玻璃珠）或其他无菌容器中充分振摇或置于机械振荡器中振摇，充分混匀，制成1∶10的样品匀液。

（3）样品匀液的pH应在6.5～7.5，必要时分别用1mol/L氢氧化钠或1mol/L盐酸调节。

（4）用1mL无菌吸管或微量移液器吸取1∶10样品匀液1mL，沿管壁缓缓注入9mL生理盐水的无菌试管中（注意吸管或吸头尖端不要触及稀释液面），振摇试管或换用1支1mL无菌吸管反复吹打，使其混合均匀，制成1∶100的样品匀液。

（5）根据对样品污染状况的估计，按上述操作，依次制成十倍递增系列稀释样品匀液。每递增稀释1次，换用1支1mL无菌吸管或吸头。从制备样品匀液至样品接种完毕，全过程不得超过15min。

2. 初发酵试验

每个样品，选择3个适宜的连续稀释度的样品匀液（液体样品可以选择原液），每个稀释度接种3管月桂基硫酸盐胰蛋白胨（LST）肉汤，每管接种1mL（如接种量超过1mL，则用双料LST肉汤），36℃±1℃培养24h±2h，观察倒管内是否有气泡产生，24h±2h产气者进行复发酵试验（证实实验），如未产气则继续培养至48h±2h，产气者进行复发酵试验。未产气者为大肠菌群阴性。

3. 复发酵试验（证实实验）

用接种环从产气的LST肉汤管中分别取培养物1环，移种于煌绿乳糖胆盐肉汤（BGLB）管中，36℃±1℃培养48h±2h，观察产气情况。产气者，计为大肠菌群阳性管。

4. 大肠菌群最可能数（MPN）的报告

按复发酵试验确证的大肠菌群LST阳性管数，检索MPN表（表8-4），报告每1g（mL）样品中大肠菌群的MPN值。

表8-4　大肠菌群最可能数（MPN）检索表

阳性管数			MPN	95%可信限		阳性管数			MPN	95%可信限	
0.10	0.01	0.001		下限	上限	0.10	0.01	0.001		下限	上限
0	0	0	<3.0	—	9.5	2	2	0	21	4.5	42
0	0	1	3.0	0.15	9.6	2	2	1	28	8.7	94
0	1	0	3.0	0.15	11	2	2	2	35	8.7	94
0	1	1	6.1	1.2	18	2	3	0	29	8.7	94
0	2	0	6.2	1.2	18	2	3	1	36	8.7	94
0	3	0	9.4	3.6	38	3	0	0	23	4.6	94
1	0	0	3.6	0.17	18	3	0	1	38	8.7	110
1	0	1	7.2	1.3	18	3	0	2	64	17	180
1	0	2	11	3.6	38	3	1	0	43	9	180
1	1	0	7.4	1.3	20	3	1	1	75	17	200

续表

阳性管数			MPN	95%可信限		阳性管数			MPN	95%可信限	
0.10	0.01	0.001		下限	上限	0.10	0.01	0.001		下限	上限
1	1	1	11	3.6	38	3	1	2	120	37	420
1	2	0	11	3.6	42	3	1	3	160	40	420
1	2	1	15	4.5	42	3	2	0	93	18	420
1	3	0	16	4.5	42	3	2	1	150	37	420
2	0	0	9.2	1.4	38	3	2	2	210	40	430
2	0	1	14	3.6	42	3	2	3	290	90	1000
2	0	2	20	4.5	42	3	3	0	240	42	1000
2	1	0	15	3.7	42	3	3	1	460	90	2000
2	1	1	20	4.5	42	3	3	2	1100	180	4100
2	1	2	27	8.7	94	3	3	3	>1100	420	—

注：（1）本表采用三个稀释度[0.1g（mL）、0.01g（mL）和0.001g（mL）]，每个
　　　　稀释度接种3管。
　　（2）表内所列检样量如改用1g（mL）、0.1g（mL）和0.01g（mL）时，
　　　　表内数字应相应降低10倍；如改用0.01g（mL）、0.001g（mL）、
　　　　0.0001g（mL）时，则表内数字应相应增高10倍，其余类推。

── 小结 ──

　　土壤是微生物生活最适宜的环境，土壤中所含的微生物数量很大，主要
种类有细菌、放线菌、真菌、藻类和原生动物等类群。水中的微生物分为淡
水微生物和海洋微生物两大类型，淡水微生物主要有细菌、放线菌、真菌、病
毒、藻类和原生动物等；接近海岸和海底淤泥表层的海水中和淤泥上，菌数量
较多。空气中的微生物以真菌和细菌为主。

　　高温、低温、高酸、高碱等极端环境下生活着极端微生物，包括嗜热
菌、嗜冷菌、嗜酸菌、嗜碱菌等。

　　微生物在自然界中以互生、共生、拮抗、寄生、捕食等关系存在。

　　环境污染是指生态系统的结构和机能受到外来有害物质的影响或破坏，
超过了生态系统的自净能力，打破了正常的生态平衡，给人类造成严重危害。
微生物不但可以降解和转化污染物，还可用于环境监测、生物修复，所以微生
物在环境保护方面起重要作用。

 思考与练习

1. 为什么说土壤是微生物的天然培养基？

2. 如何分离下列微生物（从生态环境、培养基、培养方法等方面考虑）：嗜热菌、嗜盐菌、嗜碱菌、乳酸菌。

3. 在微生物的生存环境中存在着几种关系？请举例说明。

4. 试分析肠道正常菌群与人体的关系？

5. 什么是可降解塑料？什么是不可降解塑料？它们对环境保护有何意义？

6. 试述生物膜法净化污水的原理？

7. 找找身边利用微生物保护环境的例子。

8. 测定自来水的细菌总数，是否合乎饮用水的标准？

病毒学技术

1. 掌握病毒的概念和特点。

2. 了解病毒的形态结构和化学组成。

3. 熟悉病毒的生命周期。

COVID-19（Corona Virus Disease 2019，新型冠状病毒肺炎），是指2019年由新型冠状病毒（SARS-CoV-2）感染导致的肺炎，该突如其来的新冠肺炎疫情引起了全球大流行。2019年底至今我们亲历了与它斗争的过程。

讨论：

1. 病毒是否具有细胞结构？病毒是怎样生活和繁殖的？

2. 查阅资料，说说新型冠状病毒侵害了人体的哪些细胞，是如何危及人的生命的。

3. 抗击疫情共筑健康中国梦，我们该怎么做？

请带上这些问题，开始本单元的学习。

知识一　病毒概况

病毒（virus）是一类个体微小、构造简单、专性细胞内寄生的非细胞微生物。病毒可以感染所有具有细胞的生命体，至今已发现的病毒有一千多种，根据其宿主不同，可分为动物病毒、植物病毒以及噬菌体等。图9-1为简单的疱疹病毒。

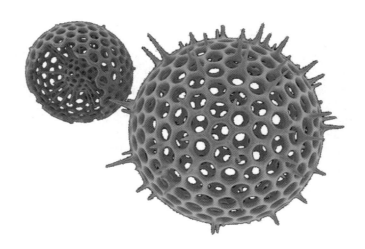

图9-1　简单的疱疹病毒1（HSV-1）

知识拓展

病毒的起源

首例病毒是由俄国学者伊凡诺夫斯基于1892年发现的植物病毒——烟草花叶病毒。其实，只要有生命的地方，就有病毒存在。病毒很可能在第一个细胞进化出来时就存在了。病毒起源于何时尚不清楚，因为病毒不形成化石，也就没有外部参照物来研究其进化过程，同时病毒的多样性显示它们的进化很可能是多条线路的而非单一的。分子生物学技术是目前可用的揭示病毒起源的方法；但这些技术需要获得远古时期病毒DNA或RNA的样品，而目前储存在实验室中最早的病毒样品也不过90年。

有三种流行的关于病毒起源的理论如下。

逆向理论（Regressive theory）：病毒可能曾经是一些寄生在较大细胞内的小细胞。随着时间的推移，那些在寄生生活中非必需的基因逐渐丢失。这一理论又被称为退化理论（degeneracy theory）。

细胞起源理论（有时也称为漂荡理论）：一些病毒可能是从较大生物体的基因中"逃离"出来的DNA或RNA进化而来的。逃离的DNA可能来自质粒（可以在细胞间传递的裸露DNA分子）或转座子（可以在细胞基因内不同位置复制和移动的DNA片断，曾被称为"跳跃基因"，属于可移动遗传元件）。

共进化理论：病毒可能进化自蛋白质和核酸复合物，与细胞同时出现在远古地球，并且一直依赖细胞生命生存至今。

与细胞型微生物相比，病毒具有以下一些特点。

（1）形体极其微小，一般都能通过细菌滤器，因此病毒原称"过滤性病毒"，必须在电子显微镜下才能观察。

（2）没有细胞构造，其主要成分仅为核酸和蛋白质两种，故又称"分子生物"。

（3）每一种病毒只含一种核酸，不是DNA就是RNA。

（4）既无产能酶系，也无蛋白质和核酸合成酶系，只能利用宿主活细胞内现成代谢系统合成自身的核酸和蛋白质成分。

（5）以核酸和蛋白质等"元件"的装配实现其大量繁殖。

（6）在离体条件下，能以无生命的生物大分子状态存在，并长期保持其侵染活力。

（7）对一般抗生素不敏感，但对干扰素敏感。

（8）有些病毒的核酸还能整合到宿主的基因组中，并诱发潜伏性感染。

知识二　病毒的形态结构和化学组成

一、病毒的大小

大多数病毒的直径在10~300nm，较大的如痘病毒，约300nm，较小的如脊髓灰质炎病毒，约28nm。一些丝状病毒的长度可达1400nm，但其宽度却只有约80nm。大多数的病毒无法在光学显微镜下观察到，而扫描或透射电子显微镜是观察病毒颗粒形态的主要工具，常用的染色方法为负染色法。

知识拓展

负染色法（Negative stain）

负染色法是一种染色方法，常用于不透光液体标本的镜检。由于其染色处理过程并非针对菌体本身，故又称"衬托染色法""间接染色法"。在负染色法中，标本不需要热固定，细胞不会因为化学药物的影响而变形，对于不易染色的细菌或病毒也能观察。

负染色法需要使用酸性染料来染色，如伊红或苯胺黑。因为细菌体表面带负电，而酸性染料的色原也带负电，所以色原只能将背景染色，才能使没有染色的细胞很容易的被观察到。植物组织的负染色图见图9-2。

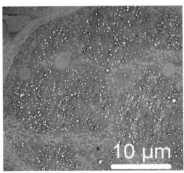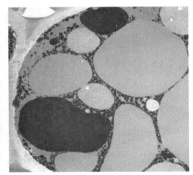

图9-2　使用电镜观察植物组织，左图没有染色，
右图用四氧化锇（OsO₄）进行负染色

二、病毒的形态

一个成熟有感染性的病毒颗粒称病毒体，电镜观察有五种形态（图9-3）。

1. 球形（Sphericity）

大多数人类和动物病毒为球形，如脊髓灰质炎病毒、疱疹病毒及腺病毒等。

2. 丝形（Filament）

多见于植物病毒，如烟草花叶病毒等。人类某些病毒（如流感病毒）有时也可形成丝形。

3. 弹形（Bullet-shape）

形似子弹头，如狂犬病毒等，其他多为植物病毒。

4. 砖形（Brick-shape）

如痘病毒（无花病毒、牛痘苗病毒等）。其实大多数呈卵圆形或"菠萝形"。

5. 蝌蚪形（Tadpole-shape）

由一卵圆形的头及一条细长的尾组成，如噬菌体。

三、病毒的结构与功能

病毒的结构有两种，一是基本结构，为所有病毒所必备；一是辅助结构，为某些病毒所特有。它们各有特殊的生物学功能。

（一）病毒的基本结构

1. 核酸（Nucleic acid）

位于病毒体的中心，由一种类型的核酸构成，含DNA的称为DNA病毒，含RNA的称为RNA病毒。DNA病毒核酸多为双股（除微小病毒外），RNA病毒核酶酸多为单股（除呼肠孤病毒外）。

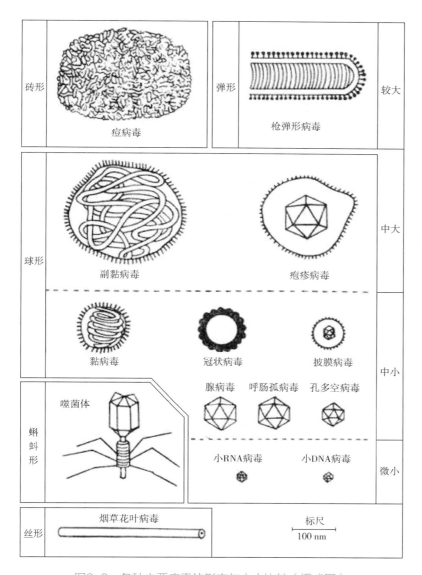

图9-3 各种主要病毒的形态与大小比较（模式图）

病毒核酸也称基因组（Genome），最大的痘病毒（Poxvirus）含有数百个基因，最小的微小病毒（Parvovirus）仅有3~4个基因。根据核酸构形及极性可分为环状、线状、分节段以及正链、负链等不同类型，对进一步阐明病毒的复制机理和病毒分类有重要意义。

核酸蕴藏着病毒遗传信息，若用酚或其他蛋白酶降解剂去除病毒的蛋白质衣壳，提取核酸并转染或导入宿主细胞，可产生与亲代病毒生物学性质一致的子代病毒，从而证实核酸的功能是遗传信息的储藏所，主导病毒的生命活动，形态发生，遗传变异和感染性。

病毒的遗传物质具有多样性（表9-1）。与一般的细胞生物的遗传物质为双链DNA不同的是，病毒的遗传物质（即病毒基因组）可以为DNA或RNA，可以为单链或双链。从目前已发现的病毒来看，更多的是RNA病毒；其中，植物病毒多为单链RNA病毒，而噬菌体多为双链DNA病毒。不同病毒的遗传物质中的基因结构也各不相同，它们之间的差异性比动物、植物或细菌中任何一个生物域内物种间的差异性都要大。

表9-1　病毒遗传物质的多样性

性质	参数
核酸类型	DNA RNA DNA和RNA
形状	线状 环状 分段
链型	单链 双链 双链，部分区域为单链

病毒的核酸可以是环状的，如多瘤病毒；或线状的，如腺病毒。核酸的种类与其所呈现的形状无关。在RNA病毒中，病毒体中的核酸常可以分裂为多个区段，这种状态被称为"分段"（segmented）。其中的每一段常常编码一个蛋白质，并且这些区段通常位于同一个衣壳中。但每一个区段并不一定要在同一个病毒体中才能使病毒整体具有感染性，雀麦花叶病毒（Brome mosaic virus）就是一个例子。

病毒的核酸可以是单链或双链，也与核酸的种类无关。双链的病毒核酸是由两条互补配对的核酸链所组成，如同一个梯子。而单链的病毒核酸是一条没有配对的核酸链，如同一个梯子从中间被分成两边的其中一边。一些病毒，如肝病毒科中的部分病毒，其核酸部分为单链，部分为双链。

2. 衣壳（Capsid）

在核酸的外面紧密包绕着一层蛋白质外衣，即病毒的"衣壳"。衣壳是由许多"壳微粒（Capsomere）"按一定几何构型集结而成，壳微粒在电镜下可见，是病毒衣壳的形态学亚单位，它由一至数条结构多肽能成。根据壳微粒的排列方式将病毒构形区分为：①立体对称（Cubic symmetry），形成20个等边三角形的面，12个顶和30条棱，具有五、三、二重轴旋转对称性，如腺病毒、脊髓灰质炎病毒等；②螺旋对称（Helical symmetry），壳微粒沿螺旋形盘红色的核酸呈规则地重复排列，通过中心轴旋转对称，如正黏病毒、副黏病毒及弹状病毒等；③复合对称（Complex symmetry），同时具有或不具有两种对称性的病毒，如痘病毒与噬菌体（图9-4）。

蛋白质衣壳的功能是：①致密稳定的衣壳结构除赋予病毒固有的形状外，还可保护内部核酸免遭外环境（如血流）中核酸酶的破坏；②衣壳蛋白质是病毒基因产物，具有病毒特异的抗原性，可刺激机体产生抗原病毒免疫应答；③具有辅助感染作用，病毒表面特异性受体边连结蛋白与

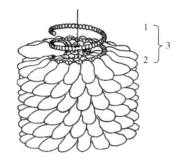

图9-4　腺病毒结构的模式图
1—核酸　2—结构单位（壳微粒）
3—核衣壳

细胞表面相应受体有特殊的亲和力，是病毒选择性吸附宿主细胞并建立感染灶的首要步骤。

病毒的核酸与衣壳组成核衣壳（Nucleocapsid），最简单的病毒就是裸露的核衣壳，如脊髓灰质炎病毒等，有囊膜的病毒核衣壳又称为核心（Core）。

 知识拓展

朊病毒

早在300年前，人们已经注意到在绵羊和山羊身上患的"羊瘙痒症"。其症状表现为：丧失协调性、站立不稳、烦躁不安、奇痒难熬，直至瘫痪死亡。20世纪60年代，英国生物学家阿尔卑斯用放射处理破坏DNA和RNA后，其组织仍具感染性，因而认为"羊瘙痒症"的致病因子并非核酸，而可能是蛋白质。由于这种推断不符合当时的一般认识，也缺乏有力的实验支持，因而没有得到认同，甚至被视为异端邪说。1947年发现水貂脑软化病，其症状与"羊瘙痒症"相似。以后又陆续发现了马鹿和鹿的慢性消瘦病（萎缩病）、猫的海绵状脑病。最为震惊的当首推1996年春天"疯牛病"在英国以至于全世界引起的一场空前的恐慌，甚至引发了政治与经济的动荡，一时间人们"谈牛色变"。1997年，诺贝尔生理医学奖授予了美国生物化学家斯坦利·普鲁辛纳（Stanley B.P Prusiner），因为他发现了一种新型的生物——朊病毒（Prion）。

朊病毒就是蛋白质病毒，是只有蛋白质而没有核酸的病毒。1997年诺贝尔医学或生理学奖的获得者美国生物学家斯坦利·普鲁辛纳（S.B.Prusiner）就是由于研究朊病毒作出卓越贡献而获此殊荣的。朊病毒不仅与人类健康、家畜饲养关系密切，而且可为研究与痴呆有关的其他疾病提供重要信息。就生物理论

而言，朊病毒的复制并非以核酸为模板，而是以蛋白质为模板，这必将对探索生命的起源与生命现象的本质产生重大的影响。

（二）病毒的辅助结构

1. 包膜（Envelope）

某些病毒，如虫媒病毒、人类免疫缺陷病毒、疱疹病毒等，在核衣壳外包绕着一层含脂蛋白的外膜，称为"包膜"（图9-5）。

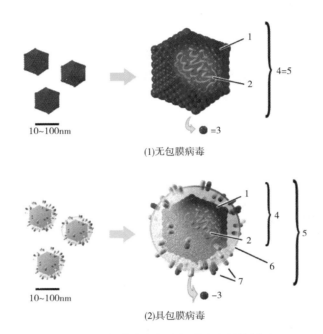

(1)无包膜病毒

(2)具包膜病毒

图9-5　无包膜病毒与有包膜病毒结构模式图

1—衣壳　2—核酸　3—壳粒　4—核衣壳

5—病毒体　6—外套膜　7—刺突蛋白

包膜中含有双层脂质、多糖和蛋白质，其中蛋白质具有病毒特异性，常与多糖构成糖蛋白糖蛋白亚单位，嵌合在脂质层，表面呈棘状突起，称"刺突（Spike）或囊微粒（Peplomer）"。它们位于病毒体的表面，有高度的抗原性，并能选择性地与宿主细胞受体结合，促使病毒包膜与宿主细胞膜融合，感染性核衣壳进入胞内而导致感染。包膜中的脂质与宿主细胞膜或核膜成分相似，证明病毒是以"出芽"方式，从宿主细胞内释放过程中获得了细胞膜或核膜成分。有包膜膜病毒对脂溶剂和其他有机溶剂敏感，失去囊膜后便丧失了感染性。

2. 触须样纤维（Fiber）

腺病毒是唯一具有触须样纤维的病毒，腺病毒的触须样纤维是由线状聚合多肽和一球形末端蛋白所组成，位于衣壳的各个顶角。该纤维吸附到敏感细胞上，抑制宿主细胞蛋白质代谢，与致病作用有关。此外，还可凝集某些动物红细胞。

3. 病毒携带的酶

某些病毒核心中带有催化病毒核酸合成的酶，如流感病毒带有RNA的RNA聚合酶，这些病毒在宿主细胞内要靠它们携带的酶合成感染性核酸。

四、病毒结构的对称性

用电镜观察发现病毒的结构呈现高度对称性：即立体对称、螺旋对称、复合对称及复杂对称。立体对称与螺旋对称是病毒的两种基本结构类型，复合对称是前两种对称的结合。立体对称、螺旋对称和复合对称分别相当于球形、杆状和蝌蚪状这三种形态的病毒。所有DNA病毒除痘病毒外为立体对称，RNA病毒有立体对称，也有螺旋对称，噬菌体及逆转录病毒多数呈复合对称，痘病毒属于复杂对称型。

1. 立体对称

有些病毒的外形呈"球状"，实际上是一个立体对称的多面体，一般为二十面体。它由20个等边三角形组成，具有12个顶角、20个面和30条棱。腺病毒是二十面体对称的典型代表。二十面体病毒有的也具有包膜。

2. 螺旋对称

有些病毒粒子呈杆状或丝状，其衣壳形似一中空柱，电镜观察可见其表面有精细螺旋结构。在螺旋对称衣壳中，病毒核酸以多个弱键与蛋白质亚基相结合，能够控制螺旋排列的形式及衣壳长度，核酸与衣壳的结合也增加了衣壳结构的稳定性。烟草花叶病毒（TMV）是螺旋对称的典型代表。

3. 复合对称

大肠杆菌T4噬菌体是复合对称的代表，由二十面体的头部与螺旋对称的尾部复合构成，呈蝌蚪状。头部蛋白质衣壳内有线状双链DNA构成的核心。在头尾相连处有颈部，由颈环和颈须构成，颈须的功能是裹住吸附前的尾丝。尾部由尾管、尾鞘、基板、刺突和尾丝构成。尾管中空，是头部DNA进入宿主细胞的通道。尾鞘由24圈螺旋组成。基板是六角形盘状结构，上面有6个刺突和6根尾丝，均有吸附功能。

逆转录病毒内部是螺旋形的核心，外部是二十面体的外壳，是复合对称型病毒。

4. 复杂对称

痘病毒科的病毒对称性比较复杂，病毒粒子通常呈卵圆形，干燥的病毒标本呈砖形。在病毒体表面有双层膜，在病毒中心为哑铃状的核心，核心内含有蛋白质和核酸，核酸为双链DNA，线形。
在核心两侧为侧面小体。

五、噬菌体

噬菌体是病毒的一种（图9-6），其
特别之处是专以细菌为宿主，较为人知的
噬菌体是以大肠杆菌为寄主的T_2噬菌体。
跟别的病毒一样，噬菌体只是一团由蛋
白质外壳包裹的遗传物质，大部分噬菌
体还长有"尾巴"，用来将遗传物质注
入宿主体内。超过95%已知的噬菌体以双
螺旋结构的DNA为遗传物质，长度由5000
个碱基对到5000000个碱基对不等；余下
的5%以RNA为遗传物质。正是通过对噬
菌体的研究，科学家证实基因以DNA为
载体。

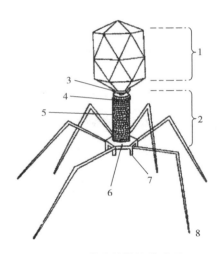

图9-6　噬菌体结构模式图
1—头部　2—尾部　3—尾领
4—尾鞘　5—尾髓　6—尾板
7—尾刺　8—尾丝

噬菌体是一种普遍存在的生物体，而且经常都伴随着细菌。通常在一些充
满细菌群落的地方，如：泥土、动物的内脏里，都可以找到噬菌体的踪影。目
前世上蕴含最丰富噬菌体的地方就是海水，在海平面，平均每毫升的海水即含
有10^9个病毒粒子（virions）。

噬菌体感染宿主菌后有两种情况：一类是噬菌体在宿主细胞内迅速繁
殖，最后使宿主细胞裂解死亡并释放出大量子代噬菌体，称为烈性噬菌体
（virulent phage）；另一类在感染细胞后并不增殖，而是将自身的基因组整合
到宿主菌染色体中，并随宿主细胞的分裂而一代一代地传下去，称为温和噬菌
体（temperate phage）。

知识三　病毒的生命周期

由于病毒是非细胞的，无法通过细胞分裂的方式来完成数量增长；它们是
利用宿主细胞内的代谢工具来合成自身的拷贝，并完成病毒组装。不同的病毒
之间生命周期的差异很大，但大致可以分为六个阶段（图9-7）。

一、附着

首先是由病毒衣壳蛋白与宿主细胞表面特定受体之间发生特异性结合。
这种特异性决定了一种病毒的宿主范围。例如，艾滋病毒只能感染人类的T细

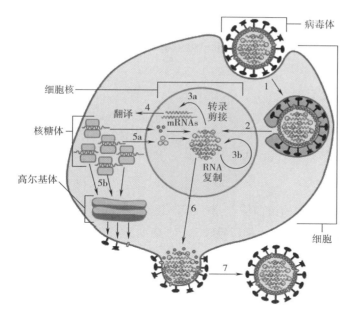

图9-7 流感病毒自我复制过程简图

1—病毒体附着到宿主细胞表面并通过胞吞进入细胞 2—衣壳分解后，病毒核糖核蛋白转运入核 3a—病毒基因组转录 3b—病毒基因组复制 4—新合成的病毒mRNA出核并完成翻译 5a—合成的核蛋白入核与新复制的核酸结合 5b—合成的病毒表面蛋白进入高尔基体完成翻译后修饰并转运上膜 6—新形成的核衣壳进入细胞质并与插有病毒表面蛋白的细胞膜结合 7—新生成的病毒体通过出泡方式离开宿主细胞

胞，因为其表面蛋白gp120能够与T细胞表面的CD4分子和受体结合。这种吸附机制通过不断的进化使得病毒能够更特定地结合那些它们能够在其中完成复制过程的细胞。对于带包膜的病毒，吸附到受体上可以诱发包膜蛋白发生构象变化从而导致包膜与细胞膜发生融合。

二、入侵

在病毒体附着到宿主细胞表面之后，通过受体介导的胞吞或膜融合进入细胞，这一过程通常被称为"病毒进入"（viral entry）。感染植物细胞与感染动物细胞不同，因为植物细胞有一层由纤维素形成的坚硬的细胞壁，病毒只有在细胞壁出现伤口时才能进入。一些病毒，如烟草花叶病毒可以直接在植物内通过胞间连丝的孔洞从一个细胞运动到另一个细胞。与植物一样，细菌也有一层细胞壁，病毒必须通过这层细胞壁才能够感染细菌。一些病毒，如噬菌体，进化出了一种感染细菌的机制，将自己的基因组注入细胞内而衣壳留在细胞外，从而减少进入细菌的阻力。

三、脱壳

病毒的衣壳被病毒或宿主细胞中的酶降解，使得病毒的核酸得以释放。

四、合成

病毒基因组完成复制、转录（除了正义RNA病毒外）以及病毒蛋白质合成。

五、组装

将合成的核酸和蛋白质衣壳各部分组装在一起。在病毒颗粒完成组装之后，病毒蛋白常常会发生翻译后修饰。在诸如艾滋病毒等一些病毒中，这种修饰作用（有时被称为成熟过程），可以发生在病毒从宿主细胞释放之后。

六、释放

无包膜病毒需要在细胞裂解（通过使细胞膜发生破裂的方法）之后才能得以释放。对于包膜病毒则可以通过出泡的方式得以释放。在出泡的过程中，病毒需要与插有病毒表面蛋白的细胞膜结合，获取包膜。

知识拓展

1. DNA病毒的复制

大多数DNA病毒基因组的复制发生在细胞核内。只要细胞表面有合适的受体，这些病毒就能够通过胞吞或膜融合的方式进入细胞。多数DNA病毒完全依赖宿主细胞的DNA和RNA的合成工具以及RNA的加工工具。而病毒基因组必须穿过核膜来获得对这些工具的控制。

2. RNA病毒的复制

RNA病毒的复制过程比较独特，由于其遗传信息保存在RNA上，因此复制过程通常发生在细胞质中。根据复制方式的不同，RNA病毒可以被分为4个不同的组别。RNA病毒的极性（即病毒RNA能否直接被用于蛋白质合成）以及RNA是单链还是双链，很大程度上决定了它的复制机制。RNA病毒是用它们自己的RNA复制酶来对基因组进行复制。

3. 反转录病毒的复制

反转录病毒基因组的复制是采用反转录的方式来完成的，即利用RNA模板来合成DNA。遗传物质为RNA的反转录病毒以DNA为中间物来复制其基因组，而遗传物质为DNA的反转录病毒则以RNA为中间物来复制。两类病毒都需要用到反转录酶。反转录病毒常常可以将通过反转录合成的DNA整合到宿主细胞的基因组中。能够抑制反转录酶活性的抗病毒药物（如齐多夫定和拉米夫定）可以有效地对抗反转录病毒（如艾滋病毒和包括乙肝病毒在内的肝病毒科病毒）。

—— 课外阅读 ——

生命科学与医学

病毒对于分子生物学和细胞生物学的研究具有重要意义，因为它们提供了能够被用于改造和研究细胞功能的简单系统。研究和利用病毒为细胞生物学的各方面研究提供了大量有价值的信息。例如，病毒被用在遗传学研究中来帮助我们了解分子遗传学的基本机制，包括DNA复制、转录、RNA加工、翻译、蛋白质转运以及免疫学等。

遗传学家常常用病毒作为载体将需要研究的特定基因引入细胞。这一方法对于细胞生产外源蛋白质，或是研究引入的新基因对于细胞的影响，都是非常有用的。病毒治疗法（virotherapy）也采用类似的策略，即利用病毒作为载体引入基因来治疗各种遗传性疾病，好处是可以定靶于特定的细胞和DNA。这一方法在癌症治疗和基因治疗中的应用前景广阔。一些科学家已经利用噬菌体来作为抗生素的替代品，由于一些病菌的抗生素抗性的加强，人们对于这一替代方法的兴趣也不断增长。

材料科学与纳米技术

目前纳米技术的发展趋势是制造多用途的病毒。从材料科学的观点来看，病毒可以被看作有机纳米颗粒：它们的表面携带特定的工具用于穿过宿主细胞的壁垒。病毒的大小和形状，以及它们表面的功能基团的数量和性质，是经过精确地定义的。正因为如此，病毒在材料科学中被普遍用作支架来共价连接表面修饰。病毒的一个特点是它们能够通过直接进化来被改动。从生命科学发展而来的这些强大技术正在成为纳米材料制造方法的基础，远远超越了它们在生物学和医学中的应用而被应用于更加广泛的领域中。

由于具有合适的大小、形状和明确的化学结构，病毒被用作纳米量级上的组织材料的模板。最近的一个应用例子是利用豇豆花叶病毒颗粒来放大DNA微阵列上感应器的信号；在该应用中，病毒颗粒将用于显示信号的荧光染料分离开，从而阻止能够导致荧光淬灭的非荧光二聚体的形成。另一个例子是利用豇豆花叶病毒作为纳米量级的分子电器的面板。在实验室中，病毒还可以被用于制造可充电电池。

生化武器

病毒能够引起瘟疫而导致人类社会的恐慌，这种能力使得一些人企图利用病毒作为生化武器来达到常规武器所不能获得的效果。而随着臭名昭著的西班牙流感病毒在实验室中获得成功复原，对于病毒成为武器的担心不断增加。另一个可能成为武器的病毒是天花病毒。天花病毒在绝迹之前曾经引起无数次的社会恐慌。目前天花病毒存在于世界上的数个安全实验室中，对于其可能成为生化武器的恐惧并非是毫无理由的。天花病毒疫苗是不安全的，在天花绝迹前，由于注射天花疫苗而患病的人数比一般患病的人数还要多，而且天花疫苗目前也不再广泛生产。因此，在存在如此多对于天花没有免疫力的现代人的情况下，一旦天花病毒被释放出来，在病毒得到控制之前，将会有无数人患病死去。

小结

病毒（virus）是一类个体微小、构造简单、专性细胞内寄生的非细胞微生物。至今已发现的病毒有一千多种，根据其宿主不同，可分为动物病毒、植物病毒以及噬菌体等。大多数病毒的直径在10~300nm，电镜观察病毒体有五种形态：球形、丝形、弹形、砖形以及蝌蚪形。

病毒的结构有两种：一是基本结构，包括核酸和衣壳，为所有病毒所必备；二是辅助结构，为某些病毒所特有。病毒的结构呈现高度对称性：即立体对称、螺旋对称、复合对称及复杂对称。噬菌体是一种特殊的病毒，专以细菌为宿主。

病毒是利用宿主细胞内的代谢工具来合成自身的拷贝，并完成病毒组装。病毒的生命周期大致可以分为六个阶段：附着、入侵、脱壳、合成、组装和释放。

 思考与练习

1. 什么是病毒？
2. 病毒具有哪些生物学特性？
3. 病毒有哪几种形态？
4. 简述病毒的生命周期。
5. 查阅资料，了解流感病毒、乙肝病毒和艾滋病毒。

附 录

一 微生物自测试题

微生物试题1

一、名词解释（28分）

　　1. 菌落　　　2. 培养基　　　3. 共生关系　　　4. 深层液体培养

　　5. 微生物　　6. 灭菌　　　7. 芽孢

二、填空（30分）

　　1. 大肠杆菌长为2.0 μm，宽为0.5 μm，其大小表示为_____。

　　2. 常见的菌种保藏方法有_____、_____和_____，其中_____方法保藏菌种的时间最长久。

　　3. 用美蓝染色液可对酵母菌细胞进行死活染色鉴别。死细胞被染成_____色，而活细胞为_____色。

　　4. 物质进出微生物细胞的方式主要有_____、_____、_____和_____。

　　5. 自然界中微生物之间的相互关系归纳起来有4种分别是_____、_____、_____和_____。

　　6. 根据微生物对氧的要求不同，可将其分为_____、_____、_____和_____。

　　7. 微生物所需要的基本营养物质主要是_____、_____、_____和_____。

　　8. 细菌的基本形态有三种，分别是_____、_____、_____，细菌大小用_____表示。

　　9. T4噬菌体属于_____对称。

　　10. 遗传变异的物质基础是_____。

三、判断对错，并改正（共5分）

1. 以高糖培养酵母菌，其培养基类型为加富培养基。（   ）

2. 果汁、牛乳常用的灭菌方法为间歇灭菌。（   ）

3. 青霉素是最早发现应用的抗生素。（   ）

4. 菌苔是微生物在固体平板上的培养特征。（   ）

5. 化能异养型微生物其碳源和能源来自同一有机物。（   ）

四、简答题（28分）

1. 什么是微生物？微生物具有哪些特点。

2. 湿热灭菌比干热灭菌效率高的原因？

3. 芽孢在微生物学的研究上有何意义？

4. 控制有害微生物生长有哪些方法，写出利用热力灭菌时的灭菌条件。

五、问答题（9分）

试绘图说明单细胞微生物的生长曲线，并指明第三个时期的特点，及如何利用微生物的生长规律来指导工业生产？

微生物试题2

一、名词解释（28分）

1. 营养物质   2. 选择性培养基   3. 活性污泥   4. 菌丝体

5. 化能异养   6. 消毒   7. 拮抗

二、填空（30分）

1. 酵母菌常用于酿酒工业中，其主要产物为_____。

2. 要使玻璃器皿达到无菌状态，一般用_____方法灭菌，而培养基则采用_____方法来灭菌。

3. 接种环常用的灭菌方法是_____。

4. 从自然界分离筛选新菌种的一般步骤是_____、_____、_____和_____。

5. 诱变育种的理论基础是_____。

6. 微生物的营养类型有_____、_____、_____、_____，其中光能自养是以_____为能源的。

7. 常用消毒酒精的浓度的_____。

8. 加大接种量可控制少量污染菌的繁殖，是利用微生物间的_____。

9. 革兰染色将细菌分为两大类，一类为_____菌，染色结果为_____色，一类为_____菌，染色结果为_____色。

10. 微生物菌体的化学组成中以_____、_____、_____、_____、_____、_____等6种元素为主，其中碳元素在微生物体内超过干重的

40%以上。

11. 用高倍油镜进行观察时需要滴加_____，观察结束后用_____清洗镜头。

12. 血球计数法属于_____计数法，它测得的是_____。

13. 酵母菌的主要繁殖方式是_____，生长旺盛的酵母菌有时可形成_____。

三、判断对错（5分）

1. 显微镜的放大倍数愈高，其视野面积愈大。（　　　）

2. 土壤中三大类群微生物以数量多少排序：细菌＞真菌＞放线菌。（　　　）

3. 酵母菌属于好氧型微生物。（　　　）

4. 半固体培养基中，琼脂使用浓度为0.2%~0.7%。（　　　）

5. 细菌芽孢的生成是细菌繁殖的表现。（　　　）

四、简答题（28分）

1. 酵母菌的繁殖方式有哪些类型？

2. 简述革兰染色的机制。

3. 简述配制培养基的原则和步骤。

4. 为什么说土壤是微生物生长发育的良好环境？

五、问答题（9分）

毕业后你去了一家乳品厂从事产品检验工作，要让你对本厂生产的酸乳进行微生物指标的测定，请问，应测定哪些指标？分别依据什么方法进行测定？

微生物试题1参考答案

一、名词解释（28分）

1. 菌落

菌落就是在固体培养基上以母细胞为中心的一堆肉眼可见的，有一定形态、构造等特征的子代细胞的聚集体。

2. 培养基

是指人工配制的，适合微生物生长繁殖或积累代谢产物的营养基质。

3. 共生关系

两种生物生活在一起，双方相互依赖，互相有利，显示出一起共同生活比分开来单独生活更为有利。有时，甚至一种生物脱离了另一个种生物后即不能生活。这种关系即为共生。

4. 深层液体培养

将菌种培养在发酵罐或圆锥瓶内，通过不断通气搅拌或振荡使菌体在液体深层处繁育的方法。

5. 微生物

指大量的、极其多样的、不借助显微镜看不见的微小生物类群的总称。

6. 灭菌

采用强烈的理化因素使任何物体内外部的一切微生物永远丧失其生长繁殖能力的措施称为灭菌。

7. 芽孢

某些细菌在其生长发育的后期，在细胞内形成的一个圆形或椭圆形，厚壁，含水量低，抗逆性强的休眠体。

二、填空（30分）

1. 2.0 μm × 0.5 μm

2. 冷冻保藏、冻干保藏、冰箱保藏、冻干保藏

3. 蓝色

4. 主动运输、自由扩散、协助扩散、基团移位

5. 互生、共生、寄生、拮抗

6. 专性好氧微生物、兼性好氧微生物、微好氧微生物、耐氧微生物、专性厌氧微生物

7. 碳源、氮源、无机盐、生长因子、水

8. 球形、杆形、螺旋形、μm

9. 复合

10. 核酸

三、判断对错（5分）

1. √   2. ×   3. √   4. ×   5. √

四、简答题（28分）

1. 什么是微生物？微生物具有哪些特点?

通常是描述一切不借助显微镜用肉眼看不见的微小生物的总称。这类微生物包括病毒、细菌、古菌、真菌、原生动物和某些藻类。

微生物特点是：个体微小，结构简单；具有多样性；繁殖快；易变异；易培养。

2. 湿热灭菌比干热灭菌效率高的原因?

湿热灭菌法主要是通过热蒸汽杀死微生物，蒸汽的穿透能力较热空气强，且蛋白质含水量越高，越易于凝固，并且湿热灭菌只要120 ~ 121℃，10min就可以引起微生物的死亡，干热灭菌要在干燥下160 ~ 170℃，1 ~ 2h。

3. 芽孢在微生物学的研究上有何意义?

芽孢的有无、形态、大小和着生位置是细菌分类和鉴定中的重要形态学指标。在实践上，芽孢的存在有利于提高菌种的筛选效率，有利于菌种的长

期保藏，有利于对各种消毒、杀菌措施的优劣的判断等等，当然芽孢的存在也增加了医疗器械使用上以及食品生产、传染病防治和发酵生产中的各种困难。

4.控制有害微生物生长有哪些方法，写出利用热力灭菌时的灭菌条件。

灭菌、消毒、防腐和化疗，均可控制有害微生物生长。

灭菌和消毒的方法有物理因素灭菌，包括紫外线、可见光、辐射、高温、过滤等；化学因素有使用有机化合物如醇类、酸类、醛类、表面活性剂，无机物如重金属、卤化物、氧化剂，染色剂如结晶紫以及其他化学治疗剂如抗生素等。

干热灭菌：烘箱内热空气灭菌（160℃，2h）或火焰灼烧干热灭菌。

湿热灭菌法：巴氏消毒法：60~85℃，15s~30min；煮沸消毒法：100℃，数分钟；间歇灭菌法：100℃灭菌8h，搁置过夜，再100℃灭菌8h；常规加压蒸汽灭菌法：121℃，30min；连续加压蒸汽灭菌法：135~140℃，5~15s。

五、问答题（9分）

试绘图说明单细胞微生物的生长曲线，并指明第三个时期的特点，及如何利用微生物的生长规律来指导工业生产？

答：（1）生长曲线分为延滞期、指数期、稳定期和衰亡期四个时期。

（2）稳定期的特点是细胞死亡数与增长数平衡，积累、合成代谢产物，菌体产量最高。

（3）生产上常需要缩短延滞期，延长稳定期。缩短延滞期措施：a以对数期种龄菌种接种。b增大接种量。c营养条件适宜。d通过遗传学方法改变种的遗传特性使迟缓期缩短；延长稳定期措施：生产上常通过补充营养物质（补料）或取走代谢产物、调节pH、调节温度、对好氧菌增加通气、搅拌或振荡等措施延长稳定生长期。

微生物试题2参考答案

一、名词解释（28分）

1.营养物质

微生物从环境中获得，具有营养功能，能够提供微生物有机体正常生理机能所必需的成分和能量的物质。

2.选择性培养基

是一类根据某微生物的特殊营养要求或其对某化学，物理因素的抗性而设计的培养基，具有使混合菌样中的劣势菌变成优势菌的功能，广泛用于菌种筛选等领域。

3. 活性污泥

所谓活性污泥是指由菌胶团形成菌、原生动物、有机和无机胶体及悬浮物组成的絮状体。在污水处理过程中，它具有很强的吸附、氧化分解有机物或毒物的能力。在静止状态时，又具有良好沉降性能。

4. 菌丝体

由许多菌丝相互交织而成的菌丝集团称为菌丝体，包括密布在固体营养基质内部，主要执行吸收营养物功能的菌丝体，称营养菌丝体和伸展到空间的菌丝体气生菌丝。

5. 化能异养

绝大多数的细菌和全部的真菌利用有机物来汲取自身所需的营养物质来源的一种营养类型。

6. 消毒

指杀死或灭活物质或物体中所有病原微生物的措施，可起到防止感染或传播的作用。

7. 拮抗

指由某种生物所产生的特定代谢产物可抑制它种生物的生长发育甚至杀死它们的一种相互关系。

二、填空：（30分）

1. 乙醇

2. 干热、湿热

3. 火焰灭菌

4. 采样、增殖培养、分离、筛选

5. 基因突变

6. 化能自养、化能异养、光能自养、光能异养、太阳能

7. 70%

8. 竞争关系

9. 革兰阳性、蓝紫、革兰阴性、红

10. C、H、O、N、P、S

11. 香柏油、二甲苯

12. 直接计数、总菌数

13. 芽殖、假菌丝

三、判断对错（5分）

1. ×   2. ×   3. ×   4. √   5. ×

四、简答题（28分）

1. 酵母菌的繁殖方式有哪些类型？

包括无性繁殖和有性繁殖两大类：

（1）无性繁殖：芽殖：主要的无性繁殖方式，成熟细胞长出一个小芽，到一定程度后脱离母体继续长成新个体；裂殖：少数酵母菌可以像细菌一样借细胞横割分裂而繁殖，例如裂殖酵母。产无性孢子：产节孢子：如地霉属等，产掷孢子如掷孢酵母属等；产厚垣孢子如白假丝酵母等。

（2）有性繁殖：酵母菌以形成子囊和子囊孢子的形式进行有性繁殖。

2. 简述革兰染色的机制。

G^+细菌由于其细胞壁较厚，肽聚糖网层次多和交联致密，故遇脱色剂乙醇处理时，因失水而使得网孔缩小再加上它不含类脂，故乙醇的处理不会溶出缝隙，因此能把结晶紫和碘的复合物牢牢留在壁内，使得其保持紫色。反之，革兰阴性细菌因其细胞壁较薄，外膜层内酯含量高，肽聚糖层薄和交联度差，遇脱色剂乙醇后，以类脂为主的外膜迅速溶解，这时薄而松散的肽聚糖网不能阻挡结晶紫与碘的复合物的溶出，因此细胞退成无色。这时，再经沙黄等红色燃料复染，就使革兰阴性细菌呈现红色。而革兰阳性细菌则保留最初的紫色。

3. 简述配制培养基的原则和步骤

配制培养基的原则：目的明确；营养协调；理化适宜；经济节约。

配制培养基的步骤：原料称量，溶解（加琼脂）→（过滤）→定容→调pH→分装→加棉塞，包扎→灭菌→（摆斜面）→无菌检查。

4. 为什么说土壤是微生物生长发育的良好环境？

土壤是微生物生活的最良好环境，土壤有微生物生活的大本营之称号，主要是由于以下几个方面的原因：岩石中含有铁，钾，镁等多种矿质元素，一般都能满足微生物生长的需要。耕地土壤中各种动植物有机残体和有机肥料是绝大多数微生物良好的营养和能量来源.有大小不同的孔隙，小孔隙的毛细管作用强，经常充满水分，大孔隙中常为土壤空气。此外，土壤的pH多在4～8.5，而且土壤的保温性和缓冲性都比较好。

五、问答题（9分）

毕业后你去了一家乳品厂从事产品检验工作，要让你对本厂生产的酸奶进行微生物指标的测定，请问，应测定哪些指标？分别依据什么方法进行测定？

酸乳属于发酵乳制品，通过查阅GB 19302—2010《食品安全国家标准 发酵乳》的相关标准，可知，发酵乳中需要测定指标分别为大肠菌群、金黄色葡萄球菌、沙门菌、酵母菌和霉菌。其中对于大肠菌群采用三级采样方案，按GB 4789.3—2010《食品安全国家标准 食品微生物学检验 大肠菌群计数》平板计数法进行大肠菌群的测定。金黄色葡萄球菌检测采用二级采样方案，按GB 4789.10—2016《食品安全国家标准 食品微生物学检验 金黄色葡萄球菌检验》第一法进行定性检验。沙门菌检测采用二级采样方案，按GB 4789.4—2016《食品安全国家标准 食品微生物学检验 沙门菌检验》的方法进行检验。酵母菌和霉菌的按GB 4789.15—2016《食品安全国家标准 食品微生物学检验 霉菌和酵母计数》方法进行测定。

酸奶属于生物发酵乳，GB 47899.35中还规定了作为发酵乳的酸乳，其中乳酸菌（国家标准中乳酸菌主要为乳杆菌属、双歧杆菌属和链球菌属）的检测应到的数量为大于等于$1 \times 106CFU/mL$，检测方法依据GB 47899.35中方法进行。

二 微生物学实验技能综合测试题

技能测试题一 细菌形态的观察

【测试目的】

1. 考查学生对显微镜的使用熟练程度。

2. 考查学生对细菌形态观察的操作。

【所需仪器和物品】

普通光学显微镜、擦片纸、镜头纸、细菌标本片。

【测试内容及要求】

1. 正确使用显微镜；

2. 在30min内观察5张微生物标本片，正确作图，并注明细菌形态。

【考核评分】

项目及分值		得分
一、取镜和安放 10分	1. 一只手握镜壁，另一只手托着镜座，保持镜体直立；5分	
	2. 将显微镜摆放在自己正前方略偏左位置，坐姿端正；5分	
二、细菌标本片的观察 65分	1. 找准观察部位：将标本片放在载物台上，使标本位于物镜下方，用压片夹压住，调整使观察部位正对通光孔的中心；5分	
	2. 先用低倍镜观察，转动粗调节螺旋，同时从侧面观察，使物镜缓缓下降接近标本片（或提升载物台接近物镜）；5分	

续表

项目及分值		得分
	3. 注视目镜内，同时反方向转动粗螺旋，使镜筒缓缓上升（或载物台缓缓下降），直至看到物像，再略微转动细调节螺旋，直至物像清晰，报告老师；5分	
	4. 正确绘制微生物形态；25分	
	5. 准确注明细菌形态；25分	
三、实验仪器和物品的整理25分	1. 取下标本片并复位；2分	
	2. 将灯调至最暗后关掉电源，并拔下电源插座；3分	
	3. 下降聚光器，转动转换器，让两物镜偏到两旁，并将镜筒降至最低位置（或载物台升至最高位置）；5分	
	4. 用纱布或卫生纸擦拭显微镜外表；5分	
	5. 一只手握镜壁，另一只手托着镜座，把显微镜放入镜箱（或把罩子罩好）；5分	
	6. 做好仪器使用登记；5分	

注：实验用时超5min扣10分，超时10min扣20分；超时10min以上不及格。

技能测试题二　培养基的制备

【测试目的】

1. 考查学生配制培养基的操作能力。

2. 考查学生制作斜面及包扎试管的操作能力。

【所需仪器和物品】

主要试剂：牛肉膏，琼脂，蛋白胨，蒸馏水，食盐，0.1mol/L NaOH溶液0.1mol/L HCl，pH试纸。

主要仪器：感量0.01g天平，500mL量筒1个，800mL烧杯1个，小试管5支，250mL三角瓶3个，玻璃棒1支，称量纸，标签纸，纱布，漏斗，漏斗架（附铁架台、橡皮管、放水夹、玻璃管），电炉，剪刀，药匙。

【测试内容及要求】

牛肉膏蛋白胨培养基的配制：配制500mL牛肉膏蛋白胨培养基，制作斜面试管，并包扎。要求如下。

（1）按实验室要求清洗实验仪器；

（2）按操作要求称取培养基各种成分（包括琼脂条）并进行溶解；

（3）调整培养基酸碱度到指定pH；

（4）正确制作斜面试管；

（5）要求在半小时内完成。

牛肉膏蛋白胨培养基的配方：

牛肉膏3g，琼脂15~20g，蛋白胨10g，水1000ml，食盐5g。

pH7.0~7.2。

【考核评分】

项目及分值		得分
一、仪器的清洗 15分	1. 检查玻璃仪器，用刷子沾取少量洗涤剂刷洗烧杯、试管内外壁；3分	
	2. 用自来水将洗涤剂清洗干净，用水量合理；3分	
	3. 洗涤时，洗涤剂使用合理；3分	
	4. 洗涤干净后，用抹布将烧杯外壁擦干；3分	
	5. 试管放在试管架上倾干水分；3分	
二、培养基成分的称取 25分	1. 正确使用量筒，量取所需水量加入烧杯；5分	
	2. 在烧杯内（外）壁做好液面高度记号（如果烧杯有合适刻度线，本步骤可以省略）；5分	
	3. 准确称量培养基各成分；5分	
	4. 称量后立刻盖好试剂瓶的盖子防潮；5分	
	5. 称量结束后天平及试剂瓶的整理；5分	
三、培养基的溶解及pH的调整 25分	1. 边溶解边搅拌；5分	
	2. 根据液体沸腾情况调节电炉强度；5分	
	3. 正确溶解琼脂；5分	
	4. 补足蒸发损失的水分；5分	
	5. 正确调节培养基pH；5分	
四、过滤分装及斜面试管的制作 20分	1. 正确过滤培养基；5分	
	2. 培养基不能沾在斜面试管口上；5分	
	3. 斜面试管和三角瓶装液量合适；10分	
五、实验规范 15分	1. 实验过程中时间安排合理；10分	
	2. 实验过程仪器放置安排合理；5分	

技能测试题三　酵母菌的分离纯化

【测试目的】

1. 考查学生无菌操作能力。

2. 考查学生微生物分离纯化的操作能力。

【所需仪器和物品】

主要试剂：马铃薯葡萄糖琼脂培养基、酵母菌斜面培养物、酵母菌平板培养物（要求有菌落，不得少于10个）、酵母菌液体培养物。

主要仪器：无菌吸管3支/组、无菌培养皿、100mL无菌水1瓶/组、涂棒、美蓝染液、显微镜、接种环等。

【测试内容及要求】

对菌液、斜面或平板菌进行划线分离实验，同时进行单菌落画线分离实验（纯培养），各一个平板，30℃培养48h，要求无杂菌生长，无交叉污染，每个平板上得到10个以上单菌落才算合格。测试时间30min。

【考核评分】

1. 纯培养和无菌操作结果（30分）

（1）每个平板中不应当出现单菌落（10分，出现1个菌落扣2分）

（2）平板培养时应操作规范，倒置培养（5分）

（3）不能划破平板（5分）

（4）不能污染杂菌（10分）

2. 平板划线分离实验和无菌操作结果（30分）

（1）平板培养时应操作规范，倒置培养（10分）

（2）不能污染杂菌（10分）

（3）平板上出现10个以上单菌落（10分）

3. 标准的无菌操作过程（30分）

（1）右手握接种环姿势正确（6分）

（2）左手托平板（6分）

（3）划线时左手垂直握平板（6分）

（4）右手腕力流利的划线，纯培养采用密集划线；液体培养基培养物需采用分区划线；平板培养物则分区或连续划线均可（6分）

（5）无菌操作，穿白大衣、戴口罩、手套，在酒精灯旁操作（6分）

4. 良好的实验习惯，实验过程中实验台整洁，实验结束后收拾实验用品（10分）

总计（100分）

三 染色液的配制

1. 黑色素液

水溶性黑色素10g，蒸馏水100mL，甲醛（福尔马林）0.5mL。可用作荚膜的背景染色。

2. 墨汁染色液

国产绘图墨汁40mL，甘油2mL，液体石炭酸2mL。先将墨汁用多层纱布过滤，加甘油混匀后，水浴加热，再加石炭酸搅匀，冷却后备用。用作荚膜的背景染色。

3. 吕氏（Loeffier）美蓝染色液

A液：美蓝（methylene blue，又名甲烯蓝）0.3g，95%乙醇30mL；

B液：0.01% KOH 100mL。

混合A液和B液即成，用于细菌单染色，可长期保存。根据需要可配制成稀释美蓝液，按1∶10或1∶100稀释均可。

4. 革兰染色液

（1）结晶紫（crystal violet）液　结晶紫乙醇饱和液（结晶紫2g溶于20mL 95%乙醇中）20mL，1%草酸铵水溶液80mL，将两液混匀置24h后过滤即成。此液不易保存，如有沉淀出现，需重新配制。

（2）卢戈（Lugol）氏碘液　碘1g，碘化钾2g，蒸馏水300mL。先将碘化钾溶于少量蒸馏水中，然后加入碘使之完全溶解，再加蒸馏水至300mL即成。配成后贮于棕色瓶内备用，如变为浅黄色即不能使用。

（3）95%乙醇　用于脱色，脱色后可选用以下（4）或（5）的其中一项复染即可。

（4）稀释石炭酸复红溶液　碱性复红乙醇饱和液（碱性复红1g，95%乙醇10mL，5%石炭酸90mL混合溶解即成碱性复红乙醇饱和液），取石炭酸复红饱和液10mL加蒸馏水90mL即成。

（5）番红溶液　番红O（safranine，又称沙黄O）2.5g，95%乙醇100mL，溶解后可贮存于密闭的棕色瓶中，用时取20mL与80mL蒸馏水混匀即可。

以上染液配合使用，可区分出革兰染色阳性（G^+）或阴性（G^-）细菌，G^-菌被染成蓝紫色，G^+菌被染成淡红色。

5. 鞭毛染色液

A液：单宁酸5.0g，$FeCl_3$ 1.5g，15%甲醛（福尔马林）2.0mL，1% NaOH 1.0mL，蒸馏水100mL；

B液：$AgNO_3$ 2.0g，蒸馏水100mL。

待AgNO₃溶解后，取出10mL备用，向其余的90mL AgNO₃中滴加NH₄OH，即可形成很厚的沉淀，继续滴加NH₄OH至沉淀刚刚溶解成为澄清溶液为止，再将备用的AgNO₃慢慢滴入，则溶液出现薄雾，但轻轻摇动后，薄雾状的沉淀又消失，继续滴入AgNO₃，直到摇动后仍呈现轻微而稳定的薄雾状沉淀为止，如雾重，说明银盐沉淀出，不宜再用。通常在配制当天便用，次日效果欠佳，第3d则不能使用。

6. 0.5%沙黄（Safranine）液

2.5%沙黄乙醇液20mL，蒸馏水80mL。将2.5%沙黄乙醇液作为母液保存于不透气的棕色瓶中，使用时再稀释。

7. 5%孔雀绿水溶液

孔雀绿5.0g，蒸馏水100mL。

8. 0.05%碱性复红

碱性复红0.05g，95%乙醇100mL。

9. 齐氏（Ziehl）石炭酸复红液

碱性复红0.3g溶于95%乙醇10mL中为A液；0.01% KOH溶液100mL为B液。混合A、B液即成。

10. 姬姆萨（Giemsa）染液

（1）贮存液　取姬姆萨粉0.5g，甘油33mL，甲醇33mL。先将姬姆萨粉研细，再逐滴加入甘油，继续研磨，最后加入甲醇，在56℃放置1~24h后即可使用。

（2）应用液（临用时配制）　取1mL贮存液加19mL pH7.4磷酸缓冲液即成。也可取贮存液：甲醇=1：4的比例配制成染色液。

11. 乳酸石炭酸棉蓝染色液（用于真菌固定和染色）

石炭酸（结晶酚）20g，乳酸20mL，甘油40mL，棉蓝0.05g，蒸馏水20mL。将棉蓝溶于蒸馏水中，再加入其他成分，微加热使其溶解，冷却后用。滴少量染液于真菌涂片上，加上盖玻片即可观察。霉菌菌丝和孢子均可染成蓝色。染色后的标本可用树脂封固，能长期保存。

12. 1%瑞氏（Wright's）染色液

称取瑞氏染色粉6g，放研钵内磨细，不断滴加甲醇（共600mL）并继续研磨使溶解。经过滤后染液须贮存一年以上才可使用，保存时间愈久，则染色色泽愈佳。

13. 阿氏（Albert）异染粒染色液

A液：甲苯胺蓝（toluidine blue）0.15g，孔雀绿0.2g，冰醋酸1mL，95%乙醇2mL，蒸馏水100mL；

B液：碘2g，碘化钾3g，蒸馏水300mL。

先用A液染色1min，倾去A液后，用B液冲去A液，并染1min。异染粒呈黑色，其他部分为暗绿或浅绿。

四　常用培养基配方

1. 蛋白胨水

[用途] 用于细菌靛基质试验；一般细菌培养和传代。

[配法] 蛋白胨（或胰蛋白胨）10g，氯化钠5g，蒸馏水1L。

将上述成分溶于水中，校正pH至7.2，分装试管，每管2~3mL，置121℃灭菌15min备用。

2. 营养肉汤

[用途] 一般细菌的增菌培养，加入1%的琼脂粉也可作营养琼脂。

[配法] 蛋白胨10g，牛肉膏3g，氯化钠5g，蒸馏水1L。

将上述成分称量混合溶解于水中，校正pH至7.4，按用途不同分装于烧瓶或试管内。经121℃灭菌15min，做无菌试验后冷藏备用。

[保存] 置冰箱3周内用完。

3. 牛肉浸液培养基

[用途] 细菌培养最基础的培养基，除用于一般细菌的培养外，又可以作营养琼脂及其他培养基的基础。

[配法] 新鲜除脂牛肉 500g，氯化钠5g，蛋白胨10g，蒸馏水1L。

先将牛肉清洗，除脂肪、肌腱，并切块绞碎。称取500g置容器加入蒸馏水1L，搅匀后置冰箱过夜，次日煮沸加热30min，并用玻棒不时搅拌用绒布或麻布进行粗过滤，再用脱脂棉过滤即成。在过滤中加入蛋白胨10g、氯化钠5g溶解后，用氢氧化钠溶液校正pH至7.6~7.8，并加热煮沸10min，补充蒸馏水至1L，最后用滤纸过滤，呈清晰透明、淡黄色液体，经121℃15min灭菌备用。

[用法] 根据用途不同可以制成营养肉汤，以此为基础制成其他培养基。如制作固体培养基，加入琼脂15~20g/L即可。

[保存] 置4℃冰箱内可以使用较长时间。

注：商品牛肉浸膏粉，一般使用量为3~5g/L。

4. 营养琼脂（牛肉膏蛋白胨培养基）

[用途] 一般细菌和菌株的纯化及传种。

[配法] 蛋白胨10g，牛肉膏3g，氯化钠5g，琼脂粉（优质）12g，蒸馏水1L。

将上述成分（除琼脂外）溶于水中，校正pH7.2~7.4后加入琼脂，煮沸溶解，根据用途不同进行分装，经121℃灭菌15min，倾注平板或制成斜面，冷藏备用。

[保存] 置4℃冰箱保存，2周内用完。

5. 血琼脂培养基

[用途] 一般病原菌的分离培养和溶血性鉴别及保存菌种。

[配法] pH7.4～7.6牛肉浸液琼脂100mL，脱纤维羊血（或兔血）5～10mL。

将血琼脂基础经121℃灭菌15min，待冷却至50℃左右以无菌操作加入羊血，摇匀后立即倾注灭菌平皿内，待凝固后，经无菌实验冷藏备用。

[保存] 置4℃冰箱，1周内用完。

6. 淀粉琼脂培养基（高氏培养基）

[用途] 放线菌的培养及保存菌种。

[配法] 可溶性淀粉2g，硝酸钾0.1g，磷酸氢二钾0.05g，氯化钠0.05g，硫酸镁0.05g，硫酸亚铁0.001g，琼脂2g，水1000mL。

先把淀粉放在烧杯里，用5mL水调成糊状后，倒入95mL水，搅匀后加入其他药品，使它溶解。在烧杯外做好记号，加热到煮沸时加入琼脂，不停搅拌，待琼脂完全溶解后，补足失水。调整pH到7.2～7.4，分装后灭菌，备用。

7. 面粉琼脂培养基

[用途] 放线菌的培养及保存菌种。

[配法] 面粉60g，琼脂20g，水1000mL。

把面粉用水调成糊状，加水到500mL，放在文火上煮30min。另取500mL水，放入琼脂，加热煮沸到溶解后，把两液调匀，补充水分，调整pH到7.4，分装，灭菌，备用。

8. 察氏培养基

[用途] 青霉、曲霉鉴定及保存菌种用。

[配法] 硝酸钠3g，磷酸氢二钾1g，硫酸镁（$MgSO_4 \cdot 7H_2O$）0.5g，氯化钾0.5g，硫酸亚铁0.01g，蔗糖30g，琼脂20g，蒸馏水1000mL。

将上述成分加热溶解，分装后121℃灭菌20min。

9. 沙氏（Sabouraud's）琼脂培养基

[用途] 本培养基是培养许多种类真菌所常用的。

[配法] 蛋白胨10g，琼脂20g，麦芽糖40g，水1000mL。

先把蛋白胨、琼脂加水后，加热，不断搅拌，待琼脂溶解后，加入40g麦芽糖（或葡萄糖），搅拌，使它溶解，然后分装，灭菌，备用。

10. 马铃薯糖琼脂培养基

[用途] 培养真菌。

[配法] 马铃薯200g，蔗糖（或葡萄糖）20g，琼脂15g，水1000mL。

把马铃薯洗净去皮，取200g切成小块，加水1000mL，煮沸30min后，补足水分。在滤液中加入15g琼脂，煮沸溶解后加糖20g（用于培养霉菌的加入蔗糖，用于培养酵母菌的加入葡萄糖），补足水分，分装，灭菌，备用。

注：把这个培养基的pH调到7.2～7.4，配方中的糖，如用葡萄糖还可用来培养放线菌和芽孢杆菌。

11. 黄豆芽汁培养基

[用途] 培养真菌。

[配法] 黄豆芽100g，琼脂15g，葡萄糖20g，水1000mL。

洗净黄豆芽，加水煮沸30min。用纱布过滤，滤液中加入琼脂，加热溶解后放入糖，搅拌使它溶解，补足水分到1000mL，分装，灭菌，备用。

注：把这个培养基的pH调到7.2～7.4，可用来培养细菌和放线菌。

12. 豌豆琼脂培养基

[用途] 培养真菌。

[配法] 豌豆80粒，琼脂5g，水200mL。

取80粒干豌豆加水，煮沸1h，用纱布过滤后，在滤液中加入琼脂，煮沸到溶解，分装，灭菌，备用。

13. 麦芽汁琼脂培养基

[用途] 用于霉菌和酵母菌的计数。

[配法]

（1）取大麦或小麦若干，用水洗净，浸水6～12h，至15℃阴暗处发芽，上面盖纱布一块，每日早、中、晚淋水一次，麦根伸长至麦粒的2倍时，即停止发芽，摊开晒干或烘干，贮存备用。

（2）将干麦芽磨碎，一份麦芽加四份水，在65℃水浴中糖化3～4h，糖化程度可用碘滴定之。加水约20mL，调匀至生泡沫时为止，然后倒在糖化液中搅拌煮沸后再过滤。

（3）将糖化液用4～6层纱布过滤，滤液如混浊不清，可用鸡蛋白澄清，方法是将一个鸡蛋白加水约20mL，调匀至生泡沫时为止，然后倒在糖化液中搅拌煮沸后再过滤。

（4）将滤液稀释到5～6°Bé，pH约6.4，加入2%琼脂即成。121℃灭菌30min。

14. 马铃薯-蔗糖-琼脂培养基

[用途] 用于食用菌菌种的培养。

[配法] 20%马铃薯煮汁1000mL，蔗糖20g，琼脂18g。

把马铃薯洗净去皮后，切成小块。称取马铃薯小块200g，加水1000mL，煮沸20min后，过滤。在滤汁中补足水分到1000mL，即成20%马铃薯煮汁。在马铃薯煮汁中加入琼脂和蔗糖，煮沸，使它溶解后，补足水分，分装，灭菌，备用。使用该培养基对pH要求不严格，可以不测定。

五　常用试剂和指示剂的配制

1. 3%酸性乙醇溶液

浓盐酸	3mL
95%乙醇	97mL

2. 1mol/L NaOH溶液

NaOH	40g
蒸馏水	1000mL

3. 中性红指示剂

中性红	0.04g
95%乙醇	28mL
蒸馏水	72mL

中性pH6.8~8颜色由红变黄，常用浓度为0.04%。

4. 淀粉水解试验用碘液（卢戈氏碘液）

碘片	1g
碘化钾	2g
蒸馏水	300mL

先将碘化钾溶解在少量水中，再将碘片溶解在碘化钾溶液中，待碘全溶后，加足水分即可。

5. 溴甲酚紫指示剂

溴甲酚紫	0.04g
0.01mol/L NaOH	7.4mL
蒸馏水	92.6mL

溴甲酚紫pH5.2~5.6，颜色由黄变紫，常用浓度为0.04%。

6. 溴麝香草酚蓝指示剂

溴麝香草酚蓝	0.04g
0.01mol/L NaOH	6.4mL
蒸馏水	93.6mL

溴麝香草酚蓝pH6.0~7.6，颜色由黄变蓝，常用浓度为0.04%。

7. 甲基红（MR）试剂

甲基红（Methyl red）	0.04g
95%乙醇	60mL
蒸馏水	40mL

先将甲基红溶于95%乙醇中，然后加入蒸馏水即可。

8. V—P试剂（伏普试剂）

（1）5% α-萘酚无水乙醇溶液

α-萘酚	5g
无水乙醇	100mL

（2）40% KOH溶液

KOH	40g

用蒸馏水定容至100mL即可。

9. 吲哚（靛基质）试剂

对二甲基氨基苯甲醛	2g
95%乙醇	190mL
浓盐酸	40mL

六 常用的微生物学名

Acetobacter aceti	醋化醋杆菌
Acetobacter pasteurianus	巴氏醋酸杆菌
Actinomyces bovis	牛型放线菌
Aspergillus flavus	黄曲霉
Aspergillus niger	黑曲霉
Aspergillus oryzae	米曲霉
Azotobactern chroococcum	褐球固氮菌
Bacillus anthracis	炭疽芽孢杆菌
Bacillus cereus	蜡样芽孢杆菌
Bacillus megaterium	巨大芽孢杆菌
Bacillus subtilis	枯草芽孢杆菌
Bacillus thuringiensis	苏云金杆菌
Bacterioides fragilis	脆弱拟杆菌
Bacterium casei	乳酪杆菌
Beauveria bassiana	白僵菌
Bifidobacterium bifidum	双歧杆菌
Candida utilis	产朊假丝酵母
Chlamydia pneumoniae	肺炎衣原体
Chlamydia psittaci	鹦鹉热衣原体
Chlamydia trachomatis	沙眼衣原体
Clostridium acetobutylicum	丙酮丁醇梭菌

Clostridium botulinum	肉毒梭菌
Corynebacterium glutamicum	谷氨酸棒杆菌
Corynebacterium Pekinese	北京棒杆菌
Diplococcus pneumoniae	肺炎双球菌
Escherichia coil	大肠杆菌
Fusarium solani	腐皮镰刀霉
Geotrichum candidum	白地霉
Gibberella fujikuroi	腾仓赤霉
Hansenula anomala	异常汉逊酵母
Lactobacilus bulgeriaus	保加利亚乳杆菌
Lactobacilus lactis	乳酸乳杆菌
Laciobacterium delbrllckii	德氏乳酸杆菌
Leuconostos mesenteroides	明串珠菌
Methanoarchaea	甲烷古菌
Methanobacterium	甲烷杆菌属
Micrococcus aureus	金色微球菌
Micrococcus lysodeikticus	溶壁微球菌
Micromonospora echinospora	棘袍小单孢菌
Micromonospora purpura	绛红小单孢菌
Mucor mucedo	大毛霉
Mucor racemosus	总状毛霉
Mucor rouxianus	鲁氏毛霉
Monascus purpureus	紫色红曲霉
Mycobacterium tuberculosis	结核分枝杆菌
Neisseria gonorrhoeae	淋球菌
Neurospora crassa	粗糙脉孢霉，俗称红色面包霉
Nocaridia asteroids	星状诺卡菌
Penicillium chrysogenum	产黄青霉
Pichia farinose	粉状毕赤酵母
Proteus vulgaris	普通变形杆菌
Pseudomonas aeruginosa	铜绿假单胞菌，俗称绿脓杆菌
Pseudomonas fluorescens	荧光假单胞菌
Rhizobium phaseoli	菜豆根瘤菌
Rhizopus nigricans	黑根霉
Rhizopus oryzae	米根霉

Rhodotorula glutinis	黏红酵母
Saccharomyces cerevisiae	酿酒酵母
Sarcina ureau	尿素八叠球菌
Schizosaccharomvces octosporus	八孢裂殖酵母
Schizosaccharomvces pombe	粟酒裂殖酵母
Salmonella typhimurium	鼠伤寒沙门菌
Spirulina	螺旋蓝细菌，俗称螺旋藻
Staphylococcus aureus	金黄色葡萄球菌
Streptobacillus moniliformis	念珠状链杆菌
Streptococcus faecalis	粪链球菌
Streptococcus lactis	乳酸链球菌
Streptococcus thermophilus	嗜热链球菌
Streptomyces	链霉菌属
Streptoporangium roseum	粉红链孢囊菌
Streptosporagium viridogriseum	绿色链孢囊菌
Trichoderma viride	绿色木霉
Thiobacillus thiooxidans	氧化硫硫杆菌
Vibrio cholerae	霍乱弧菌
Zygosaccharomyces ashbyi	阿舒接合酵母
Zymomonas mobilis	运动发酵假单胞

七　洗涤液的配制与使用

1. 洗涤液的配制

洗涤液分浓溶液与稀溶液两种，配方如下。

（1）浓溶液

重铬酸钠或重铬酸钾（工业用）	50g
自来水	150mL
浓硫酸（工业用）	800mL

（2）稀溶液

重铬酸钠或重铬酸钾（工业用）	50g
自来水	850mL
浓硫酸（工业用）	100mL

配法都是将重铬酸钠或重铬酸钾先溶解于自来水中，可慢慢加温，使溶解，冷却后徐徐加入浓硫酸，边加边搅动。

配好后的洗涤液应是棕红色或橘红色。贮存于有盖容器内。

2. 原理

重铬酸钠或重铬酸钾与硫酸作用后形成铬酸（chromic acid），酪酸的氧化能力极强，因而此液具有极强的去污作用。

3. 使用注意事项

（1）洗涤液中的硫酸具有强腐蚀作用，玻璃器皿浸泡时间太长，会使玻璃变质，因此切忌到时忘记将器皿取出冲洗。其次，洗涤液若玷污衣服和皮肤应立即用水洗，再用苏打水或氨液洗。如果溅在桌椅上，应立即用水洗去或湿布抹去。

（2）玻璃器皿投入前，应尽量干燥，避免洗涤液稀释。

（3）此液的使用仅限于玻璃和瓷质器皿，不适用于金属和塑料器皿。

（4）有大量有机质的器皿应先行擦洗，然后再用洗涤液，这是因为有机质过多，会加快洗涤液失效，此外，洗涤液虽为很强的去污剂，但也不是所有的污迹都可清除。

（5）盛洗涤液的容器应始终加盖，以防氧化变质。

（6）洗涤液可反复使用，但当其变为墨绿色时即已失效，不能再用。

参考文献

1. 赵金海. 微生物学基础. 北京: 中国轻工业出版社, 2012.

2. 张青, 葛菁萍. 微生物学. 北京: 科学出版社, 2009.

3. 廖湘萍. 微生物学基础. 北京: 高等教育出版社, 2002.

4. 陈红霞, 李翠华. 食品微生物学及实验技术. 北京: 化学工业出版社, 2008.

5. 王宜磊. 微生物学. 北京: 化学工业出版社, 2010.

6. 潘春梅, 张晓静, 等. 微生物技术. 北京: 化学工业出版社, 2010.